"十三五"国家重点出版物出版规划项目
现代机械工程系列精品教材

工业机器人控制技术

主　编　宁　祎
副主编　张世杰
参　编　董维中　邓遵义　韩莉莉
郭晓君　李　辉

机 械 工 业 出 版 社

工业机器人是一种机电液控一体化设备，是多学科交叉研究的典型代表。本书对工业机器人本体和系统应用中涉及的控制技术进行了详细介绍，包括机器人数学基础、机器人运动学、工业机器人动力学、工业机器人控制系统、工业机器人控制方法、工业机器人控制系统设计、工业机器人传感器、工业机器人轨迹规划、机器人视觉伺服系统、工业机器人工作站系统集成等。本书内容新颖，深入浅出，语言通俗易懂，在编写形式上注重知识的内在联系和锻炼读者的独立思考能力。

本书符合党的二十大报告中关于"深入实施科教兴国战略、人才强国战略、创新驱动发展战略"的要求，在详细讲授基础理论知识的同时融入探索性实践内容，以增强学生的自信心和创造力，即用学科理论知识促进学生活跃思维、敢于创新，尽可能地将新思路在实践中进行创造性的转化，推动科学技术实现创新性发展。

本书可以作为普通高等院校电类和机电一体化等专业的工业机器人控制课程教材，也可供工程技术人员参考。

图书在版编目（CIP）数据

工业机器人控制技术/宁祎主编. —北京：机械工业出版社，2020.12（2024.8 重印）
"十三五"国家重点出版物出版规划项目　现代机械工程系列精品教材
ISBN 978-7-111-66687-5

Ⅰ.①工…　Ⅱ.①宁…　Ⅲ.①工业机器人-机器人控制-高等学校-教材　Ⅳ.①TP242.2

中国版本图书馆 CIP 数据核字（2020）第 185260 号

机械工业出版社（北京市百万庄大街 22 号　邮政编码 100037）
策划编辑：余　皞　责任编辑：余　皞　张　丽
责任校对：张晓蓉　封面设计：张　静
责任印制：单爱军
北京虎彩文化传播有限公司印刷
2024 年 8 月第 1 版第 5 次印刷
184mm×260mm · 11.25 印张 · 276 千字
标准书号：ISBN 978-7-111-66687-5
定价：34.80 元

电话服务　　网络服务
客服电话：010-88361066　机　工　官　网：www.cmpbook.com
010-88379833　机　工　官　博：weibo.com/cmp1952
010-68326294　金　书　网：www.golden-book.com
封底无防伪标均为盗版　机工教育服务网：www.cmpedu.com

前　言

21世纪是机器人时代，工业机器人将是智能制造的生力军。机器人是一门集光、机、电、仪和信息技术为一体的高新技术，涉及多门学科的交叉，内容丰富，技术集成度高，这些技术特点在机器人的控制系统中得到了集中表现。对工业机器人控制技术的深入分析，特别是对关键技术的掌握和灵活运用将显得尤为重要。将机器人控制技术与当前蓬勃发展的人工智能、大数据及物联网等技术进一步融合，不仅可为智能制造提供重要的技术支撑，而且可以为智能制造设备的技术创新与发展开拓更加广阔的应用空间。

本教材主要面向普通高等教育本科院校机器人工程及相关专业的教学需要编写。不仅力求反映工科教育的特点，而且重点突出工业机器人控制系统的先进性和实用性原则，强化工程应用观念，以有利于学生科学思维方法的形成及工程能力与创新能力的培养。教材知识点的组织以贯彻少而精和够用为度的原则，力求深入浅出，图文并茂，并尽可能以物理意义的引导代替复杂的数学推导来阐述概念，用图示说明简化烦琐的长篇大论，以方便学生对新知识的理解。

教材特色：

1. 每章在基本概念、基本原理和关键技术分析的基础上，以典型机器人实例分析为引导，使学生了解如何运用所学的知识去分析和解决工程技术问题的基本方法，解决知识如何应用的问题，加强教学内容的实用性，激发学生的学习兴趣。

2. 各部分尽可能提供计算机辅助分析与设计的内容，主要分析案例均附有MATLAB分析的前期参数处理、源代码、分析结果图表及结果讨论，使学生先有一个可以参考的样本，增强学生利用科学方法探索实际工程技术问题的兴趣和进行技术创新的欲望。

3. 以螺旋式工程能力培养的教学方法为依据，以一个专门用于教学的工业机器人的设计和调试过程作为循序渐进的设计示例，贯穿本教材的设计、分析及实验教学内容的始终。以制造业常用的工业机器人作为工程应用典型案例，讲解和实验工业机器人工程实际应用中的技术方法。循序渐进的实例，使学生对前次的内容有回顾，对本次的内容有促进，对下次的内容有期待。前后的内容有联系，所学知识有碰撞、有谐振，会在这个反复碰撞的过程中迸发出新的火花，使学生的工程能力在这种螺旋式的教学进程中上升到一个新的高度。

本教材主要针对普通高等教育本科机器人工程专业的教学需要而编写，本科自动化专业、机电一体化专业和高等职业院校的机器人相关专业也可作为教材使用，同时也适合从事机器人学研究、技术开发和应用的技术人员学习参考。

由于编者立足于编写一本侧重应用、特色明显的教材，其编写工作量大，时间仓促，书中一定有不足之处，疏漏在所难免，我们殷切期望读者提出宝贵意见和建议。我们将不遗余力地尽快进行修订，为我国机器人工程教育、科研和应用提供尽可能完善的面向应用的教材和参考书。

本教材配套的用于教学的典型工业机器人实例的相关参数和教学过程中的参考资料将陆续通过二维码链接网站为用户提供。

编　者

目　录

第 1 章 Chapter

绪论

1.1 工业机器人的发展

伴随着科学技术的不断发展，制造行业中整体布局已经发生了显著变化，各个国家为了提高生产力和产品质量，开始寻求新的生产工具和方法，工业机器人就此出现并迅速发展。工业机器人的应用减少了人力成本，提高了工作效率，在减少产品成本的基础上，提升了产品质量。经过不断完善技术，工业机器人成为 20 世纪最有成就的科技发明之一，工业生产的面貌从此焕然一新。

1956 年，Joseph Engelberger 买下了 George Devol 的工业机器人专利，1957 年注册了 Unimation 公司，1959 年做出了世界上第一台工业机器人（UNIMATE）。这是一台将遥控操作器的连杆机构与数控铣床的伺服轴结合起来的设备。操作者控制机器人沿一系列点运动，这些点的位置以数字形式存储起来，然后机器人可以再现这些位置。这是第一台工业机器人，随着电子计算机、自动控制理论的发展和工业生产需要及空间技术的进步，机器人技术在一些发达国家迅速发展起来。

进入 20 世纪 70 年代，出现了更多的机器人商品，并在工业生产中逐步推广应用。这反过来又推动了机器人技术的发展。1978 年 Unimation 公司推出 PUMA 系列工业机器人，它由全电驱动，采用关节式结构和多 CPU 两级微机控制，使用 VAL 专用语言，可配置视觉、触觉、力觉传感器，是技术较为先进的机器人。同年日本山梨大学的牧野洋研制出具有平面关节的 SCARA 型机器人。到 1980 年全世界已有 2 万余台机器人在工业中应用。

进入 20 世纪 80 年代，机器人在工业中开始普及应用，工业化国家的机器人产值，以年均 20%~40%的增长率上升。1984 年全世界机器人使用总台数是 1980 年的 4 倍，到 1985 年底，机器人总台数已达 14 万台，到 1990 年已有 30 万台左右，其中高性能的机器人所占比例不断增加，特别是各种装配机器人的产量增加较快，和机器人配套使用的机器视觉技术和装备也得到迅速发展。1985 年前后，FANUC 和 GMF 公司又先后推出了交流伺服驱动的工业机器人产品。1987 年国际标准化组织对工业机器人下了定义："工业机器人是一种具有自动控制的操作和移动功能，能完成各种作业的可编程操作机器"。

到 20 世纪 90 年代，我国研究出了平面关节型装配机器人、直角坐标机器人。90 年代末，我国已建立了多个机器人产业化基地和研究基地，经过 20 多年的发展，我国已经能够生产出部分关键零部件，开发出弧焊、点焊、码垛、装配、注塑、冲压、涂装等工业机器人，形成了一批具有开发和生产能力的企业。

当今，世界上主要的工业机器人生产企业主要分布在日本、德国、瑞典和美国，其生产量占据了整个市场的一半。这些工业机器人应用在汽车制造业、纺织业、冶金铸造业、食品加工业等许多行业，大大提高了生产力并且降低了生产成本。在科技飞速发展的 21 世纪，许多智能化的工业机器人更是应用到了家庭和医疗领域，提高了人们的生活水平。

目前，工业机器人是智能制造业最具代表性的装备。随着人工智能、计算机科学、传感器科学的快速发展，使得工业机器人的研究在高水平上继续发展。如高速机械臂、柔性机械臂、冗余自由度机械臂、微型机械臂、高精度多自由度力控制机械臂、人机协同机械臂等不同形式的工业机器人层出不穷。可以预见，随着机器人技术的发展和工业机器人的广泛应用，装备制造业将会迎来一次深刻的革命。

1.2 工业机器人的组成与分类

1.2.1 工业机器人系统组成

工业机器人是一个机电一体化的设备，工业机器人系统由以下几部分构成：示教盒、控制柜、工业机器人本体、环境和任务，如图 1-1 所示。

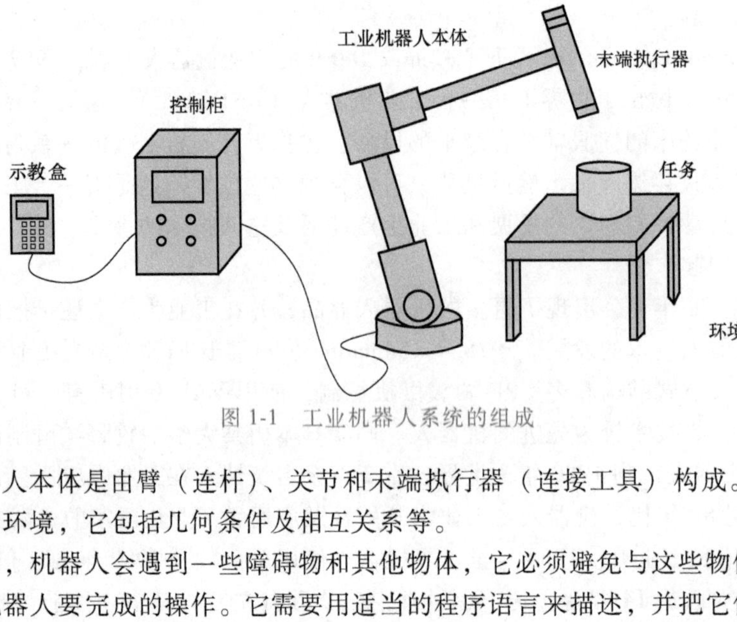

图 1-1 工业机器人系统的组成

工业机器人本体是由臂（连杆）、关节和末端执行器（连接工具）构成。环境即指机器人所处的周围环境，它包括几何条件及相互关系等。

在环境中，机器人会遇到一些障碍物和其他物体，它必须避免与这些物体发生碰撞。

任务是机器人要完成的操作。它需要用适当的程序语言来描述，并把它们存入控制计算机中，因为系统不同，任务的输入可能是程序方式，也可以是文字、图形或声音方式。

控制器是个专用计算机，相当于机器人大脑，它以计算机程序方式来完成给定任务。

1.2.2 工业机器人的分类

工业机器人可以按结构、驱动方法、受控运动方式、技术水平等角度进行分类。

从结构坐标系特点来说，工业机器人可以分为以下几类。

1）直角坐标型工业机器人，如图 1-2 所示，此类型机器人三个关节运动方向互相垂直，其控制方案和数控机床相类似。这一结构方案的优点是各轴线位移分辨率在操作空间内任一点上均恒定，缺点是操作灵活性较差。

2）圆柱坐标型工业机器人，如图 1-3 所示。在水平转台上装有立柱，水平臂可沿立柱做上下运动并可在水平方向伸缩。这种结构方案的优点是末端执行器可获得较高速度，缺点是末端执行器外伸离立柱轴心越远，其线位移分辨精度越低。

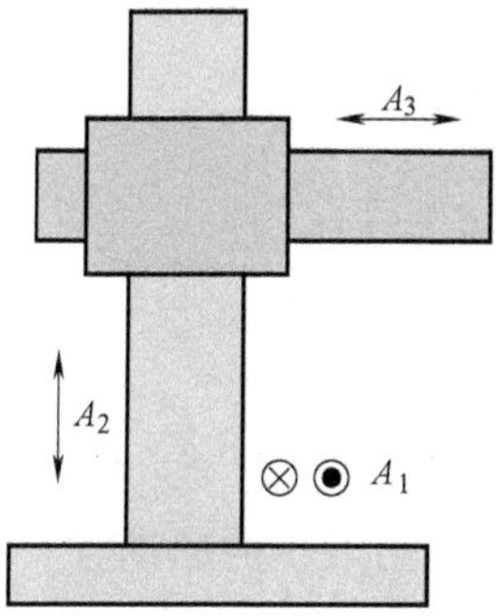

图 1-2 直角坐标工业机器人

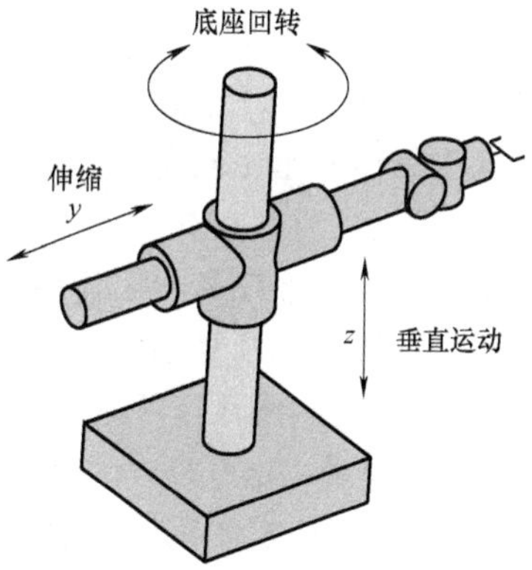

图 1-3 圆柱坐标工业机器人

3）球坐标型工业机器人，如图 1-4 所示。和圆柱坐标结构相比较，球坐标型结构更为灵活，但采用同一分辨率码盘测量位移时，伸缩关节的线位移分辨率恒定，但转动关节反映在末端执行器上的线位移分辨率则是个变量。

4）关节型工业机器人，如图 1-5 所示。这种结构占地面积较小，操作空间较大，可获得较高的线速度，且操作灵活性较好。目前中小型机器人多采用这种结构，它的空间线位移

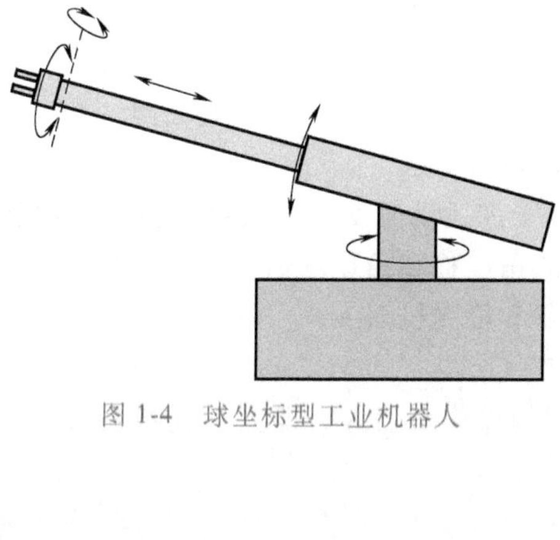

图 1-4 球坐标型工业机器人

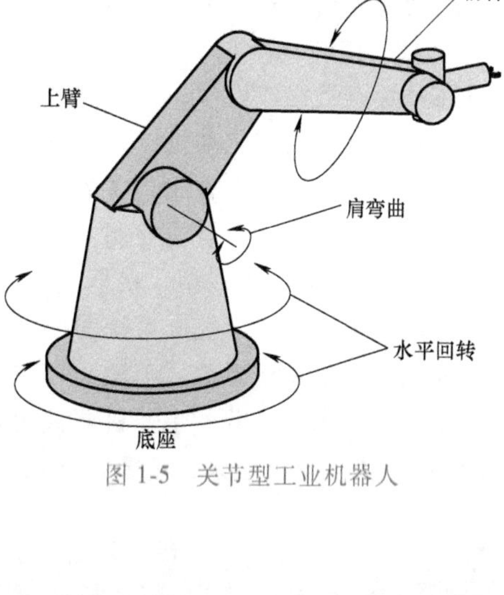

图 1-5 关节型工业机器人

分辨率取决于机器人手臂位姿，要获得高精度运动较为困难。

按驱动方式分，工业机器人可分为以下几类。

（1）气压驱动　工业机器人气压驱动使用压力通常在 0.4~0.6MPa，最高可达 1MPa。气压驱动主要优点：

1）气源方便，一般工厂都由压缩空气站供应压缩空气。

2）由于空气的可压缩性，气压驱动系统具有缓冲作用。

3）结构简单，成本低，易于保养。

气压驱动主要缺点：

1）工作压力偏低，所以功率质量比小，装置体积大。

2）定位精度不高。

气压驱动机器人适用于易燃、易爆和灰尘大的场合工作。

（2）液压驱动　液压驱动主要优点是：

1）驱动力（或力矩）大，即功率质量比大。

2）液压驱动平稳，且系统的固有频率高、快速性好。

3）液压驱动调速比较简单，能在很大调速范围内实现无级调速。

液压驱动的主要缺点如下：

1）易漏油，这不仅影响工作稳定性与定位精度，而且污染环境。

2）需配备压力源及复杂的管路系统，因而成本较高。

液压驱动方式大多用于要求输出力较大、运动速度较低的场合。

（3）电气驱动　电气驱动是利用各种电动机产生的力或转矩，直接或经过减速机构去驱动负载，以获得要求的机器人运动。电气驱动是最普遍、应用最多的驱动方式，因为它有许多优点：

1）易于控制、运动精度高。

2）使用方便、成本低。

3）驱动效率高、不污染环境。

电气驱动又可细分为直流电动机驱动、直流无刷电动机驱动和交流伺服电动机驱动。后者有着最大的转矩质量比，由于没有电刷，其可靠性极高，几乎不需任何维护。20 世纪 90 年代生产的机器人，大多采用这种驱动方式。

根据受控运动方式，工业机器人可分为以下几类。

（1）点位控制（PTP）型　机器人受控运动方式为自一个点位目标移向另一个点位目标，只在目标点上完成操作，例如点焊。要求在目标点上有足够定位精度，相邻目标点间的运动方式之下是各关节驱动机以最快速趋近终点，各关节视其转动角位移大小不同，到达终点有先有后。另一种运动方式是各关节同时趋近终点，由于各关节运动时间相同，所以角位移大的，运动速度最高。点位控制主要用于点焊、搬运机器人。

（2）连续控制（CP）型　机器人各关节同时做受控运动，使机器人终端按预期的轨迹和速度运动，为此各关节控制系统需要获取驱动机的角位移和角速度信号。

连续控制主要用于弧焊，喷漆，打飞边、去毛刺和检测机器人。

按技术发展水平来分，工业机器人大致可分为三代。

1）第一代工业机器人，主要是指示教再现控制的操作机器人，即为了让机器人完成期望的作业，首先由操作者对操作机器人的运行轨迹、作业顺序、作业工艺条件等进行手扶、输入指令或通过示教盒进行示教。操作机器人控制系统将示教指令寄存起来，应用时根据再现指令逐条取出示教指令，经过编译，在一定精度范围内复现示教动作。目前国内外工业中应用的机器人，大多数都是这一类。

2）第二代工业机器人，即具有感受功能，包括光觉、视觉、力觉、触觉、声觉、语音识别等功能的工业机器人，给机器人增加了感官功能，进一步增强其工作能力。这种机器人可以对某些外界信息进行反馈和调整工作状态，这样能使机器工作的失误率降低，从而增加了工业生产的成品率和效率，目前已经开始应用于工业生产中。

3）第三代工业机器人，即智能化的高级机器人。在仿生学的基础上，加入人工智能技术，使机器人有了自主学习能力，可以通过自己的感知能力和自主学习能力对外部工作环境的改变进行及时调整。

1.3 工业机器人控制技术概述

1.3.1 工业机器人控制技术特点

工业机器人是一种特殊的自动化设备，对它的控制有如下特点：

1）多轴运动协调控制，以产生要求的工作轨迹。

2）较高的位置精度，具有很大的调速范围。一般机器人位置重复精度为±0.1mm。但机器人的调速范围很大，这是由于工作时，机器人可能以极低的工业要求速度加工工件，而空行程时，为提高效率，以较高速度运动。

3）系统的静差率要小。由于机器人工作时要求运动稳定性，不受外力干扰，为此系统应具有较好的刚性，即有较小的静差率，否则将造成位置误差。例如，机器人某个关节不动，但由于其他关节运动时形成的动力矩作用在这个不动的关节上，使其在外力矩作用下产生滑动，形成机器人位置误差。

4）各关节的速度误差系数应尽量一致。机器人手臂在空间移动，是各关节联合运动的结果，尤其是当要求沿空间直线或圆弧运动时。即使系统有跟踪误差（跟踪误差是系统速度放大系数的倒数），应要求各轴关节伺服系统的速度放大系数尽可能一致，而且在不影响稳定性前提下，尽量取较大的数值。

5）位置无超调，动态响应尽量快。机器人不允许有位置超调，否则将与工件发生碰撞，加大阻尼可以减少超调，但却牺牲了系统的快速性，所以设计系统时要很好地折中这两者。

6）需采用加减速控制。大多数机器人具有开链式结构，它的机械刚度较低，过大的加（减）速度都会影响它的运动平稳性（抖动），因此在机器人起动或停止时应有加（减）速控制。通常采用匀加（减）速运动指令来实现。

1.3.2 工业机器人控制方式

1. 点位式

很多工业机器人要求能够准确地控制末端执行器的工作位置，而对路径不进行过多要求。例如，在印刷电路板上安插元器件、点焊、装配等工作，都属于点位式控制方式。一般来说，这种方式比较简单，但要达到比较高的定位精度也较为困难。

2. 轨迹式

在涂装、弧焊、切割等工作中，要求机器人末端执行器按照示教的轨迹和速度运动。如果偏离预定的轨迹和速度，就完不成任务。其控制方式类似于控制原理中的跟踪系统，也称之为轨迹伺服控制。

3. 力控制方式

在完成装配、抓放物体等工作时，除了要准确定位之外，还要求使用合适的力或者力矩进行工作，这时就需要力伺服控制方式。这种控制方式的原理与位置伺服控制原理基本相同，只不过输入量和反馈量不是位置信号，而是力或者力矩信号，因此控制系统中必须有力传感器，有时也利用接近、滑动等传感功能进行自适应式控制。

4. 智能控制方式

工业机器人的智能控制是通过传感器获得周围环境的信息，并根据自身的知识库做出相应的决策。采用智能控制技术，使机器人具有较强的环境适应性和自学习能力。智能控制技术的发展有赖于近年来人工神经网络、专家系统、智能算法等人工智能技术的迅速发展。

科学家精神

“两弹一星”功勋科学家：最长的一天

第2章 Chapter 机器人数学基础

常见的工业机器人是由一系列关节连接起来的连杆结构，每个关节有其驱动伺服单元，因此每个关节的运动都在各自的关节坐标系度量，而且每个关节的运动对机器人末端执行器的位置与姿态都产生影响。为了研究机器人的运动学问题，本章介绍机器人学习过程中涉及的数学基础。主要涉及位姿描述、齐次坐标变换、欧拉角等基础知识。

2.1 刚体的位姿描述

矩阵可用来表示点、矢量、坐标系、平移、旋转以及变换，还可以表示坐标系中的物体和其他运动元件。

2.1.1 空间点的描述

如图 2-1 所示，假设空间存在一个点 P，则可以用它的相对于参考坐标系的三个坐标来表示：

$$P=a_x\boldsymbol{i}+b_y\boldsymbol{j}+c_z\boldsymbol{k} \tag{2-1}$$

其中，a_x，b_y，c_z是参考坐标系中表示该点的坐标。

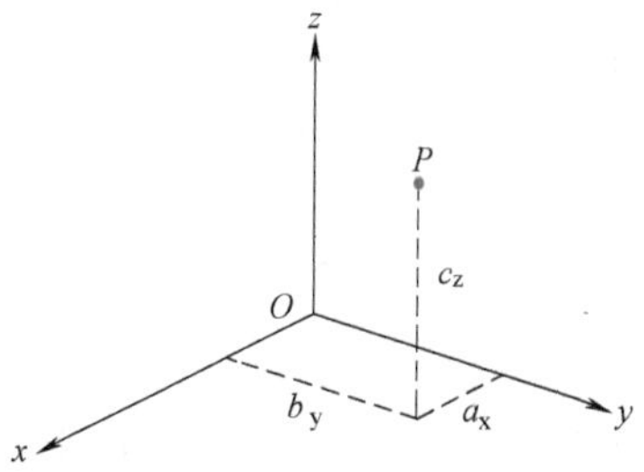

图 2-1 空间点的表示

2.1.2 空间矢量的描述

矢量可以由三个起始和终止的坐标来表示。如果一个矢量起始于点 A，终止于点 B，那么它可以表示为 $\boldsymbol{P}_{AB}=(B_x-A_x)\boldsymbol{i}+(B_y-A_y)\boldsymbol{j}+(B_z-A_z)\boldsymbol{k}$。特殊情况下，如果一个矢量起始于原点（见图 2-2），则

$$\boldsymbol{P}=a_x\boldsymbol{i}+b_y\boldsymbol{j}+c_z\boldsymbol{k} \tag{2-2}$$

其中，a_x，b_y，c_z 是该矢量在参考坐标系中的三个分量。实际上，2.1.1 节的点 P 就是用连接到该点的矢量来表示的，具体地说，也就是用该矢量的三个坐标来表示。

矢量的三个分量也可以写成矩阵的形式，见式（2-3）。在本书中将用这种形式来表示运动分量：

$$\boldsymbol{P}=(a_x \quad b_y \quad c_z)^{\mathrm{T}} \tag{2-3}$$

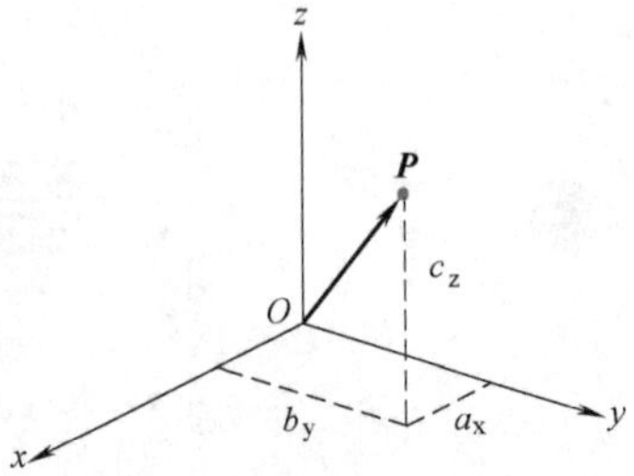

图 2-2　空间矢量的表示

2.1.3　坐标系的描述

一个中心位于参考坐标系原点的坐标系由三个矢量表示，通常这三个矢量相互垂直，称为单位矢量 $\boldsymbol{n}$，$\boldsymbol{o}$，$\boldsymbol{a}$，分别表示法线（normal）、指向（orientation）和接近（approach）矢量（见图 2-3）。每一个单位矢量都由它们所在参考坐标系的三个分量表示。这样，坐标系 $\boldsymbol{F}$ 可以由三个矢量以矩阵的形式表示为

$$\boldsymbol{F}=\begin{pmatrix} n_x & o_x & a_x \\ n_y & o_y & a_y \\ n_z & o_z & a_z \end{pmatrix} \tag{2-4}$$

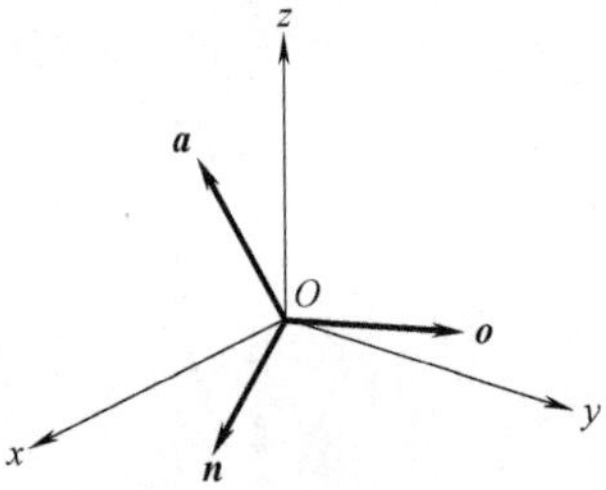

图 2-3　坐标系在参考坐标系原点的表示

如果一个坐标系不再固定参考坐标系的原点（实际上也可包括在原点的情况），那么该坐标系的原点相对于参考坐标系的位置也必须表示出来。为此，在该坐标系原点与参考坐标系原点之间做一个矢量来表示该坐标系的位置（见图 2-4）。这个矢量由相对于参考坐标系的三个矢量来表示。这样，这个坐标系就可以由三个表示方向的单位矢量以及第四个位置矢量来表示。

$$\boldsymbol{F}=\begin{pmatrix} n_x & o_x & a_x & p_x \\ n_y & o_y & a_y & p_y \\ n_z & o_z & a_z & p_z \\ 0 & 0 & 0 & 1 \end{pmatrix} \tag{2-5}$$

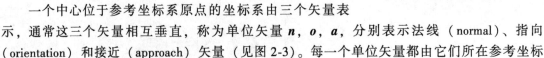

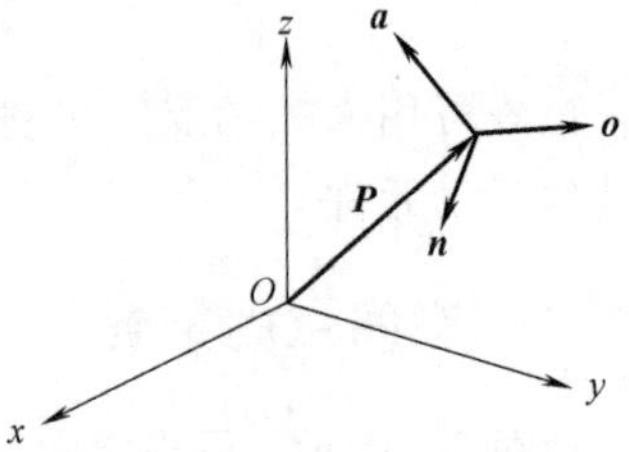

图 2-4　一个坐标系在另一个坐标系中的表示

见式（2-5），前三个矢量是 $w=0$ 的方向矢量，表示该坐标系的三个单位矢量 $\boldsymbol{n}$，$\boldsymbol{o}$，$\boldsymbol{a}$ 的方向，而第四个 $w=1$ 的矢量表示该坐标系原点相对于参考坐标系的位置。与单位矢量不同，矢量 $\boldsymbol{P}$ 的长度十分重要，因而使用比例因子为 1。坐标系也可以由一个没有比例因子的 3×4 矩阵表示，但不常用。

2.1.4　刚体的描述

一个物体在空间的表示可以这样实现：通过在它上面固连一个坐标系，再将该固连的坐标系在空间表示出来。由于这个坐标系一直固连在该物体上，所以该物体相对于坐标系的位姿是已知的。因此，只要这个坐标系可以在空间表示出来，那么这个物体相对于固定坐标系的位姿也就已知了（见图 2-5）。如前所述，空间坐标系可以用矩阵表示，其中坐标原点以

及相对于参考坐标系的表示该坐标系姿态的三个矢量也可以由该矩阵表示出来。于是有

$$\boldsymbol{F}_{\text{object}}=\begin{pmatrix} n_x & o_x & a_x & p_x \\ n_y & o_y & a_y & p_y \\ n_z & o_z & a_z & p_z \\ 0 & 0 & 0 & 1 \end{pmatrix} \tag{2-6}$$

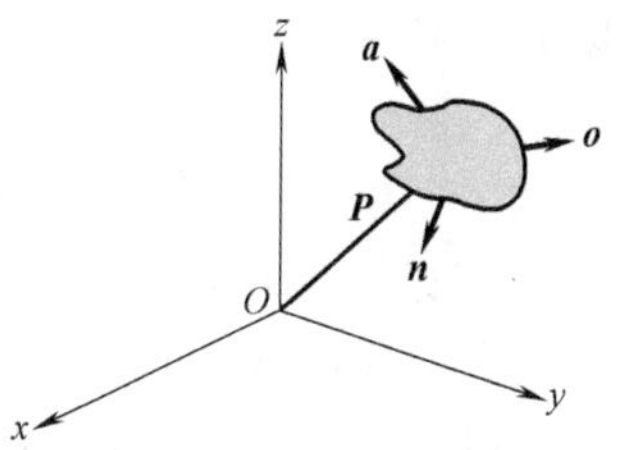

图 2-5　空间物体的表示

空间中的一个点只有三个自由度，它只能沿三条参考坐标轴移动。但在空间的一个刚体有六个自由度，也就是说，它不仅可以沿着 x，y，z 三轴移动，而且还可绕这三个轴转动。因此，要全面地定义一个空间刚体，需要用 6 条独立的信息来描述物体原点在参考坐标系中相对于三个参考坐标轴的位置，以及刚体关于这三个坐标轴的姿态。而式（2-6）给出了 12 条信息，其中 9 条为姿态信息，三条为位置信息（排除矩阵中最后一行的比例因子，因为它们没有附加信息）。显然，在该表达式中必定存在一定的约束条件将上述信息数限制为 6。因此，需要用 6 个约束方程将 12 条信息减少到 6 条信息。这些约束条件来自于目前尚未利用的已知的坐标系特性，即

1）三个矢量 $\boldsymbol{n}$，$\boldsymbol{o}$，$\boldsymbol{a}$ 相互垂直。

2）每个单位矢量的长度必须为 1。

我们可以将其转换为以下 6 个约束方程：

1）$\boldsymbol{n}\cdot\boldsymbol{o}=0$

2）$\boldsymbol{n}\cdot\boldsymbol{a}=0$

3）$\boldsymbol{a}\cdot\boldsymbol{o}=0$

4）$|\boldsymbol{n}|=1$（矢量的长度必须为 1）　　（2-7）

5）$|\boldsymbol{o}|=1$

6）$|\boldsymbol{a}|=1$

因此，只有前述方程成立时，坐标系的值才能用矩阵表示。否则，坐标系将不正确。式（2-7）中前三个方程可以换用如下的三个矢量的叉积来代替：

$$\boldsymbol{n}\times\boldsymbol{o}=\boldsymbol{a} \tag{2-8}$$

2.2　齐次坐标与齐次变换

变换定义为空间的一个运动。当空间的一个坐标系（一个矢量、一个物体或一个运动坐标系）相对于固定参考坐标系运动时，这一运动可以用类似于表示坐标系的方式来表示。这是因为变换本身就是坐标系状态的变化（表示坐标系位姿的变化），因此变换可以用坐标系来表示。变换可为如下几种形式中的一种。

1）纯平移。

2）绕一个轴的纯旋转。

3）平移与旋转的结合。

2.2.1　齐次坐标

矢量在空间中的描述也可以用齐次坐标来描述：加入一个比例因子 w，如果 x，y，z 各

除以 w，则得到 a_x，b_y，c_z。于是，这时矢量式（2-3）的齐次坐标可以写为

$$\overline{\boldsymbol{P}}=(x \quad y \quad z \quad w)^{\mathrm{T}}, 式(2\text{-}3)中\ a_x=\frac{x}{w}, b_y=\frac{y}{w}, c_z=\frac{z}{w} \tag{2-9}$$

变量 w 可以为任意数，而且随着它的变化，矢量的大小也会发生变化。这与在计算机图形学中缩放一张图片十分类似，随着 w 值的改变，矢量的大小也相应地变化。如果 w 大于 1，矢量的所有分量都变大；如果 w 小于 1，矢量的所有分量都变小。这种方法也用于计算机图形学中改变图形与画片的大小。

如果 w 是 1，各分量的大小保持不变。但是，如果 $w=0$，a_x，b_y，c_z 则为无穷大。在这种情况下，x，y 和 z（以及 a_x，b_y，c_z）表示一个长度为无穷大的矢量，它的方向即为该矢量所表示的方向。这就意味着方向矢量可以由比例因子 $w=0$ 的矢量来表示，这里矢量的长度并不重要，而其方向由该矢量的三个分量来表示。

为使两矩阵相乘，它们的维数必须匹配，即第一矩阵的列数必须与第二矩阵的行数相同。如果两矩阵是方阵则无上述要求。另外，计算方形矩阵的逆要比计算长方形矩阵的逆容易得多，由于要以不同顺序将许多矩阵乘在一起得到机器人运动方程，因此，应采用方阵进行计算。

为保证所表示的矩阵为方阵，如果在同一矩阵中既表示姿态又表示位置，那么可在矩阵中加入比例因子使之成为 4×4 矩阵。如果只表示姿态，则可去掉比例因子得到 3×3 矩阵，或加入第四列全为 0 的位置数据以保持矩阵为方阵。这种形式的矩阵称为齐次矩阵，它们写为

$$\boldsymbol{F}=\begin{pmatrix} n_x & o_x & a_x & p_x \\ n_y & o_y & a_y & p_y \\ n_z & o_z & a_z & p_z \\ 0 & 0 & 0 & 1 \end{pmatrix} \tag{2-10}$$

2.2.2 纯平移变换的表示

如果一坐标系在空间以不变的姿态运动，那么该坐标就是纯平移。在这种情况下，它的单位矢量保持同一方向不变。所有的改变只是坐标系原点相对于参考坐标系的变化，如图 2-6 所示。相对于固定参考坐标系的新的坐标系的位置可以用原来坐标系的原点位置矢量加上表示位移的矢量求得。由于在纯平移中方向矢量不改变，变换矩阵 $\boldsymbol{T}$ 可以简单地表示为

$$\boldsymbol{T}=\begin{pmatrix} 1 & 0 & 0 & d_x \\ 0 & 1 & 0 & d_y \\ 0 & 0 & 1 & d_z \\ 0 & 0 & 0 & 1 \end{pmatrix} \tag{2-11}$$

式中，d_x，d_y，d_z 是纯平移矢量 $\boldsymbol{d}$ 相对于参考坐标系 x，y，z 轴的三个分量。可以看到，矩阵的前三列表示没有旋转运动（等同于单位阵），而最后一列表示平移运动。新的坐标系位置为

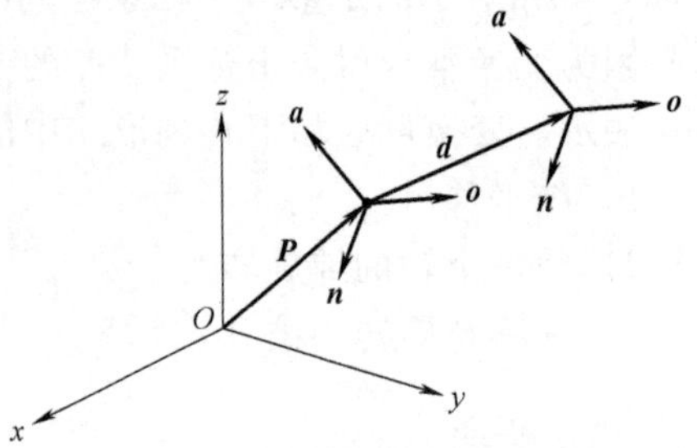

图 2-6　空间纯平移变换的表示

$$F_{new}=\begin{pmatrix}1&0&0&d_x\\0&1&0&d_y\\0&0&1&d_z\\0&0&0&1\end{pmatrix}\times\begin{pmatrix}n_x&o_x&a_x&p_x\\n_y&o_y&a_y&p_y\\n_z&o_z&a_z&p_z\\0&0&0&1\end{pmatrix}=\begin{pmatrix}n_x&o_x&a_x&p_x+d_x\\n_y&o_y&a_y&p_y+d_y\\n_z&o_z&a_z&p_z+d_z\\0&0&0&1\end{pmatrix}\tag{2-12}$$

这个方程也可用符号写为

$$F_{new}=\mathbf{Trans}(d_x,d_y,d_z)\times F_{old}\tag{2-13}$$

首先，如前面所看到的，新坐标系的位置可通过在坐标系矩阵前面左乘变换矩阵得到，后面将看到，无论以何种形式，这种方法对于所有的变换都成立。其次可以注意到，方向矢量经过纯平移后保持不变。但是，新的坐标系的位置是 $\boldsymbol{d}$ 和 $\boldsymbol{P}$ 矢量相加的结果。最后应该注意到，齐次变换矩阵与矩阵乘法的关系使得到的新矩阵的维数和变换前相同。

例 2.1 坐标系 $\boldsymbol{F}$ 沿参考坐标系的 x 轴移动 3 个单位，沿 z 轴移动 4 个单位。求新的坐标系位置。

$$F=\begin{pmatrix}0.527&-0.574&0.628&5\\0.369&0.819&0.439&3\\-0.766&0&0.643&8\\0&0&0&1\end{pmatrix}$$

解：如图 2-7 所示，由式（2-12）或式（2-13）得

$$F_{new}=\mathbf{Trans}(d_x,d_y,d_z)\times F_{old}=\mathbf{Trans}(3,0,4)\times F_{old}$$

$$=\begin{pmatrix}1&0&0&3\\0&1&0&0\\0&0&1&4\\0&0&0&1\end{pmatrix}\times\begin{pmatrix}0.527&-0.527&0.628&5\\0.369&0.819&0.439&3\\-0.766&0&0.643&8\\0&0&0&1\end{pmatrix}$$

$$=\begin{pmatrix}0.527&-0.574&0.628&8\\0.369&0.819&0.439&3\\-0.766&0&0.643&12\\0&0&0&1\end{pmatrix}$$

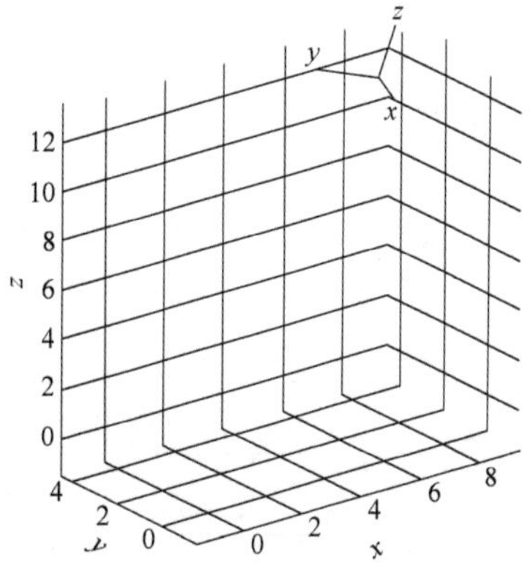

图 2-7 例 2.1 中的坐标变换

2.2.3 绕轴纯旋转变换的表示

为简化绕轴旋转的推导，首先假设该坐标系位于参考坐标系的原点并且与之平行，之后将结果推广到其他的旋转以及旋转的组合。

假设坐标系（$\boldsymbol{n}$，$\boldsymbol{o}$，$\boldsymbol{a}$）位于参考坐标系（$\boldsymbol{x}$，$\boldsymbol{y}$，$\boldsymbol{z}$）的原点，坐标系（$\boldsymbol{n}$，$\boldsymbol{o}$，$\boldsymbol{a}$）绕参考坐标系的 x 轴旋转一个角度 θ，再假设旋转坐标系（$\boldsymbol{n}$，$\boldsymbol{o}$，$\boldsymbol{a}$）上有一点 P 相对于参考坐标系的坐标为（p_x，p_y，p_z），相对于运动坐标系的坐标为（p_n，p_o，p_a）。当坐标系绕 x 轴旋转时，坐标系上的点 P 也随坐标系一起旋转。在旋转之前，P 点在两个坐标系中的坐标是相同的（这时两个坐标系位置相同，并且相互平行）。旋转后，该点坐标（p_n，p_o，p_a）在旋转坐标系中保持不变，但在参考坐标系中（p_x，p_y，p_z）却改变了（见图 2-8）。现在要求找到运动坐标系旋转后 $\boldsymbol{P}$ 相对于固定参考坐标系的新坐标。

从 x 轴来观察在二维平面上的同一点的坐标，图 2-8 显示了点 P 在坐标系旋转前后的坐标。点 P 相对于参考坐标系的坐标是（p_x，p_y，p_z），而相对于旋转坐标系（点 P 所固连的坐标系）的坐标仍为（p_n，p_o，p_a）。由图 2-9 可以看出，p_x 不随坐标系绕 x 轴的转动而改变，而 p_y 和 p_z 却改变了，可以证明：

$$
\begin{aligned}
p_x &= p_n \\
p_y &= l_1 - l_2 = p_o\cos\theta - p_a\sin\theta \\
p_z &= l_3 + l_4 = p_o\sin\theta + p_a\cos\theta
\end{aligned}
\tag{2-14}
$$

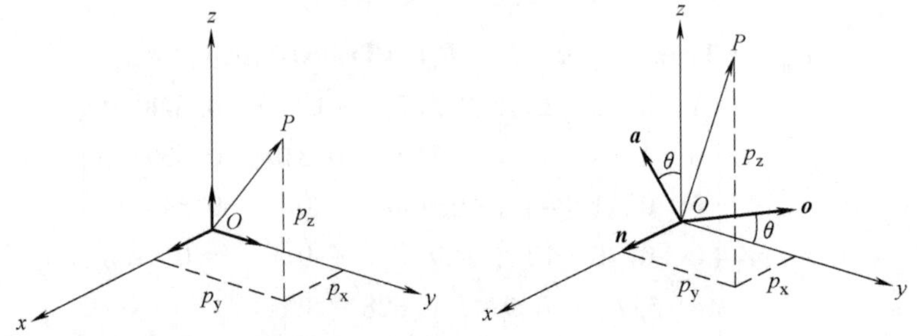

a) 旋转前　　b) 旋转后

图 2-8　在坐标系旋转前后的点的坐标

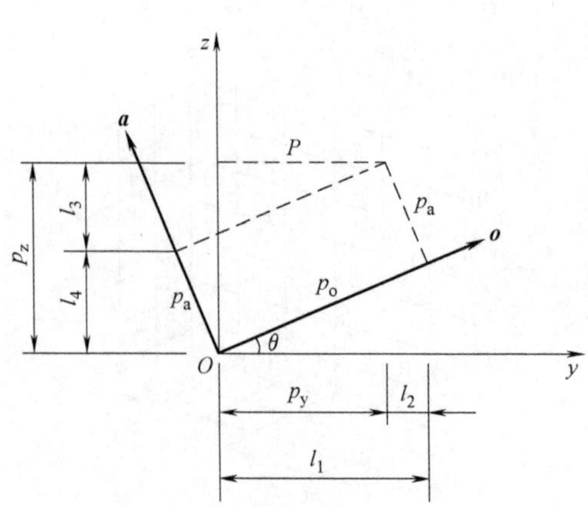

图 2-9　相对于参考坐标系的点的坐标和从 x 轴上观察旋转坐标系

写成矩阵形式为

$$\begin{pmatrix} p_x \\ p_y \\ p_z \end{pmatrix} = \begin{pmatrix} 1 & 0 & 0 \\ 0 & \cos\theta & -\sin\theta \\ 0 & \sin\theta & \cos\theta \end{pmatrix} \begin{pmatrix} p_n \\ p_o \\ p_a \end{pmatrix} \tag{2-15}$$

可见，为了得到在参考坐标系中的坐标，旋转坐标系中的点 P（或矢量 $\boldsymbol{P}$）的坐标必须左乘旋转矩阵。这个旋转矩阵只适用于绕参考坐标系的 x 轴做纯旋转变换的情况，它可表示为

$$\boldsymbol{P}_{xyz} = \mathbf{Rot}(x,\theta) \times \boldsymbol{P}_{noa} \tag{2-16}$$

注意在式（2-15）中，旋转矩阵的第一列表示相对于 x 轴的位置，其值为（1，0，0），它表示沿 x 轴的坐标没有改变。为简化书写，习惯用符号 $\mathrm{c}\theta$ 表示 $\cos\theta$ 以及用 $\mathrm{s}\theta$ 表示 $\sin\theta$。因此，旋转矩阵也可写为

$$\mathbf{Rot}(x,\theta) = \begin{pmatrix} 1 & 0 & 0 \\ 0 & \mathrm{c}\theta & -\mathrm{s}\theta \\ 0 & \mathrm{s}\theta & \mathrm{c}\theta \end{pmatrix} \tag{2-17}$$

可用同样的方法来分析坐标系绕参考坐标系 y 轴和 z 轴旋转的情况，可以证明其结果为

$$\mathbf{Rot}(y,\theta) = \begin{pmatrix} \mathrm{c}\theta & 0 & \mathrm{s}\theta \\ 0 & 1 & 0 \\ -\mathrm{s}\theta & 0 & \mathrm{c}\theta \end{pmatrix} \text{和} \quad \mathbf{Rot}(z,\theta) = \begin{pmatrix} \mathrm{c}\theta & -\mathrm{s}\theta & 0 \\ \mathrm{s}\theta & \mathrm{c}\theta & 0 \\ 0 & 0 & 1 \end{pmatrix} \tag{2-18}$$

式（2-16）也可写为习惯的形式，以便于理解不同坐标系间的关系，为此，可将该变换表示为 ${}^{U}\boldsymbol{T}_{R}$（读作坐标系 R 相对于坐标系 U 的变换矩阵），将 $\boldsymbol{P}_{noa}$ 表示为 ${}^{R}\boldsymbol{P}$（P 在坐标系 R 中的坐标），将 $\boldsymbol{P}_{xyz}$ 表示为 ${}^{U}\boldsymbol{P}$（P 在坐标系 U 中的坐标），式（2-16）可简化为

$${}^{U}\boldsymbol{P} = {}^{U}\boldsymbol{T}_{R} \times {}^{R}\boldsymbol{P} \tag{2-19}$$

由式（2-19）可见，去掉 R 便得到了 P 相对于坐标系 U 的坐标。

式（2-17）和式（2-18）中得到的旋转矩阵分别表示动坐标系绕参考坐标系的 x 轴、y 轴和 z 轴旋转的三个基本旋转矩阵，图 2-10～图 2-12 给出了动坐标系分别绕参考坐标系 x 轴、y 轴和 z 轴旋转 90°的例子。

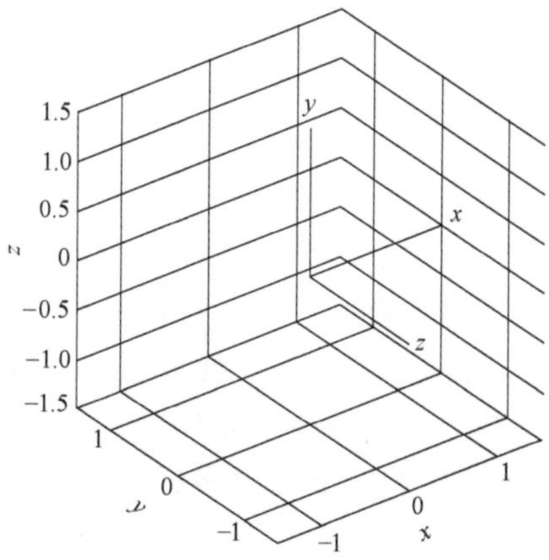

图 2-10　绕 x 轴旋转 90°

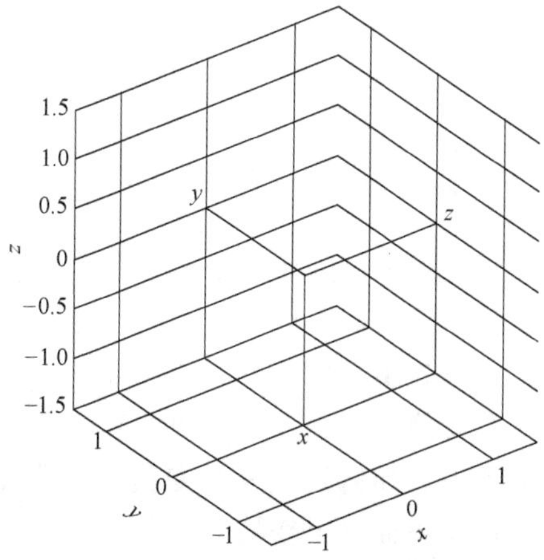

图 2-11　绕 y 轴旋转 90°

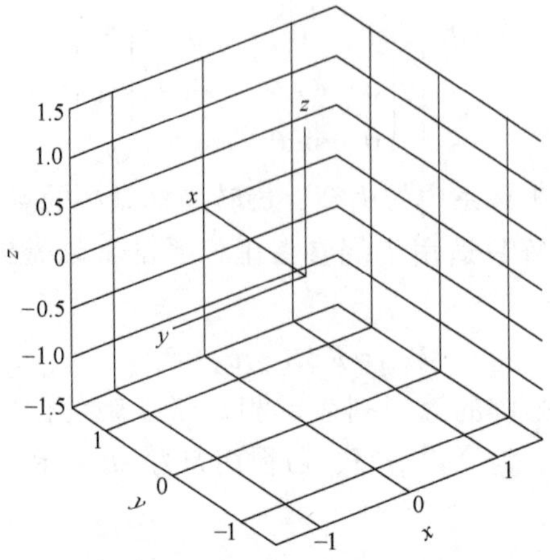

图 2-12　绕 z 轴旋转 90°

例 2.2　旋转坐标系中有一点 $P(2, 3, 4)$，此坐标系绕参考坐标系 x 轴旋转 90°。求旋转后该点相对于参考坐标系的坐标，并且用图解法检验结果。

解：由于点 P 固连在旋转坐标系中，因此点 P 相对于旋转坐标系的坐标在旋转前后保持不变。该点相对于参考坐标系的坐标为

$$\begin{pmatrix} p_x \\ p_y \\ p_z \end{pmatrix} = \begin{pmatrix} 1 & 0 & 0 \\ 0 & \cos\theta & -\sin\theta \\ 0 & \sin\theta & \cos\theta \end{pmatrix} \begin{pmatrix} p_n \\ p_o \\ p_a \end{pmatrix} = \begin{pmatrix} 1 & 0 & 0 \\ 0 & 0 & -1 \\ 0 & 1 & 0 \end{pmatrix} \begin{pmatrix} 2 \\ 3 \\ 4 \end{pmatrix} = \begin{pmatrix} 2 \\ -4 \\ 3 \end{pmatrix}$$

如图 2-13 所示，根据前面的变换，得到旋转后 P 点相对于参考坐标系的坐标为（2，-4，3）。

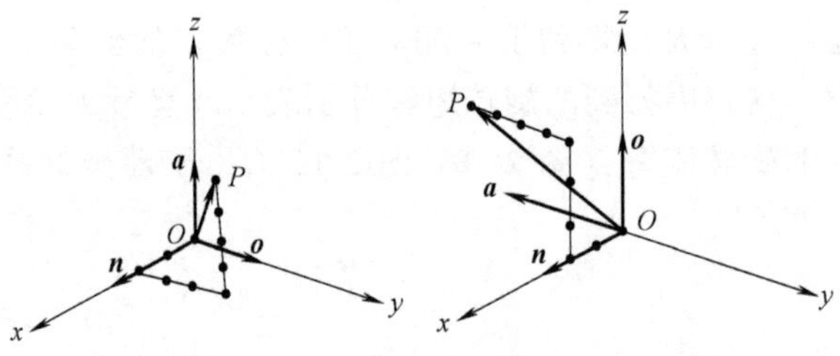

图 2-13　相对于参考坐标系的坐标系旋转

2.2.4　复合变换的表示

复合变换是由固定参考坐标系或当前运动坐标系的一系列沿轴平移和绕轴旋转变换所组成的。任何变换都可以分解为按一定顺序的一组平移和旋转变换。例如，为了完成所要求的变换，可以先绕 x 轴旋转，再沿 x，y，z 轴平移，最后绕 y 轴旋转。在具体变换时将会看到，这个变换顺序很重要，如果颠倒两个依次变换的顺序，结果将会完全不同。

为了探讨如何处理复合变换，假定坐标系（$\boldsymbol{n}$，$\boldsymbol{o}$，$\boldsymbol{a}$）相对于参考坐标系（x，y，z）依次进行了下面三个变换：

1）绕 x 轴旋转 α。

2）接着平移（l_1，l_2，l_3）（分别相对于 x，y，z 轴）。

3）最后绕 y 轴旋转 β。

比如点 P 固定在旋转坐标系，开始时旋转坐标系的原点与参考坐标系的原点重合。随着坐标系（$\boldsymbol{n}$，$\boldsymbol{o}$，$\boldsymbol{a}$）相对于参考坐标系旋转或者平移时，坐标系中的 P 点相对于参考坐标系也跟着改变。如前面所看到的，第一次变换后，P 点相对于参考坐标系的坐标可用式（2-20）进行计算。

$$\boldsymbol{P}_{1,\mathrm{xyz}}=\mathbf{Rot}(x,\alpha)\times\boldsymbol{P}_{\mathrm{noa}} \tag{2-20}$$

其中，$P_{1,\mathrm{xyz}}$ 是第一次变换后该点相对于参考坐标系的坐标。第二次变换后，该点相对于参考坐标系的坐标是

$$\boldsymbol{P}_{2,\mathrm{xyz}}=\mathbf{Trans}(l_1,l_2,l_3)\times\boldsymbol{P}_{1,\mathrm{xyz}}=\mathbf{Trans}(l_1,l_2,l_3)\times\mathbf{Rot}(x,\alpha)\times\boldsymbol{P}_{\mathrm{noa}}$$

同样，第三次变换后，该点相对于参考坐标系的坐标为

$$\boldsymbol{P}_{\mathrm{xyz}}=\boldsymbol{P}_{3,\mathrm{xyz}}=\mathbf{Rot}(y,\beta)\times\boldsymbol{P}_{2,\mathrm{xyz}}=\mathbf{Rot}(y,\beta)\times\mathbf{Trans}(l_1,l_2,l_3)\times\mathbf{Rot}(x,\alpha)\times\boldsymbol{P}_{\mathrm{noa}}$$

可见，每次变换后该点相对于参考坐标系的坐标都是通过用每个变换矩阵左乘该点的坐标得到的。当然，矩阵的顺序不能改变。同时还应注意，对于相对于参考坐标系的每次变换，矩阵都是左乘的。因此，矩阵书写的顺序和进行变换的顺序正好相反。

例 2.3 固连在坐标系（$\boldsymbol{n}$，$\boldsymbol{o}$，$\boldsymbol{a}$）上的点 $P(7,3,2)$ 经历如下变换，求变换后该点相对于参考坐标系的坐标。

1）绕 z 轴旋转 90°。

2）接着绕 y 轴旋转 90°。

3）接着再平移（4，−3，7）。

解：

表示该变换的矩阵方程为

$$\boldsymbol{P}_{\mathrm{xyz}}=\mathbf{Trans}(4,-3,7)\mathbf{Rot}(y,90)\mathbf{Rot}(z,90)\boldsymbol{P}_{\mathrm{noa}}$$

$$=\begin{pmatrix}1&0&0&4\\0&1&0&-3\\0&0&1&7\\0&0&0&1\end{pmatrix}\times\begin{pmatrix}0&0&1&0\\0&1&0&0\\-1&0&0&0\\0&0&0&1\end{pmatrix}\times\begin{pmatrix}0&-1&0&0\\1&0&0&0\\0&0&1&0\\0&0&0&1\end{pmatrix}\times\begin{pmatrix}7\\3\\2\\1\end{pmatrix}=\begin{pmatrix}6\\4\\10\\1\end{pmatrix}$$

从图 2-14 可以看到，（$\boldsymbol{n}$，$\boldsymbol{o}$，$\boldsymbol{a}$）坐标系首先绕 z 轴旋转 90°，接着绕 y 轴旋转，最后相对于参考坐标系的 x，y，z 轴平移。坐标系中的 P 点相对于 $\boldsymbol{n}$，$\boldsymbol{o}$，$\boldsymbol{a}$ 轴的位置如图所示，最后该点在 x，y，z 轴上的坐标分别为 4+2=6，−3+7=4，7+3=10。请确认也能从图中理解上述结果。

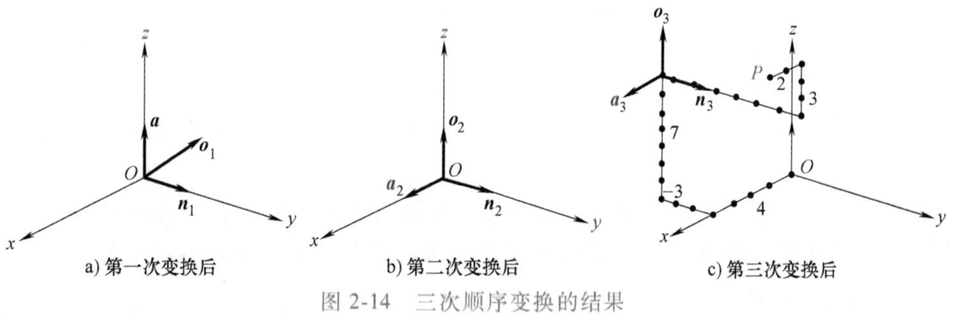

图 2-14 三次顺序变换的结果

例 2.4 根据上例，假定（**n**，**o**，**a**）坐标系上的点 $P(7, 3, 2)$ 经历相同变换，但变换按如下不同顺序进行，求出变换后该点相对于参考坐标系的坐标。

1）绕 z 轴旋转 90°。

2）接着平移（4，-3，7）。

3）接着再绕 y 轴旋转 90°。

解： 表示该变换的矩阵方程为

$$\boldsymbol{P}_{xyz} = \mathbf{Rot}(y,90)\mathbf{Trans}(4,-3,7)\mathbf{Rot}(z,90)\boldsymbol{P}_{noa}$$

$$= \begin{pmatrix} 0 & 0 & 1 & 0 \\ 0 & 1 & 0 & 0 \\ -1 & 0 & 0 & 0 \\ 0 & 0 & 0 & 1 \end{pmatrix} \times \begin{pmatrix} 1 & 0 & 0 & 4 \\ 0 & 1 & 0 & -3 \\ 0 & 0 & 1 & 7 \\ 0 & 0 & 0 & 1 \end{pmatrix} \times \begin{pmatrix} 0 & -1 & 0 & 0 \\ 1 & 0 & 0 & 0 \\ 0 & 0 & 1 & 0 \\ 0 & 0 & 0 & 1 \end{pmatrix} \times \begin{pmatrix} 7 \\ 3 \\ 2 \\ 1 \end{pmatrix} = \begin{pmatrix} 9 \\ 4 \\ -1 \\ 1 \end{pmatrix}$$

不难发现，尽管所有的变换与例 2.6 完全相同，但由于变换的顺序变了，该点最终坐标与前例完全不同。用图 2-15 可以清楚地说明这点，这时可以看出，尽管第一次变换后坐标系的变化与前例完全相同，但第二次变换后结果就完全不同，这是由于相对于参考坐标系轴的平移使得旋转坐标系（**n**，**o**，**a**）向外移动了。经第三次变换，该坐标系将绕参考坐标系 y 轴旋转，因此向下旋转了，坐标系上点 **P** 的位置也显示在图中。

该点相对于参考坐标系的坐标为 7+2=9，-3+7=4 和-4+3=-1，它与解析的结果相同。

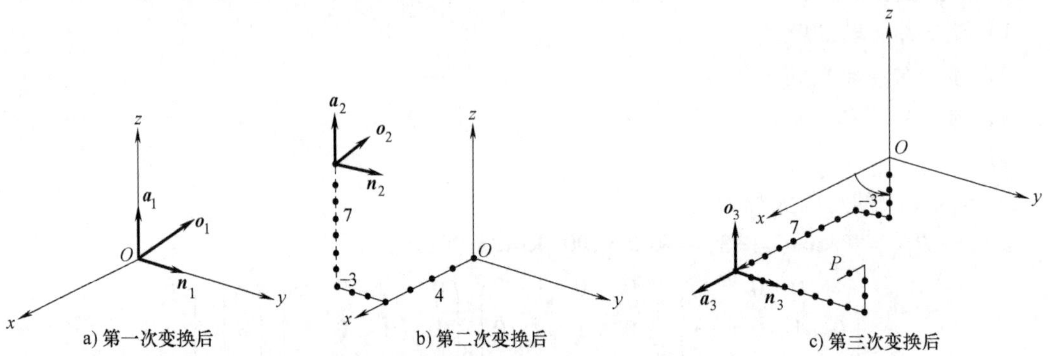

图 2-15 变换的顺序改变将改变最终结果

2.2.5 相对于旋转坐标系的变换

到目前为止，本书所讨论的所有变换都是相对于固定参考坐标系的。也就是说，所有平移、旋转和距离（除了相对于运动坐标系的点的位置）都是相对参考坐标系轴来测量的。然而事实上，也有可能做相对于运动坐标系或当前坐标系的轴的变换。例如，可以相对于运动坐标系（也就是当前坐标系）的 n 轴而不是参考坐标系的 x 轴旋转 90°。为计算当前坐标系中的点的坐标相对于参考坐标系的变化，这时需要用右乘变换矩阵而不是左乘。由于运动坐标系中的点或物体的位置总是相对于运动坐标系测量的，所以总是右乘描述该点或物体的位置矩阵。

例 2.5 假设与例 2.4 中相同的点现在进行相同的变换，但所有变换都是相对于当前的运动坐标系，具体变换出如下。求出变换完成后该点相对于参考坐标系的坐标。

1）绕 **a** 轴旋转 90°。

2）然后沿 $\boldsymbol{n}$，$\boldsymbol{o}$，$\boldsymbol{a}$ 轴平移（4，-3，7）。

3）接着绕 $\boldsymbol{o}$ 轴旋转 90°。

解：在本例中，因为所作变换是相对于当前坐标系的，因此右乘每个变换矩阵，可得表示该坐标的方程为

$$\boldsymbol{P}_{\mathrm{xyz}}=\mathbf{Rot}(\boldsymbol{a},90)\,\mathbf{Trans}(4,-3,7)\,\mathbf{Rot}(\boldsymbol{o},90)\,\boldsymbol{P}_{\mathrm{noa}}$$

$$=\begin{pmatrix}0&-1&0&0\\1&0&0&0\\0&0&1&0\\0&0&0&1\end{pmatrix}\times\begin{pmatrix}1&0&0&4\\0&1&0&-3\\0&0&1&7\\0&0&0&1\end{pmatrix}\times\begin{pmatrix}0&0&1&0\\0&1&0&0\\-1&0&0&0\\0&0&0&1\end{pmatrix}\times\begin{pmatrix}7\\3\\2\\1\end{pmatrix}=\begin{pmatrix}0\\6\\0\\1\end{pmatrix}$$

如所期望的，结果与其他各例完全不同，不仅因为所进行变换是相对于当前坐标系的，而且也因为矩阵顺序的改变。下面的图展示了这一结果，应注意它是怎样相对于当前坐标来完成这个变换的。同时应注意，在当前坐标系中 P 点的坐标（7，3，2）是变换后得到相对于参考坐标系的坐标（0，6，0），如图 2-16 所示。

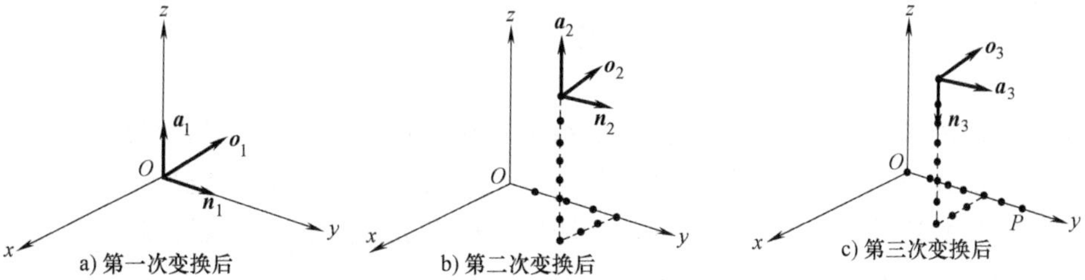

图 2-16　相对于当前坐标系的变换

例 2.6　坐标系 B 绕 x 轴旋转 90°，然后沿当前坐标系 $\boldsymbol{a}$ 轴做了 3 个单位的平移，然后在绕 z 轴旋转 90°，最后沿当前坐标系 $\boldsymbol{o}$ 轴做 5 个单位的平移。

1）写出描述该运动的方程。

2）求坐标系中的点 P（1，5，4）相对于参考坐标系的最终位置。

解：在本例中，相对于参考坐标系以及当前坐标系的运动是交替进行的。

1）相应地左乘或右乘每个运动矩阵，得到：

$${}^{\mathrm{U}}\boldsymbol{T}_{\mathrm{B}}=\mathbf{Rot}(z,90)\,\mathbf{Rot}(x,90)\,\mathbf{Trans}(0,0,3)\,\mathbf{Trans}(0,5,0)$$

2）代入具体的矩阵并将它们相乘，得到：

$${}^{\mathrm{U}}\boldsymbol{P}={}^{\mathrm{U}}\boldsymbol{T}_{\mathrm{B}}\times{}^{\mathrm{B}}\boldsymbol{P}=\begin{pmatrix}0&-1&0&0\\1&0&0&0\\0&0&1&0\\0&0&0&1\end{pmatrix}\begin{pmatrix}1&0&0&0\\0&0&-1&0\\0&1&0&0\\0&0&0&1\end{pmatrix}\begin{pmatrix}1&0&0&0\\0&1&0&0\\0&0&1&3\\0&0&0&1\end{pmatrix}\begin{pmatrix}1&0&0&0\\0&1&0&5\\0&0&1&0\\0&0&0&1\end{pmatrix}$$

$$=\begin{pmatrix}0&0&1&3\\1&0&0&0\\0&1&0&5\\0&0&0&1\end{pmatrix}$$

为了更加形象地描述矩阵左乘和右乘的区别，下面使用 MATLAB 展示一个具体的例子，如图 2-17 所示。

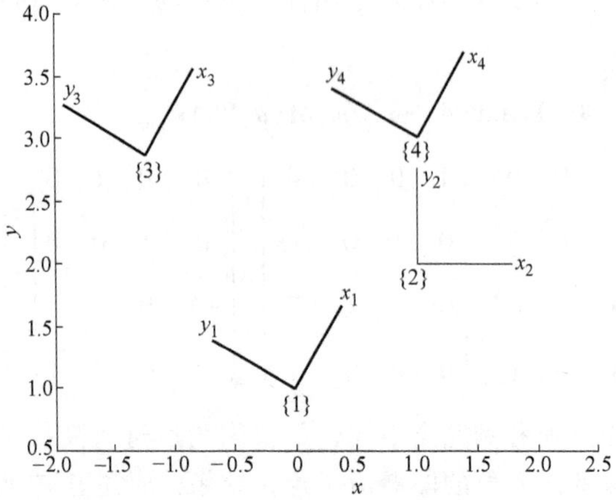

图 2-17　左乘和右乘的区别

2.3　欧拉角与 RPY 角

假设固连在机器人手上的运动坐标系已经运动到期望的位置上，但它仍然平行于参考坐标系，或者假设其姿态并不是所期望的，下一步是要在不改变位置的情况下，适当地旋转坐标系而使其达到所期望的姿态。合适的旋转顺序取决于机器人手腕的设计以及关节装配在一起的方式。考虑以下两种常见的构型配置：

1）滚动角、俯仰角、偏航角（RPY）。

2）欧拉角。

2.3.1　滚动角、俯仰角和偏航角

RPY 是分别绕当前 $\boldsymbol{a}$，$\boldsymbol{o}$，$\boldsymbol{n}$ 轴的三个旋转顺序，能够把机器人的手调整到所期望的姿态的一系列角度。此时，假定当前的坐标系平行于参考坐标系，于是机器人手的姿态在 RPY（滚动角、俯仰角、偏航角）的旋转运动前与参考坐标系相同。如果当前坐标系不平行于参考坐标系，那么机器人手最终的姿态将会是先前的姿态与 RPY 右乘的结果。

因为不希望运动坐标系原点的位置有任何改变（它已被放在一个期望的位置上，所以只需要旋转到所期望的姿态），所以 RPY 的旋转运动都是相对于当前的运动轴的。否则，运动坐标系的位置将会改变。于是，右乘所有由 RPY 和其他旋转所产生的与姿态改变有关的矩阵。

如图 2-18 所示，可看到 RPY 旋转包括以下几种：

1）绕 $\boldsymbol{a}$ 轴（运动坐标系的 z 轴）旋转 ϕ_a 叫滚动。

2）绕 $\boldsymbol{o}$ 轴（运动坐标系的 y 轴）旋转 ϕ_o 叫俯仰。

3）绕 $\boldsymbol{n}$ 轴（运动坐标系的 x 轴）旋转 ϕ_n 叫偏航。

表示 RPY 姿态变化的矩阵为

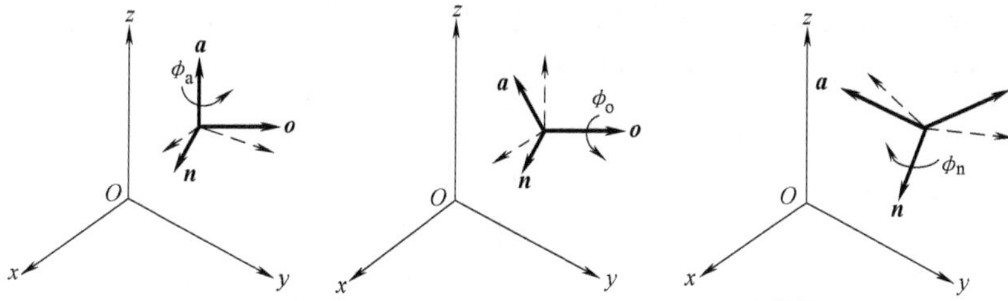

a) 旋转 ϕ_a　　b) 旋转 ϕ_o　　c) 旋转 ϕ_n

图 2-18　绕当前坐标轴的 RPY 旋转

$$\mathbf{RPY}(\phi_a,\phi_o,\phi_n)=\mathbf{Rot}(a,\phi_a)\mathbf{Rot}(o,\phi_o)\mathbf{Rot}(n,\phi_n)$$

$$=\begin{pmatrix} c\phi_a c\phi_o & c\phi_a s\phi_o s\phi_n - s\phi_a c\phi_n & c\phi_a s\phi_o c\phi_n + s\phi_a s\phi_n & 0 \\ s\phi_a c\phi_o & s\phi_a s\phi_o s\phi_n + c\phi_a c\phi_n & s\phi_a s\phi_o c\phi_n - c\phi_a s\phi_n & 0 \\ -s\phi_o & c\phi_o s\phi_n & c\phi_o c\phi_n & 0 \\ 0 & 0 & 0 & 1 \end{pmatrix} \tag{2-21}$$

这个矩阵表示了仅由 RPY 引起的姿态变化。该坐标系相对于参考坐标系的位置和最终姿态是表示位置变化和 RPY 的两个矩阵的乘积。

2.3.2　欧拉角

欧拉角的很多方面与 RPY 相似（见图 2-19）。我们仍需要使所有旋转都是绕当前的轴转动以防止机器人的位置有任何改变。表示欧拉角的转动如下：

1）绕 $\boldsymbol{a}$ 轴（运动坐标系的 z 轴）旋转 ϕ。

2）接着绕 o 轴（运动坐标系的 y 轴）旋转 θ。

3）最后再绕 a 轴（运动坐标系的 z 轴）旋转 Ψ。

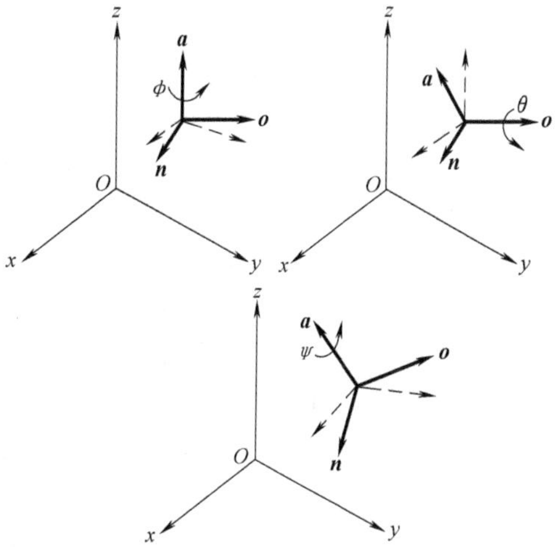

图 2-19　绕当前坐标轴的欧拉旋转

表示欧拉角姿态变化的矩阵是

$$\mathbf{Euler}(\phi,\theta,\Psi)=\mathbf{Rot}(a,\phi)\mathbf{Rot}(o,\theta),\mathbf{Rot}(a,\Psi)$$

$$=\begin{pmatrix} c\phi c\theta c\Psi - s\phi c\Psi & -c\phi c\theta s\Psi - s\phi c\Psi & c\phi s\theta & 0 \\ s\phi c\theta c\Psi + c\phi s\Psi & -s\phi c\theta s\Psi + c\phi c\Psi & s\phi s\theta & 0 \\ -s\theta c\Psi & s\theta s\Psi & c\theta & 0 \\ 0 & 0 & 0 & 1 \end{pmatrix} \tag{2-22}$$

该矩阵只是表示了由欧拉角所引起的姿态变化。相对于参考坐标系，这个坐标系的最终位姿是表示位置变化的矩阵和表示欧拉角的矩阵的乘积。这种形式的欧拉变换称为 ZYZ 欧拉变换。按照不同的旋转顺序，欧拉变换还有不同的形式，如 XYX、XZX、YXY、YZY、ZXZ、XYZ、XZY、YZX、YXZ、ZXY 以及 ZYX 等多种。在某一特定的技术领域，所说的欧拉角往往指定某一种旋转角顺序。在本书中，我们按照 ZYZ 旋转顺序来学习欧拉角，即

$$\boldsymbol{R}_{ZYZ}=\mathbf{Euler}(\phi,\theta,\Psi)$$

欧拉角的逆运动学求解与 RPY 非常相似。可以使欧拉方程的两边左乘 $\mathbf{Rot}^{-1}(a,\ \phi)$ 来

消去其中一边的 ϕ。让两边的对应元素相等，就可得到以下方程，假设由欧拉角得到的最终所期望的姿态是由（$\boldsymbol{n}$，$\boldsymbol{o}$，$\boldsymbol{a}$）矩阵表示：

$$\mathbf{Rot}^{-1}(a,\phi)\times\begin{pmatrix} n_x & o_x & a_x & 0 \\ n_y & o_y & a_y & 0 \\ n_z & o_z & a_z & 0 \\ 0 & 0 & 0 & 1 \end{pmatrix}=\begin{pmatrix} \mathrm{c}\theta\mathrm{c}\Psi & -\mathrm{c}\theta\mathrm{s}\Psi & \mathrm{s}\theta & 0 \\ \mathrm{s}\Psi & \mathrm{c}\Psi & 0 & 0 \\ -\mathrm{s}\theta\mathrm{c}\Psi & \mathrm{s}\theta\mathrm{s}\Psi & \mathrm{c}\theta & 0 \\ 0 & 0 & 0 & 1 \end{pmatrix} \tag{2-23}$$

或

$$\begin{pmatrix} n_x\mathrm{c}\phi+n_y\mathrm{s}\phi & o_x\mathrm{c}\phi+o_y\mathrm{s}\phi & a_x\mathrm{c}\phi+a_y\mathrm{s}\phi & 0 \\ -n_x\mathrm{s}\phi+n_y\mathrm{c}\phi & -o_x\mathrm{s}\phi+o_y\mathrm{c}\phi & -a_x\mathrm{s}\phi+a_y\mathrm{c}\phi & 0 \\ n_z & o_z & a_z & 0 \\ 0 & 0 & 0 & 1 \end{pmatrix}$$

$$=\begin{pmatrix} \mathrm{c}\theta\mathrm{c}\Psi & -\mathrm{c}\theta\mathrm{s}\Psi & \mathrm{s}\theta & 0 \\ \mathrm{s}\Psi & \mathrm{c}\Psi & 0 & 0 \\ -\mathrm{s}\theta\mathrm{c}\Psi & \mathrm{s}\theta\mathrm{s}\Psi & \mathrm{c}\theta & 0 \\ 0 & 0 & 0 & 1 \end{pmatrix} \tag{2-24}$$

式（2-23）中的 $\boldsymbol{n}$，$\boldsymbol{o}$，$\boldsymbol{a}$ 表示了最终的期望值，它们通常是给定或已知的。欧拉角的值是未知变量。

使式（2-24）左右两边对应的元素相等，可得到如下结果：

根据第 2 行，第 3 列的元素，可得

$$-a_x\mathrm{s}\phi+a_y\mathrm{c}\phi=0\rightarrow\phi=\mathrm{atan2}(a_y,a_x)\text{或}\ \phi=\mathrm{atan2}(-a_y,-a_x) \tag{2-25}$$

由于求得了 ϕ 值，因此式（2-24）左边所有的元素都是已知的。根据第 2 行，第 1 列的元素和第 2 行第 2 列的元素得

$$\begin{aligned}&\mathrm{s}\Psi=-n_x\mathrm{s}\phi+n_y\mathrm{c}\phi\\&\mathrm{c}\Psi=-o_x\mathrm{s}\phi+o_y\mathrm{c}\phi\rightarrow\Psi=\mathrm{atan2}(-n_x\mathrm{s}\phi+n_y\mathrm{c}\phi,-o_x\mathrm{s}\phi+o_y\mathrm{c}\phi)\end{aligned} \tag{2-26}$$

最后根据第 1 行第 3 列元素和第 3 行第 3 列元素，得

$$\begin{aligned}&\mathrm{s}\theta=a_x\mathrm{c}\phi+a_y\mathrm{s}\phi\\&\mathrm{c}\theta=a_z\rightarrow\theta=\mathrm{atan2}(a_x\mathrm{c}\phi+a_y\mathrm{s}\phi,a_z)\end{aligned} \tag{2-27}$$

2.4 刚体位姿矩阵的逆矩阵

2.4.1 刚体位姿矩阵的分块矩阵描述

令刚体的固联坐标系为 $s_A x^A y^A z^A$，其参考坐标系为 $s_0 x^0 y^0 z^0$。为了便于分析和理解，可以把描述刚体位姿的齐次矩阵写成分块矩阵的形式，于是有：

$${}^0\boldsymbol{T}^A=\begin{pmatrix} {}^0n_x^A & {}^0o_x^A & {}^0a_x^A & {}^0p_x^A \\ {}^0n_y^A & {}^0o_y^A & {}^0a_y^A & {}^0p_y^A \\ {}^0n_z^A & {}^0o_z^A & {}^0a_z^A & {}^0p_z^A \\ 0 & 0 & 0 & 1 \end{pmatrix}=\left(\begin{array}{c:c} {}^0\boldsymbol{R}^A & {}^0\boldsymbol{P}^A \\ \hdashline 000 & 1 \end{array}\right) \tag{2-28}$$

式中，$^0\boldsymbol{R}^A=\begin{pmatrix}^0n_x^A & ^0o_x^A & ^0a_x^A\\ ^0n_y^A & ^0o_y^A & ^0a_y^A\\ ^0n_z^A & ^0o_z^A & ^0a_z^A\end{pmatrix}=\begin{pmatrix}\cos i_A i_0 & \cos j_A i_0 & \cos k_A i_0\\ \cos i_A j_0 & \cos j_A j_0 & \cos k_A j_0\\ \cos i_A k_0 & \cos j_A k_0 & \cos k_A k_0\end{pmatrix}$是方向余旋矩阵（姿态矩阵）；$^0\boldsymbol{P}^A=\left[^0\boldsymbol{p}_x^A \quad ^0\boldsymbol{p}_y^A \quad ^0\boldsymbol{p}_z^A\right]^{\mathrm{T}}$是位置向量。

2.4.2 刚体位姿矩阵的逆矩阵

刚体位姿矩阵是4×4的齐次矩阵，但不符合正交矩阵的性质。在求取其逆阵时，不能直接以刚体位姿矩阵的转置矩阵来求取。

姿态矩阵是方向余旋矩阵，符合正交矩阵的性质。所以，姿态矩阵的逆矩阵可以直接以其转置矩阵来求取。

$$[^0\boldsymbol{R}^A]^{-1}=\begin{pmatrix}^0n_x^A & ^0o_x^A & ^0a_x^A\\ ^0n_y^A & ^0o_y^A & ^0a_y^A\\ ^0n_z^A & ^0o_z^A & ^0a_z^A\end{pmatrix}^{-1}=\begin{pmatrix}^0n_x^A & ^0o_x^A & ^0a_x^A\\ ^0n_y^A & ^0o_y^A & ^0a_y^A\\ ^0n_z^A & ^0o_z^A & ^0a_z^A\end{pmatrix}^{\mathrm{T}}=\begin{pmatrix}^0n_x^A & ^0n_y^A & ^0n_z^A\\ ^0o_x^A & ^0o_y^A & ^0o_z^A\\ ^0a_x^A & ^0a_y^A & ^0a_z^A\end{pmatrix} \tag{2-29}$$

假设刚体位姿矩阵的逆矩阵为

$$[^0\boldsymbol{T}^A]^{-1}=\left(\begin{array}{c|c}^0\boldsymbol{R}^A & ^0\boldsymbol{P}^A\\ \hline 000 & 1\end{array}\right)^{-1}=\begin{pmatrix}\boldsymbol{B}_{11} & \boldsymbol{B}_{12}\\ \boldsymbol{B}_{21} & \boldsymbol{B}_{22}\end{pmatrix}$$

根据逆阵的定义，$\boldsymbol{AB}=\boldsymbol{BA}=\boldsymbol{E}$，则$\boldsymbol{A}$、$\boldsymbol{B}$互为逆矩阵，有

$$\left(\begin{array}{c|c}^0\boldsymbol{R}^A & ^0\boldsymbol{P}^A\\ \hline 000 & 1\end{array}\right)^{-1}=\left(\begin{array}{c|c}^0\boldsymbol{R}^A & ^0\boldsymbol{P}^A\\ \hline 000 & 1\end{array}\right)\begin{pmatrix}\boldsymbol{B}_{11} & \boldsymbol{B}_{12}\\ \boldsymbol{B}_{21} & \boldsymbol{B}_{22}\end{pmatrix}=\boldsymbol{E}$$

$$\left(\begin{array}{c|c}^0\boldsymbol{R}^A & ^0\boldsymbol{P}^A\\ \hline 000 & 1\end{array}\right)\begin{pmatrix}\boldsymbol{B}_{11} & \boldsymbol{B}_{12}\\ \boldsymbol{B}_{21} & \boldsymbol{B}_{22}\end{pmatrix}=\begin{pmatrix}1 & 0\\ 0 & 1\end{pmatrix}$$

$$\begin{pmatrix}^0\boldsymbol{R}^A\boldsymbol{B}_{11}+{^0\boldsymbol{P}^A}\boldsymbol{B}_{21} & ^0\boldsymbol{R}^A\boldsymbol{B}_{12}+{^0\boldsymbol{P}^A}\boldsymbol{B}_{22}\\ \boldsymbol{B}_{21} & \boldsymbol{B}_{22}\end{pmatrix}=\begin{pmatrix}1 & 0\\ 0 & 1\end{pmatrix}$$

使等式两端的对应元素相等，可得到以下4个方程：

$$^0\boldsymbol{R}^A\boldsymbol{B}_{11}+{^0\boldsymbol{P}^A}\boldsymbol{B}_{21}=1$$
$$^0\boldsymbol{R}^A\boldsymbol{B}_{12}+{^0\boldsymbol{P}^A}\boldsymbol{B}_{22}=0$$
$$\boldsymbol{B}_{21}=0$$
$$\boldsymbol{B}_{22}=1$$

联立求解，即可得到

$$\begin{pmatrix}\boldsymbol{B}_{11} & \boldsymbol{B}_{12}\\ \boldsymbol{B}_{21} & \boldsymbol{B}_{22}\end{pmatrix}=\left(\begin{array}{c|c}[^0\boldsymbol{R}^A]^{-1} & -[^0\boldsymbol{R}^A]^{-1}\ {^0P^A}\\ \hline 0 & 1\end{array}\right)$$

从而得到刚体位姿矩阵的逆矩阵为

$$[^0\boldsymbol{T}^A]^{-1}=\left(\begin{array}{c|c}[^0\boldsymbol{R}^A]^{-1} & -[^0\boldsymbol{R}^A]^{-1}\ {^0\boldsymbol{P}^A}\\ \hline 0 & 1\end{array}\right) \tag{2-30}$$

第 3 章

Chapter

机器人运动学

描述机器人动态特性的数学模型是运用现代控制理论设计机器人控制系统的基础。本章和第 4 章主要介绍建立机器人数学模型的基础。在机器人的控制系统中，一般的检测量是各关节连杆的位置和速度。如何根据各连杆的位置或速度计算出机器人末端执行器在操作空间中的位姿，被称为机器人的运动学正向问题。与此相反，根据末端执行器在操作空间的位置或速度的期望值，反向计算出各关节连杆相应的位置和速度，被称为机器人的运动学逆向问题。

3.1 机器人运动学概述

进行机器人控制系统设计时，需要根据机器人的机构，描述机器人的机构运动。由于典型机器人的运动主要是由连杆机构决定的，在进行机器人的运动学分析时，一般是先把机器人的驱动器（例如电动机）及减速器去掉，抽象出机器人的连杆机构模型，从连杆机构的运动分析入手，建立机器人的运动学方程；在进行机器人的动力学分析时，再把驱动器和减速器等其他部分加入，从而分析机器人的动态特性。

图 3-1 所示为具有 2 个自由度（2DOF）的机器人连杆机构。其中连杆长度 L_1 和 L_2 是机器人的结构参数，为常量，θ_1，θ_2 是关节变量。P 点是机器人的手爪中心。从几何学的角度分析手爪位置与关节变量之间的关系称为机器人的运动学。引入矢量表示：

$$\boldsymbol{r}=(x \quad y)^{\mathrm{T}},\boldsymbol{\theta}=(\theta_1 \quad \theta_2)^{\mathrm{T}}$$

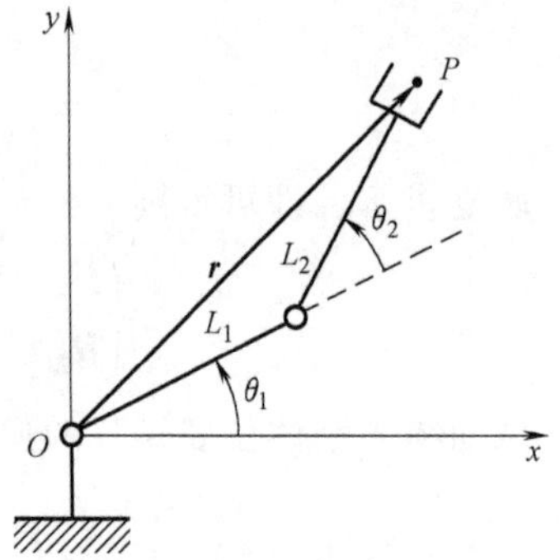

图 3-1 2 自由度的机器人连杆机构

其中，手爪位置分量：

$$x=L_1\cos\theta_1+L_2\cos(\theta_1+\theta_2) \tag{3-1}$$

$$y=L_1\sin\theta_1+L_2\sin(\theta_1+\theta_2) \tag{3-2}$$

用矢量表示，可写作

$$\boldsymbol{r}=f(\boldsymbol{\theta}) \tag{3-3}$$

式中，f表示矢量函数，从关节变量求手爪位置，称为运动学正问题，也称为运动学正解。式（3-3）也称为机器人运动学方程。如果给定手爪位置求各关节变量，则称为运动学逆问题，也可称为运动学逆解。同样可用矢量方法表示为

$$\boldsymbol{\theta}=f^{-1}(\boldsymbol{r}) \tag{3-4}$$

由图 3-2 分析可知

$$\alpha=\cos^{-1}\left[\frac{L_1{}^2+L_2{}^2-(x^2+y^2)}{2L_1L_2}\right] \tag{3-5}$$

$$\theta_2=\pi-\alpha \tag{3-6}$$

$$\theta_1=\tan^{-1}\left(\frac{y}{x}\right)-\tan^{-1}\left(\frac{L_2\sin\theta_2}{L_1+L_2\cos\theta_2}\right) \tag{3-7}$$

值得注意的是，$\alpha'=-\alpha$，相应的 θ_1'、θ_2'也是这个 2DOF 机器人的一组逆解。这说明机器人的运动学逆解具有多值性。

上述的机器人运动学正解和运动学逆解都属于机器人运动学。同时，对式（3-3）的两边求微分即可得到手爪速度和关节速度之间的关系，再微分可得到手爪加速度和关节加速度之间的关系。处理这些关系都是机器人运动学研究的范畴。上述 2DOF 机器人运动学分析是利用简单的三角几何关系得出的，大部分机器人的几何关系都比较复杂，利用三角几何已难以分析，因此，必须寻找更具广泛意义的分析方法和解决方案。

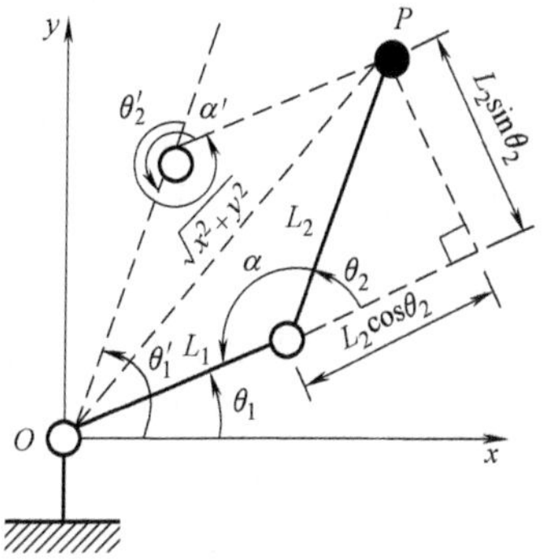

图 3-2 2DOF 的机器人运动学逆解 C

3.2 空间相邻连杆之间的位姿变换矩阵

典型的工业机器人一般是由多个连杆通过转动或移动关节连接而成。所谓机器人的位姿，一般是指机器人各连杆的位置和姿态。

为了描述连杆在同一个位置所处的不同姿态，一般在每个连杆上固定一个坐标系。每个关节的连杆在操作空间的位置可以用固定在该连杆的坐标系的原点在操作空间的坐标值来描述。每个关节的连杆在操作空间的姿态，可以用固定在该连杆上的坐标系的坐标矢量在操作空间的方位给定。

工业机器人一般为多杆系统，相邻连杆间的位姿矩阵是求得机器人手部位姿矩阵的基础。相邻连杆间的位姿矩阵取决于两连杆之间的坐标系设定、结构参数及运动参数。

3.2.1 空间任意两连杆间的固连坐标系设定原则

取图 3-3 所示空间任意相邻两连杆 L_{i-1} 和 L_i 为研究对象，连杆 L_{i-1} 的固连坐标系为 $O_{i-1}x_{i-1}y_{i-1}z_{i-1}$，连杆 L_i 的固连坐标系为 $O_ix_iy_iz_i$，为前置坐标系（也可设定为后置坐标系）。

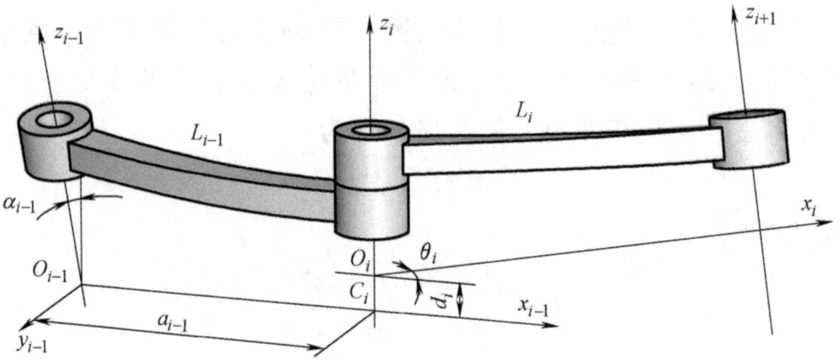

图 3-3 相邻两连杆固连坐标系设定

为了使所研究的问题规范化，并使求解过程简便，特作出如下规定：任一连杆的固连坐标系的 z 轴必须通过与前一连杆构成的运动副的轴线（回转副为回转中心，移动副为移动方向）；固连坐标系的 x 轴沿相邻两固连坐标系的 z 轴的公垂线方向，与同坐标系 z 轴的垂足点为本坐标系的坐标原点 O；固连坐标系的 y 轴按右手定则确定。

规定两个交错角：z_{i-1} 轴与 z_i 轴的交错角（z_i 轴向 $z_{i-1}y_{i-1}$ 平面的投影与 z_{i-1} 轴所形成的夹角）为 α_{i-1}，其方向以绕 x_{i-1} 轴右旋为正；x_i 轴与 x_{i-1} 轴的交错角（x_{i-1} 轴向 x_iy_i 平面的投影与 x_i 轴所形成的夹角）为 θ_i，其方向以绕 z_i 轴右旋为正。

规定两个公垂距：z_{i-1} 轴与 z_i 轴的公垂距（$O_{i-1}C_i$）为 a_{i-1}，沿 x_{i-1} 轴方向为正；x_i 轴与 x_{i-1} 轴的公垂距（C_iO_i）为 d_i，沿 z_i 轴方向为正。

两连杆 L_{i-1} 和 L_i 固连坐标系中的这四个参数 α_{i-1}、a_{i-1}、d_i 和 θ_i 中，一般有三个为机器人的几何结构参数，是常量，只有一个参数为变量。如果连杆 L_{i-1} 和 L_i 之间是回转副，参数 α_{i-1}、a_{i-1} 和 d_i 三个参数是几何结构参数，是常量，只有 θ_i 为回转关节变量；如果连杆 L_{i-1} 和 L_i 之间是移动副，参数 α_{i-1}、a_{i-1} 和 θ_i 三个参数是几何结构参数，是常量，只有 d_i 为移动关节变量。

3.2.2 确定空间任意两连杆间位姿矩阵的 D-H 法

由图 3-3 可知，连杆 L_i 的固连坐标系 $O_ix_iy_iz_i$，可看作是连杆 L_{i-1} 的固连坐标系 $O_{i-1}x_{i-1}y_{i-1}z_{i-1}$ 通过绕 x_{i-1} 轴旋转 α_{i-1}；沿 x_{i-1} 轴移动 a_{i-1}；沿 z_i 轴移动 d_i；绕 z_i 轴转动 θ_i，四次变换得到的。可分别记作 **Rot**$(x_{i-1},\ \alpha_{i-1})$、**Trans**$(x_{i-1},\ a_{i-1})$、**Trans**$(z_i,\ d_i)$、**Rot**$(z_i,\ \theta_i)$。其位姿矩阵为

$$^{i-1}\boldsymbol{T}_i=\mathbf{Rot}(x_{i-1},\alpha_{i-1})\mathbf{Trans}(x_{i-1},a_{i-1})\mathbf{Trans}(z_i,d_i)\mathbf{Rot}(z_i,\theta_i) \tag{3-8}$$

即 $$^{i-1}\boldsymbol{T}_i=\begin{pmatrix} c\theta_i & -s\theta_i & 0 & a_{i-1} \\ c\alpha_{i-1}s\theta_i & c\alpha_{i-1}c\theta_i & -s\alpha_{i-1} & -d_i s\alpha_{i-1} \\ s\alpha_{i-1}s\theta_i & s\alpha_{i-1}c\theta_i & c\alpha_{i-1} & d_i c\alpha_{i-1} \\ 0 & 0 & 0 & 1 \end{pmatrix} \tag{3-9}$$

若已知 α_{i-1}、a_{i-1}、d_i 和 θ_i，即可根据式（3-9）得到相邻两连杆 L_{i-1} 和 L_i 之间的位姿变换矩阵 $^{i-1}T_i$。这种方法是由 Denavit 和 Hartenberg 在 1955 年提出的，简称 D-H 法。必须强调指出，使用这种方法时，必须严格按上述规则建立坐标系和确定关节变量的初始值。

3.2.3 确定空间任意两连杆间位姿矩阵的直接投影法

从 3.2.2 节分析可以看出，D-H 法是由四个简单变换得到的。其实，其前三个变换得到的就是后一连杆相对于前一连杆的初始位姿，都是由机器人的结构参数确定的，第四个变换才是描述后一个连杆的运动参数。如果我们将后一个连杆的固连坐标系在初始位置的位姿直接向前一个连杆的固连坐标系投影，就可得到后一个连杆相对于前一个连杆的初始位姿变换矩阵，然后再与反映连杆相对运动的由关节变量引起的位姿变换矩阵相乘，即可得到相邻两连杆的位姿变换矩阵。这种方法称作直接投影法，使用起来非常简单。

1. 固连坐标系设定要求

为了使所研究的问题规范化，只有一个规定：任一连杆的固连坐标系的 z 轴必须通过与前一连杆构成的运动副的轴线（回转副为回转中心，移动副为移动方向）。

2. 初始位姿变换矩阵的投影原理

坐标系的旋转变换矩阵（后一个坐标系在前一个坐标系中的方向余弦矩阵）：

$$^{i-1}\boldsymbol{R}_i=\begin{pmatrix} i_{x_{i-1}}\cdot i_{x_i} & i_{x_{i-1}}\cdot j_{y_i} & i_{x_{i-1}}\cdot k_{z_i} \\ j_{y_{i-1}}\cdot i_{x_i} & j_{y_{i-1}}\cdot j_{y_i} & j_{y_{i-1}}\cdot k_{z_i} \\ k_{z_{i-1}}\cdot i_{x_i} & k_{z_{i-1}}\cdot j_{y_i} & k_{z_{i-1}}\cdot k_{z_i} \end{pmatrix} \tag{3-10}$$

式（3-10）中第 1 列为后一个坐标系的 x_i 轴的单位矢量分别向前一个坐标系的 x_{i-1} 轴、y_{i-1} 轴和 z_{i-1} 轴的投影；第 2 列为后一个坐标系的 y_i 轴的单位矢量分别向前一个坐标系的 x_{i-1} 轴、y_{i-1} 轴和 z_{i-1} 轴的投影；第 3 列为后一个坐标系的 z_i 轴的单位矢量分别向前一个坐标系的 x_{i-1} 轴、y_{i-1} 轴和 z_{i-1} 轴的投影。

坐标系的平移变换矩阵（后一坐标系的坐标原点在前一坐标系中的描述）：

$$^{i-1}P_{i,0}=\left(^{i-1}x_{i,0} \quad ^{i-1}y_{i,0} \quad ^{i-1}z_{i,0}\right)^{\mathrm{T}} \tag{3-11}$$

式中，$^{i-1}P_{i,0}$ 为后一连杆固连坐标系的坐标原点在前一连杆固连坐标系中的矢量；$^{i-1}x_{i,0}$ 为后该矢量在前一连杆固连坐标系中沿 x_{i-1} 轴的投影；$^{i-1}y_{i,0}$ 为该矢量在前一连杆固连坐标系中沿 y_{i-1} 轴的投影；$^{i-1}z_{i,0}$ 为该矢量在前一连杆固连坐标系中沿 z_{i-1} 轴的投影。

相邻两连杆的初始位姿变换矩阵：

$$^{i-1}\boldsymbol{T}_{i,0}=\begin{pmatrix} i_{x_{i-1}}\cdot i_{x_i} & i_{x_{i-1}}\cdot j_{y_i} & i_{x_{i-1}}\cdot k_{z_i} & ^{i-1}x_{i,0} \\ j_{y_{i-1}}\cdot i_{x_i} & j_{y_{i-1}}\cdot j_{y_i} & j_{y_{i-1}}\cdot k_{z_i} & ^{i-1}y_{i,0} \\ k_{z_{i-1}}\cdot i_{x_i} & k_{z_{i-1}}\cdot j_{y_i} & k_{z_{i-1}}\cdot k_{z_i} & ^{i-1}z_{i,0} \\ 0 & 0 & 0 & 1 \end{pmatrix} \tag{3-12}$$

如果相邻两连杆之间是回转关节，则相邻两连杆的位姿变换矩阵为

$$
\begin{aligned}
{}^{i-1}\boldsymbol{T}_i &= {}^{i-1}\boldsymbol{T}_{i,0}\,{}^{i,0}\boldsymbol{T}_i(z_i,\theta_i)\\
&=\begin{pmatrix}
i_{x_{i-1}}\cdot i_{x_i} & i_{x_{i-1}}\cdot j_{y_i} & i_{x_{i-1}}\cdot k_{z_i} & {}^{i-1}x_{i,0}\\
j_{y_{i-1}}\cdot i_{x_i} & j_{y_{i-1}}\cdot j_{y_i} & j_{y_{i-1}}\cdot k_{z_i} & {}^{i-1}y_{i,0}\\
k_{z_{i-1}}\cdot i_{x_i} & k_{z_{i-1}}\cdot j_{y_i} & k_{z_{i-1}}\cdot k_{z_i} & {}^{i-1}z_{i,0}\\
0 & 0 & 0 & 1
\end{pmatrix}
\begin{pmatrix}
c\theta_i & -s\theta_i & 0 & 0\\
s\theta_i & c\theta_i & 0 & 0\\
0 & 0 & 1 & 0\\
0 & 0 & 0 & 1
\end{pmatrix}
\end{aligned}
\tag{3-13}
$$

式中，${}^{i,0}\boldsymbol{T}_i(z_i,\ \theta_i)$ 为后一连杆在初始位姿基础上，绕 z_{i-1} 轴旋转 θ_i 的位姿变换矩阵。

如果相邻两连杆之间是移动关节，则相邻两连杆的位姿变换矩阵为

$$
\begin{aligned}
{}^{i-1}\boldsymbol{T}_i &= {}^{i-1}\boldsymbol{T}_{i,0}\cdot{}^{i,0}\boldsymbol{T}_i(z_i,d_i)\\
&=\begin{pmatrix}
i_{x_{i-1}}\cdot i_{x_i} & i_{x_{i-1}}\cdot j_{y_i} & i_{x_{i-1}}\cdot k_{z_i} & {}^{i-1}x_{i,0}\\
j_{y_{i-1}}\cdot i_{x_i} & j_{y_{i-1}}\cdot j_{y_i} & j_{y_{i-1}}\cdot k_{z_i} & {}^{i-1}y_{i,0}\\
k_{z_{i-1}}\cdot i_{x_i} & k_{z_{i-1}}\cdot j_{y_i} & k_{z_{i-1}}\cdot k_{z_i} & {}^{i-1}z_{i,0}\\
0 & 0 & 0 & 1
\end{pmatrix}
\begin{pmatrix}
1 & 0 & 0 & 0\\
0 & 1 & 0 & 0\\
0 & 0 & 1 & d_i\\
0 & 0 & 0 & 1
\end{pmatrix}
\end{aligned}
\tag{3-14}
$$

式中，${}^{i,0}\boldsymbol{T}_i$（z_i，d_i）为后一连杆在初始位姿基础上，沿 z_{i-1} 轴移动 d_i 的位姿变换矩阵。

例 3.1 图 3-4 所示为一个具有回转关节和移动关节的 3DOF 机械手，用直接投影法求取其位姿变换矩阵。

解：设机座坐标系为 $Ox_0y_0z_0$，连杆 L_1 的固连坐标系为 $O_1x_1y_1z_1$，二者之间是回转关节。连杆 L_1 的固连坐标系的初始位姿为 $\theta_1=0$ 时的构形。x_1 轴与 x_0 轴重合，其单位矢量向机座坐标系的投影为（1，0，0）；y_1 轴沿 z_0 轴的负方向，其单位矢量向机座坐标系的投影为（0，0，-1）；z_1 轴与 y_0 轴重合，其单位矢量向机座坐标系的投影为（0，1，0）；两个固连坐标系的原点重合，${}^0P_1$ 向机座坐标系的投影为（0，0，0）。因此，连杆 L_1 的固连坐标系的初始位姿矩阵为

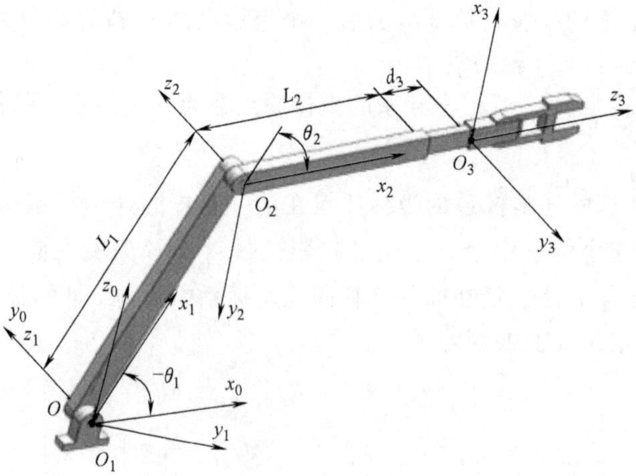

图 3-4 具有回转关节和移动关节的 3DOF 机械手

$$
{}^{0}\boldsymbol{T}_{1,0}=\begin{pmatrix}1&0&0&0\\0&0&1&0\\0&-1&0&0\\0&0&0&1\end{pmatrix} \tag{3-15}
$$

连杆 L_1 相对于机座坐标系的位姿变换矩阵为

$$
{}^{0}\boldsymbol{T}_{1}={}^{0}\boldsymbol{T}_{1,0}{}^{1,0}\boldsymbol{T}_{1}(z_1,-\theta_1)=\begin{pmatrix}1&0&0&0\\0&0&1&0\\0&-1&0&0\\0&0&0&1\end{pmatrix}\begin{pmatrix}c\theta_1&s\theta_1&0&0\\-s\theta_1&c\theta_1&0&0\\0&0&1&0\\0&0&0&1\end{pmatrix}=\begin{pmatrix}c\theta_1&s\theta_1&0&0\\0&0&1&0\\s\theta_1&-c\theta_1&0&0\\0&0&0&1\end{pmatrix} \tag{3-16}
$$

注意，此处以 $-\theta_1$ 代入式（3-13）。

同理，连杆 L_2、L_1 之间是回转关节，根据式（3-12），连杆 L_2 的固连坐标系的初始位姿矩阵（$\theta_2=0$ 时，两坐标系平行）为

$$
{}^{1}\boldsymbol{T}_{2,0}=\begin{pmatrix}1&0&0&L_1\\0&1&0&0\\0&0&1&0\\0&0&0&1\end{pmatrix} \tag{3-17}
$$

连杆 L_2 相对于连杆 L_1 固连坐标系的位姿变换矩阵为

$$
{}^{1}\boldsymbol{T}_{2}={}^{1}\boldsymbol{T}_{2,0}{}^{2,0}\boldsymbol{T}_{2}(z_2,\theta_2)=\begin{pmatrix}1&0&0&L_1\\0&1&0&0\\0&0&1&0\\0&0&0&1\end{pmatrix}\begin{pmatrix}c\theta_2&-s\theta_2&0&0\\s\theta_2&c\theta_2&0&0\\0&0&1&0\\0&0&0&1\end{pmatrix}=\begin{pmatrix}c\theta_2&-s\theta_2&0&L_1\\s\theta_2&c\theta_2&0&0\\0&0&1&0\\0&0&0&1\end{pmatrix} \tag{3-18}
$$

第 3 个连杆与连杆 L_2 之间是移动关节，根据式（3-12），连杆 3 的固连坐标系的初始位姿矩阵（$d_3=0$ 时）为

$$
{}^{2}\boldsymbol{T}_{3,0}=\begin{pmatrix}0&0&1&L_2\\-1&0&0&0\\0&-1&0&0\\0&0&0&1\end{pmatrix} \tag{3-19}
$$

根据式（3-14），连杆 3 相对于连杆 L_2 固连坐标系的位姿变换矩阵为

$$
{}^{2}\boldsymbol{T}_{3}={}^{2}\boldsymbol{T}_{3,0}{}^{3,0}\boldsymbol{T}_{3}(z_3,d_3)=\begin{pmatrix}0&0&1&L_2\\-1&0&0&0\\0&-1&0&0\\0&0&0&1\end{pmatrix}\begin{pmatrix}1&0&0&0\\0&1&0&0\\0&0&1&d_3\\0&0&0&1\end{pmatrix}=\begin{pmatrix}0&0&1&d_3+L_2\\-1&0&0&0\\0&-1&0&0\\0&0&0&1\end{pmatrix} \tag{3-20}
$$

3.3 建立机器人的运动学方程

典型的工业机器人是一个多连杆串联机构，进行运动学分析时，首先在每一个连杆上都设定一个固连坐标系。研究这些坐标系之间的变换关系，就可得到机器人的运动学方程。

3.3.1 多自由度机器人的运动学方程

图 3-5 所示为由 n 个连杆串联组成的机器人，利用上述相邻两连杆间位姿矩阵的求解方法，写出任意相邻两连杆的位姿变换矩阵，就可直接得到该机器人的运动学方程。

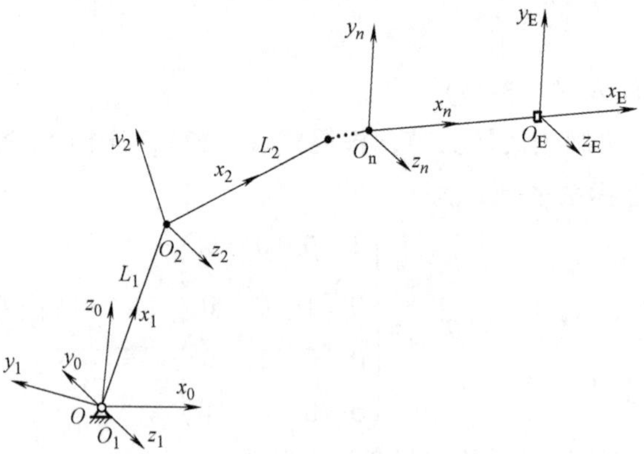

图 3-5　多连杆串联机器人

$$ {}^{0}\boldsymbol{T}_{E} = {}^{0}\boldsymbol{T}_{1}\,{}^{1}\boldsymbol{T}_{2}\,{}^{2}\boldsymbol{T}_{3}\cdots{}^{n-1}\boldsymbol{T}_{n}\,{}^{n}\boldsymbol{T}_{E} \tag{3-21}$$

该方程就是机器人的运动学方程正解。

例 3.2　求解图 3-4 所示 3DOF 平面机器人的运动学方程。

解： 坐标系的设定如图 3-4 所示。

3.2 节已求出本机器人相邻两连杆之间的位姿矩阵，代入式（3-21），可直接求得该机器人的运动学方程。

根据式（3-16）

$$ {}^{0}\boldsymbol{T}_{1} = \begin{pmatrix} c\theta_1 & s\theta_1 & 0 & 0 \\ 0 & 0 & 1 & 0 \\ s\theta_1 & -c\theta_1 & 0 & 0 \\ 0 & 0 & 0 & 1 \end{pmatrix},\ {}^{1}\boldsymbol{T}_{2} = \begin{pmatrix} c\theta_2 & -s\theta_2 & 0 & L_1 \\ s\theta_2 & c\theta_2 & 0 & 0 \\ 0 & 0 & 1 & 0 \\ 0 & 0 & 0 & 1 \end{pmatrix},\ {}^{2}\boldsymbol{T}_{3} = \begin{pmatrix} 0 & 0 & 1 & d_3+L_2 \\ -1 & 0 & 0 & 0 \\ 0 & -1 & 0 & 0 \\ 0 & 0 & 0 & 1 \end{pmatrix}$$

$$ {}^{3}\boldsymbol{T}_{E} = \begin{pmatrix} 1 & 0 & 0 & 0 \\ 0 & 1 & 0 & 0 \\ 0 & 0 & 1 & L_E \\ 0 & 0 & 0 & 1 \end{pmatrix}$$

（末端夹持器的工具中心点 TCP 沿 z_3 方向偏移了 L_E 距离，姿态没变化，图中省略）

$$
{}^{0}\boldsymbol{T}_{\mathrm{E}}={}^{0}\boldsymbol{T}_{1}{}^{1}\boldsymbol{T}_{2}{}^{2}\boldsymbol{T}_{3}{}^{3}\boldsymbol{T}_{\mathrm{E}}
$$

$$
=\begin{pmatrix} c\theta_1 & s\theta_1 & 0 & 0 \\ 0 & 0 & 1 & 0 \\ s\theta_1 & -c\theta_1 & 0 & 0 \\ 0 & 0 & 0 & 1 \end{pmatrix}\begin{pmatrix} c\theta_2 & -s\theta_2 & 0 & L_1 \\ s\theta_2 & c\theta_2 & 0 & 0 \\ 0 & 0 & 1 & 0 \\ 0 & 0 & 0 & 1 \end{pmatrix}\begin{pmatrix} 0 & 0 & 1 & d_3+L_2 \\ -1 & 0 & 0 & 0 \\ 0 & -1 & 0 & 0 \\ 0 & 0 & 0 & 1 \end{pmatrix}\begin{pmatrix} 1 & 0 & 0 & 0 \\ 0 & 1 & 0 & 0 \\ 0 & 0 & 1 & L_{\mathrm{E}} \\ 0 & 0 & 0 & 1 \end{pmatrix}
$$

$$
=\begin{pmatrix} c_1s_2-s_1c_2 & 0 & c_1c_2+s_1s_2 & L_{\mathrm{E}}c_1c_2+L_{\mathrm{E}}s_1s_2+c_1c_2d_3+s_1s_2d_3+c_1c_2L_2+s_1s_2L_2+L_1c_1 \\ 0 & -1 & 0 & 0 \\ s_1s_2+c_1c_2 & 0 & s_1c_2-c_1s_2 & L_{\mathrm{E}}s_1c_2-L_{\mathrm{E}}c_1s_2+s_1c_2d_3-c_1s_2d_3+s_1c_2L_2-c_1s_2L_2+L_1s_1 \\ 0 & 0 & 0 & 1 \end{pmatrix} \tag{3-22}
$$

式中，$c_i=\cos\theta_i$；$s_i=\sin\theta_i$。

因此，末端夹持器工具坐标系的姿态和位置分别为

$$
{}^{0}\boldsymbol{R}_{\mathrm{E}}=\begin{pmatrix} c_1s_2-s_1c_2 & 0 & c_1c_2+s_1s_2 \\ 0 & -1 & 0 \\ s_1s_2+c_1c_2 & 0 & s_1c_2-c_1s_2 \end{pmatrix}=\begin{pmatrix} \sin(\theta_2-\theta_1) & 0 & \cos(\theta_1-\theta_2) \\ 0 & -1 & 0 \\ \cos(\theta_1-\theta_2) & 0 & \sin(\theta_1-\theta_2) \end{pmatrix} \tag{3-23}
$$

$$
{}^{0}\boldsymbol{P}_{\mathrm{E}}=\begin{pmatrix} L_{\mathrm{E}}c_1c_2+L_Es_1s_2+c_1c_2d_3+s_1s_2d_3+c_1c_2L_2+s_1s_2L_2+L_1c_1 \\ 0 \\ L_{\mathrm{E}}s_1c_2-L_Ec_1s_2+s_1c_2d_3-c_1s_2d_3+s_1c_2L_2-c_1s_2L_2+L_1s_1 \end{pmatrix}
$$

$$
=\begin{pmatrix} L_{\mathrm{E}}\cos(\theta_1-\theta_2)+(d_3+L_2)\cos(\theta_1-\theta_2)+L_1\cos\theta_1 \\ 0 \\ L_{\mathrm{E}}\sin(\theta_1-\theta_2)+(d_3+L_2)\sin(\theta_1-\theta_2)+L_1\sin\theta_1 \end{pmatrix} \tag{3-24}
$$

3.3.2 典型工业机器人的运动学方程（正解）实例分析

典型的工业机器人是6个自由度（6DOF）的关节型机器人。现以这种工业机器人为例，对其运动学方程求解过程进行分析。

例3.3 求如图3-6所示的典型6DOF工业机器人的运动学方程。

1. 建立机器人的坐标系

1）基础坐标系：基础坐标系 $O_0x_0y_0z_0$ 一般设定在机座上，基本原则是，z_0 沿重力加速度相反方向；x_0 位于机器人工作空间的对称面内；y_0 按右手定则确定；坐标原点 O_0 位于第1关节的轴线上。

2）连杆的固连坐标系：各连杆的固连坐标系 $O_ix_iy_iz_i$ 的设定，要求其 z_i 轴与回转关节的轴线（移动关节为移动方向）重合；其他轴的方向设定和坐标原点 o_i 的设定以简化计算工作量为原则。比如，各坐标系的坐标原点 O_i 尽量重合，使 $L_i=0$，坐标轴应尽量平行、共线或垂直，使相应的投影为1、-1或0，计算过程就很简单。

3）末端执行器坐标系（工具坐标系）：末端执行器（工具坐标系）的坐标原点 O_{E} 选在工具中心点上（TCP），z_{E} 的正向指向（或背离）操作对象。

根据上述原则，设定该典型6DOF工业机器人的坐标系如图3-6所示。

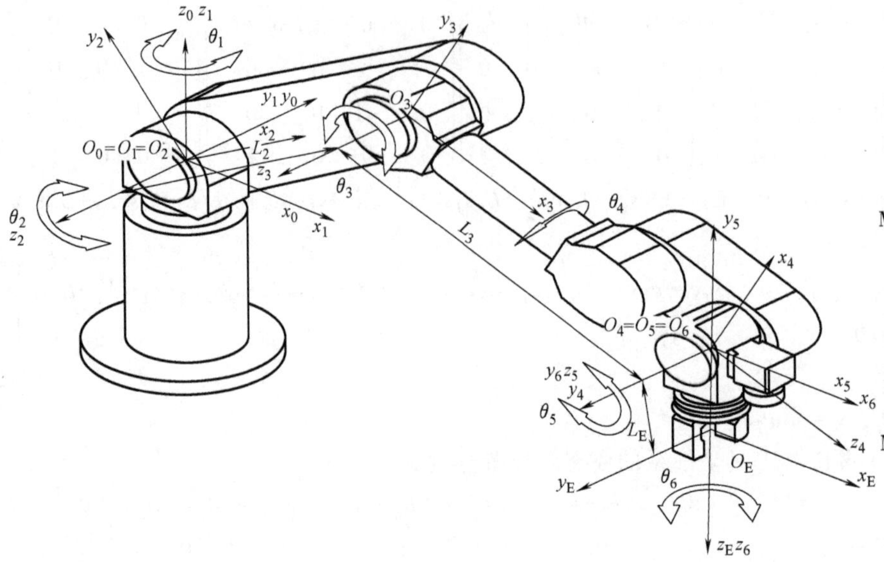

图 3-6　典型 6DOF 工业机器人坐标系统设定

Matlab 程序下载

Matlab 运行视频

其中，O_0、O_1、O_2 重合，这三个坐标系汇交于一点；O_4、O_5、O_6 重合。

2. 建立相邻两连杆之间的位姿矩阵

该机器人只有回转关节，根据相邻两连杆的初始位姿变换矩阵的直接投影法，并按照式（3-13）求出相邻两连杆的位姿矩阵。

$$
{}^{0}\boldsymbol{T}_{1,0}=\begin{pmatrix}1&0&0&0\\0&1&0&0\\0&0&1&0\\0&0&0&1\end{pmatrix}
$$

$$
{}^{0}\boldsymbol{T}_{1}={}^{0}\boldsymbol{T}_{1,0}\,{}^{1,0}\boldsymbol{T}_{1}(z_1,\theta_1)=\begin{pmatrix}1&0&0&0\\0&1&0&0\\0&0&1&0\\0&0&0&1\end{pmatrix}\begin{pmatrix}\mathrm{c}\theta_1&-\mathrm{s}\theta_1&0&0\\\mathrm{s}\theta_1&\mathrm{c}\theta_1&0&0\\0&0&1&0\\0&0&0&1\end{pmatrix}=\begin{pmatrix}\mathrm{c}\theta_1&-\mathrm{s}\theta_1&0&0\\\mathrm{s}\theta_1&\mathrm{c}\theta_1&0&0\\0&0&1&0\\0&0&0&1\end{pmatrix}
\tag{3-25}
$$

$$
{}^{1}\boldsymbol{T}_{2,0}=\begin{pmatrix}1&0&0&0\\0&0&-1&0\\0&1&0&0\\0&0&0&1\end{pmatrix}
$$

$$
{}^{1}\boldsymbol{T}_{2}={}^{1}\boldsymbol{T}_{2,0}\,{}^{2,0}\boldsymbol{T}_{2}(z_2,\theta_2)=\begin{pmatrix}1&0&0&0\\0&0&-1&0\\0&1&0&0\\0&0&0&1\end{pmatrix}\begin{pmatrix}\mathrm{c}\theta_2&-\mathrm{s}\theta_2&0&0\\\mathrm{s}\theta_2&\mathrm{c}\theta_2&0&0\\0&0&1&0\\0&0&0&1\end{pmatrix}=\begin{pmatrix}\mathrm{c}\theta_2&-\mathrm{s}\theta_2&0&0\\0&0&-1&0\\\mathrm{s}\theta_2&\mathrm{c}\theta_2&0&0\\0&0&0&1\end{pmatrix}
\tag{3-26}
$$

$$
{}^{2}\boldsymbol{T}_{3,0}=\begin{pmatrix}1&0&0&L_2\\0&1&0&0\\0&0&1&0\\0&0&0&1\end{pmatrix}
$$

$$
{}^{2}\boldsymbol{T}_{3}={}^{2}\boldsymbol{T}_{3,0}\,{}^{3,0}\boldsymbol{T}_{3}\ (z_3,\ \theta_3)\ =\begin{pmatrix}1&0&0&L_2\\0&1&0&0\\0&0&1&0\\0&0&0&1\end{pmatrix}\begin{pmatrix}\mathrm{c}\theta_3&-\mathrm{s}\theta_3&0&0\\\mathrm{s}\theta_3&\mathrm{c}\theta_3&0&0\\0&0&1&0\\0&0&0&1\end{pmatrix}=\begin{pmatrix}\mathrm{c}\theta_3&-\mathrm{s}\theta_3&0&L_2\\\mathrm{s}\theta_3&\mathrm{c}\theta_3&0&0\\0&0&1&0\\0&0&0&1\end{pmatrix}\tag{3-27}
$$

$$
{}^{3}\boldsymbol{T}_{4,0}=\begin{pmatrix}0&0&1&L_3\\1&0&0&0\\0&1&0&0\\0&0&0&1\end{pmatrix}
$$

$$
{}^{3}\boldsymbol{T}_{4}={}^{3}\boldsymbol{T}_{4,0}\,{}^{4,0}\boldsymbol{T}_{4}(z_4,\theta_4)=\begin{pmatrix}0&0&1&L_3\\1&0&0&0\\0&1&0&0\\0&0&0&1\end{pmatrix}\begin{pmatrix}\mathrm{c}\theta_4&-\mathrm{s}\theta_4&0&0\\\mathrm{s}\theta_4&\mathrm{c}\theta_4&0&0\\0&0&1&0\\0&0&0&1\end{pmatrix}=\begin{pmatrix}0&0&1&L_3\\\mathrm{c}\theta_4&-\mathrm{s}\theta_4&0&0\\\mathrm{s}\theta_4&\mathrm{c}\theta_4&0&0\\0&0&0&1\end{pmatrix}\tag{3-28}
$$

$$
{}^{4}\boldsymbol{T}_{5,0}=\begin{pmatrix}0&1&0&0\\0&0&1&0\\1&0&0&0\\0&0&0&1\end{pmatrix}
$$

$$
{}^{4}\boldsymbol{T}_{5}={}^{4}\boldsymbol{T}_{5,0}\,{}^{5,0}\boldsymbol{T}_{5}(z_5,\theta_5)=\begin{pmatrix}0&1&0&0\\0&0&1&0\\1&0&0&0\\0&0&0&1\end{pmatrix}\begin{pmatrix}\mathrm{c}\theta_5&-\mathrm{s}\theta_5&0&0\\\mathrm{s}\theta_5&\mathrm{c}\theta_5&0&0\\0&0&1&0\\0&0&0&1\end{pmatrix}=\begin{pmatrix}\mathrm{s}\theta_5&\mathrm{c}\theta_5&0&0\\0&0&1&0\\\mathrm{c}\theta_5&-\mathrm{s}\theta_5&0&0\\0&0&0&1\end{pmatrix}\tag{3-29}
$$

$$
{}^{5}\boldsymbol{T}_{6,0}=\begin{pmatrix}1&0&0&0\\0&0&-1&0\\0&1&0&0\\0&0&0&1\end{pmatrix}
$$

$$
{}^{5}\boldsymbol{T}_{6}={}^{5}\boldsymbol{T}_{6,0}\,{}^{6,0}\boldsymbol{T}_{6}(z_6,\theta_6)=\begin{pmatrix}1&0&0&0\\0&0&-1&0\\0&1&0&0\\0&0&0&1\end{pmatrix}\begin{pmatrix}\mathrm{c}\theta_6&-\mathrm{s}\theta_6&0&0\\\mathrm{s}\theta_6&\mathrm{c}\theta_6&0&0\\0&0&1&0\\0&0&0&1\end{pmatrix}=\begin{pmatrix}\mathrm{c}\theta_6&-\mathrm{s}\theta_6&0&0\\0&0&-1&0\\\mathrm{s}\theta_6&\mathrm{c}\theta_6&0&0\\0&0&0&1\end{pmatrix}\tag{3-30}
$$

$$ {}^{6}\boldsymbol{T}_{\mathrm{E}} = {}^{6}\boldsymbol{T}_{\mathrm{E},0} = \begin{pmatrix} 1 & 0 & 0 & 0 \\ 0 & 1 & 0 & 0 \\ 0 & 0 & 1 & L_{\mathrm{E}} \\ 0 & 0 & 0 & 1 \end{pmatrix} \tag{3-31} $$

3. 求解机器人的运动学方程正解

根据式（3-21），把从基础坐标系到末端执行器工具坐标系之间相互串联的相邻坐标系位姿变换矩阵按先后顺序连乘，即可得到机器人的运动学方程正解。

$$ \begin{aligned} {}^{0}\boldsymbol{T}_{\mathrm{E}} &= {}^{0}\boldsymbol{T}_{1}\,{}^{1}\boldsymbol{T}_{2}\,{}^{2}\boldsymbol{T}_{3}\,{}^{3}\boldsymbol{T}_{4}\,{}^{4}\boldsymbol{T}_{5}\,{}^{5}\boldsymbol{T}_{6}\,{}^{6}\boldsymbol{T}_{\mathrm{E}} \\ &= \begin{pmatrix} {}^{0}n^{x}_{\mathrm{E}} & {}^{0}o^{x}_{\mathrm{E}} & {}^{0}a^{x}_{\mathrm{E}} & {}^{0}P^{x}_{\mathrm{E}} \\ {}^{0}n^{y}_{\mathrm{E}} & {}^{0}o^{y}_{\mathrm{E}} & {}^{0}a^{y}_{\mathrm{E}} & {}^{0}P^{y}_{\mathrm{E}} \\ {}^{0}n^{z}_{\mathrm{E}} & {}^{0}o^{z}_{\mathrm{E}} & {}^{0}a^{z}_{\mathrm{E}} & {}^{0}P^{z}_{\mathrm{E}} \\ 0 & 0 & 0 & 1 \end{pmatrix} \end{aligned} \tag{3-32} $$

式中，矢量 $\boldsymbol{n}_{\mathrm{E}}$、$\boldsymbol{o}_{\mathrm{E}}$、$\boldsymbol{a}_{\mathrm{E}}$ 为工具坐标系的单位坐标矢量；（${}^{0}n^{x}_{\mathrm{E}}, {}^{0}n^{y}_{\mathrm{E}}, {}^{0}n^{z}_{\mathrm{E}}$）、（${}^{0}o^{x}_{\mathrm{E}}, {}^{0}o^{y}_{\mathrm{E}}, {}^{0}o^{z}_{\mathrm{E}}$）、（${}^{0}a^{x}_{\mathrm{E}}, {}^{0}a^{y}_{\mathrm{E}}, {}^{0}a^{z}_{\mathrm{E}}$）是工具坐标系的单位坐标矢量在机座坐标系 $O_0x_0y_0z_0$ 下的坐标；（${}^{0}P^{x}_{\mathrm{E}}, {}^{0}P^{y}_{\mathrm{E}}, {}^{0}P^{z}_{\mathrm{E}}$）是工具坐标系的坐标原点（即工具中心点 TCP）在机座坐标系 $O_0x_0y_0z_0$ 下的坐标。

$$ \begin{gathered} {}^{0}n^{x}_{\mathrm{E}} = c_1(c_{23}c_5c_6 + s_{23}s_4s_6 - s_{23}c_4s_5c_6) - s_1(s_4s_5c_6 + c_4s_6) \\ {}^{0}n^{y}_{\mathrm{E}} = s_1(c_{23}c_5c_6 + s_{23}s_4s_6 - s_{23}c_4s_5c_6) + c_1(s_4s_5c_6 + c_4s_6) \\ {}^{0}n^{z}_{\mathrm{E}} = s_{23}c_5c_6 - c_{23}s_4s_6 + c_{23}c_4s_5c_6 \\ {}^{0}o^{x}_{\mathrm{E}} = c_1(s_{23}s_4s_6 - c_{23}c_5s_6 + s_{23}c_4s_5s_6) - s_1(s_4s_5s_6 - c_4c_6) \\ {}^{0}o^{y}_{\mathrm{E}} = s_1(s_{23}s_4s_6 - c_{23}c_5s_6 + s_{23}c_4s_5s_6) - c_1(s_4s_5s_6 - c_4c_6) \\ {}^{0}o^{z}_{\mathrm{E}} = -s_{23}c_5s_6 - c_{23}s_4c_6 - c_{23}c_4s_5s_6 \\ {}^{0}a^{x}_{\mathrm{E}} = c_1(c_4c_5s_{23} - c_{23}s_5) - s_1s_4c_5 \\ {}^{0}a^{y}_{\mathrm{E}} = s_1(c_4c_5s_{23} - c_{23}s_5) + c_1s_4c_5 \\ {}^{0}a^{z}_{\mathrm{E}} = s_{23}s_5 - c_{23}c_4c_5 \\ {}^{0}P^{x}_{\mathrm{E}} = L_{\mathrm{E}}c_1(c_4c_5s_{23} - c_{23}s_5) - L_{\mathrm{E}}s_1s_4c_5 + c_1(c_{23}L_3 + c_2L_2) \\ {}^{0}P^{y}_{\mathrm{E}} = L_{\mathrm{E}}s_1(c_4c_5s_{23} - c_{23}s_5) + L_{\mathrm{E}}c_1s_4c_5 + s_1(c_{23}L_3 + c_2L_2) \\ {}^{0}P^{z}_{\mathrm{E}} = L_{\mathrm{E}}s_{23}s_5 - L_{\mathrm{E}}c_{23}c_4c_5 + s_{23}L_3 + s_2L_2 \end{gathered} $$

式中，$c_{23} = \cos(\theta_2 + \theta_3)$；$s_{23} = \cos(\theta_2 + \theta_3)$。

在求解上述方程的过程中，应该把中间过程保存起来，以便在随后的应用和求逆解时备用。

3.4　典型工业机器人的运动学方程（逆解）实例分析

典型工业机器人一般是 6 个自由度，工具坐标系相对于机器人末杆坐标系之间位姿变换只有常量，没有运动参数的变化。我们设末杆位姿矩阵为${}^{0}\boldsymbol{T}_{6}$。机器人的位姿逆解法有代数法、几何法和数值解法。由于篇幅所限，本书只介绍常用的代数法。

1. 运动学逆解的一般方法

具有 6 个自由度的机器人的运动学方程标准形式为

$$ {}^{0}\boldsymbol{T}_{6}={}^{0}\boldsymbol{T}_{1}{}^{1}\boldsymbol{T}_{2}{}^{2}\boldsymbol{T}_{3}{}^{3}\boldsymbol{T}_{4}{}^{4}\boldsymbol{T}_{5}{}^{5}\boldsymbol{T}_{6} \tag{3-33} $$

为了表示一般性，用广义关节变量 q_i 代替 θ_i 或 d_i。若已知机器人的末杆位置和姿态，就可以写出这一特定位姿的矩阵 $\boldsymbol{T}_6^0$：

$$ {}^{0}\boldsymbol{T}_{6}=\begin{pmatrix} {}^{0}n_{6}^{x} & {}^{0}o_{6}^{x} & {}^{0}a_{6}^{x} & {}^{0}P_{6}^{x} \\ {}^{0}n_{6}^{y} & {}^{0}o_{6}^{y} & {}^{0}a_{6}^{y} & {}^{0}P_{6}^{y} \\ {}^{0}n_{6}^{z} & {}^{0}o_{6}^{z} & {}^{0}a_{6}^{z} & {}^{0}P_{6}^{z} \\ 0 & 0 & 0 & 1 \end{pmatrix} \tag{3-34} $$

由式（3-13）可知，任意两相邻坐标系之间的位姿变换矩阵只有一个变量 q_i，因此，为了求解 q_1，可用 $({}^{0}\boldsymbol{T}_{1})^{-1}$ 左乘式（3-33）的两端，可得到

$$ ({}^{0}\boldsymbol{T}_{1})^{-1}\,{}^{0}\boldsymbol{T}_{6}={}^{1}\boldsymbol{T}_{2}{}^{2}\boldsymbol{T}_{3}{}^{3}\boldsymbol{T}_{4}{}^{4}\boldsymbol{T}_{5}{}^{5}\boldsymbol{T}_{6} \tag{3-35} $$

在式（3-35）中，等式左端只有一个变量 q_1，利用两矩阵相等的基本概念，即等式两端的对应元素相等，可得出 12 个方程，其中只有 9 个方程是独立的。我们总可以用消元法消去 q_2，q_3，…，q_6，从而解算出 q_1。

由此可得出一般求运动学逆解的递推公式：

$$ \begin{aligned} &({}^{0}\boldsymbol{T}_{1})^{-1}\,{}^{0}\boldsymbol{T}_{6}={}^{1}\boldsymbol{T}_{2}{}^{2}\boldsymbol{T}_{3}{}^{3}\boldsymbol{T}_{4}{}^{4}\boldsymbol{T}_{5}{}^{5}\boldsymbol{T} \\ &({}^{1}\boldsymbol{T}_{2})^{-1}({}^{0}\boldsymbol{T}_{1})^{-1}\,{}^{0}\boldsymbol{T}_{6}={}^{2}\boldsymbol{T}_{3}{}^{3}\boldsymbol{T}_{4}{}^{4}\boldsymbol{T}_{5}{}^{5}\boldsymbol{T}_{6} \\ &\qquad\vdots \\ &({}^{4}\boldsymbol{T}_{5})^{-1}({}^{3}\boldsymbol{T}_{4})^{-1}({}^{2}\boldsymbol{T}_{3})^{-1}({}^{1}\boldsymbol{T}_{2})^{-1}({}^{0}\boldsymbol{T}_{1})^{-1}\,{}^{0}\boldsymbol{T}_{6}={}^{5}\boldsymbol{T}_{6} \end{aligned} \tag{3-36} $$

一般不需要作完上述递推，根据等号两端矩阵对应元素相等的原理，就可解出局部关节变量。

2. 典型 6DOF 工业机器人运动学方程（逆解）实例

例 3.4 求图 3-6 所示的典型 6DOF 工业机器人的运动学方程逆解。

1）求解 θ_1

根据式（3-36），等式左端：

$$ ({}^{0}\boldsymbol{T}_{1})^{-1}\,{}^{0}\boldsymbol{T}_{6}=\begin{pmatrix} c_1 & s_1 & 0 & 0 \\ -s_1 & c_1 & 0 & 0 \\ 0 & 0 & 1 & 0 \\ 0 & 0 & 0 & 1 \end{pmatrix}\begin{pmatrix} {}^{0}n_{6}^{x} & {}^{0}o_{6}^{x} & {}^{0}a_{6}^{x} & {}^{0}P_{6}^{x} \\ {}^{0}n_{6}^{y} & {}^{0}o_{6}^{y} & {}^{0}a_{6}^{y} & {}^{0}P_{6}^{y} \\ {}^{0}n_{6}^{z} & {}^{0}o_{6}^{z} & {}^{0}a_{6}^{z} & {}^{0}P_{6}^{z} \\ 0 & 0 & 0 & 1 \end{pmatrix} $$

Matlab 程序下载

Matlab 程序运行视频

$$=\begin{pmatrix} c_1{}^0n_6^x+s_1{}^0n_6^y & c_1{}^0o_6^x+s_1{}^0o_6^y & c_1{}^0a_6^x+s_1{}^0a_6^y & c_1{}^0P_6^x+s_1{}^0P_6^y \\ -s_1{}^0n_6^x+c_1{}^0n_6^y & -s_1{}^0o_6^x+c_1{}^0o_6^y & -s_1{}^0a_6^x+c_1{}^0a_6^y & -s_1{}^0P_6^x+c_1{}^0P_6^y \\ {}^0n_6^z & {}^0o_6^z & {}^0a_6^z & {}^0P_6^z \\ 0 & 0 & 0 & 1 \end{pmatrix} \tag{3-37}$$

等式右端:

$${}^1\boldsymbol{T}_2{}^2\boldsymbol{T}_3{}^3\boldsymbol{T}_4{}^4\boldsymbol{T}_5{}^5\boldsymbol{T}_6={}^1\boldsymbol{T}_6=\begin{pmatrix} {}^1n_6^x & {}^1o_6^x & {}^1a_6^x & {}^1P_6^x \\ {}^1n_6^y & {}^1o_6^y & {}^1a_6^y & {}^1P_6^y \\ {}^1n_6^z & {}^1o_6^z & {}^1a_6^z & {}^1P_6^z \\ 0 & 0 & 0 & 1 \end{pmatrix} \tag{3-38}$$

其中,

$${}^1n_6^x=c_{23}c_5c_6+s_{23}s_4s_6-s_{23}c_4s_5c_6$$

$${}^1n_6^y=s_3s_5c_6+c_4s_6$$

$${}^1n_6^z=s_{23}c_5c_6-c_{23}s_4s_6+c_{23}c_4s_5c_6$$

$${}^1o_6^x=s_{23}s_5s_6-c_{23}c_5s_6+s_{23}c_4s_5s_6$$

$${}^1o_6^y=s_4s_5s_6-c_4c_6$$

$${}^1o_6^z=-s_{23}c_5s_6-c_{23}s_4c_6-c_{23}c_4s_5s_6$$

$${}^1a_6^x=c_4c_5s_{23}-c_{23}s_5$$

$${}^1a_6^y=s_4c_5$$

$${}^1a_6^z=s_{23}s_5-c_{23}c_4c_5$$

$${}^1P_6^x=c_{23}L_4+c_2L_2$$

$${}^1P_6^y=0$$

$${}^1P_6^z=s_{23}L_4+s_2L_2$$

令矩阵方程左右两端第 2 行第 4 列元素对应相等，可得

$$-s_1{}^0P_6^x+c_1{}^0P_6^y={}^1P_6^y=0 \quad\Rightarrow\quad c_1{}^0P_6^y=s_1{}^0P_6^x \tag{3-39}$$

则$\dfrac{s_1}{c_1}=\dfrac{{}^0p_6^y}{{}^0p_6^x}$，即 $\tan\theta_1=\dfrac{{}^0p_6^y}{{}^0p_6^x}$

得 $\theta_1=\text{atan}\dfrac{{}^0p_6^y}{{}^0p_6^x}$

2）同理，根据式（3-37）、式（3-38），还可求解 θ_3。确定 θ_1 之后，令元素第 1 行第 4 列和第 3 行第 4 列分别对应相等，则可得

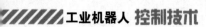

$$c_1{}^0p_6^x+s_1{}^0p_6^y={}^1p_6^x=c_{23}L_3+c_2L_2 \tag{3-40}$$

$$ {}^0p_6^z={}^1p_6^z=s_{23}L_3+s_2L_2 \tag{3-41}$$

利用式（3-39）、式（3-40）和式（3-41）平方和相加，可得

$$({}^0p_6^x)^2+({}^0p_6^y)^2+({}^0p_6^z)^2=L_3^2+L_2^2+2L_2L_3c_3$$

得出：

$$c_3=\cos\theta_3=\frac{({}^0p_6^x)^2+({}^0p_6^y)^2+({}^0p_6^z)^2-L_2^2-L_3^2}{2L_2L_3}$$

令

$$m=\frac{({}^0p_6^x)^2+({}^0p_6^y)^2+({}^0p_6^z)^2-L_2^2-L_3^2}{2L_2L_3}$$

则有

$$\theta_3=\pm a\tan\frac{\sqrt{1-m^2}}{m}$$

3）求 θ_2。确定 θ_1，θ_3 之后，利用式（3-40）和式（3-41）可得

$${}^1p_6^x=c_{23}L_3+c_2L_2=(c_2c_3-s_2s_3)L_3+c_2L_2$$

$${}^1p_6^z=s_{23}L_3+s_2L_2=(s_2c_3+c_2s_3)L_3+s_2L_2$$

联立上面两个式子可得

$$s_2=\frac{(c_3L_3+L_2){}^1p_6^z-s_3L_3{}^1p_6^x}{(c_3L_3+L_2)^2+s_3^2L_3^2}$$

$$c_2=\frac{(c_3L_3+L_2){}^1p_6^x-s_3L_3{}^1p_6^z}{(c_3L_3+L_2)^2+s_3^2L_3^2}$$

可得：

$$\theta_2=\text{atan}\frac{(c_3L_3+L_2){}^1p_6^z-s_3L_3{}^1p_6^x}{(c_3L_3+L_2){}^1p_6^x-s_3L_3{}^1p_6^z}$$

4）求 θ_4。根据 $[{}^0\boldsymbol{T}_3]^{-1}\cdot{}^0\boldsymbol{T}_6={}^3\boldsymbol{T}_6$，等式左端：

$$[{}^0\boldsymbol{T}_3]^{-1}\cdot{}^0\boldsymbol{T}_6=\begin{pmatrix}c_1c_{23} & s_1c_{23} & s_{23} & 0\\ -c_1s_{23} & -s_1s_{23} & c_{23} & 0\\ s_1 & -c_1 & 0 & 0\\ L_2c_1c_2 & L_2s_1c_2 & L_2s_2 & 1\end{pmatrix}\begin{pmatrix}{}^0n_6^x & {}^0o_6^x & {}^0a_6^x & {}^0p_6^x\\ {}^0n_6^y & {}^0o_6^y & {}^0a_6^y & {}^0p_6^y\\ {}^0n_6^z & {}^0o_6^z & {}^0a_6^z & {}^0p_6^z\\ 0 & 0 & 0 & 1\end{pmatrix}$$

$$=\left(\begin{matrix}c_1c_{23}{}^0n_6^x+s_1c_{23}{}^0n_6^y+s_{23}{}^0n_6^z & c_1c_{23}{}^0o_6^x+s_1c_{23}{}^0o_6^y+s_{23}{}^0o_6^z\\ -c_1s_{23}{}^0n_6^x-s_1s_{23}{}^0n_6^y+c_{23}{}^0n_6^z & -c_1s_{23}{}^0o_6^x-s_1s_{23}{}^0o_6^y+c_{23}{}^0o_6^z\\ s_1{}^0n_6^x-c_1{}^0n_6^y & s_1{}^0o_6^x-c_1{}^0o_6^y\\ L_2c_1c_2{}^0n_6^x+L_2s_1c_2{}^0n_6^y+L_2s_2{}^0n_6^z & L_2c_1c_2{}^0o_6^x+L_2s_1c_2{}^0o_6^y+L_2s_2{}^0o_6^z\end{matrix}\right.$$

$$\left.\begin{matrix} c_1c_{23}{}^0a_6^x+s_1c_{23}{}^0a_6^y+s_{23}{}^0a_6^z & c_1c_{23}{}^0p_6^x+s_1c_{23}{}^0p_6^y+s_{23}{}^0p_6^z \\ -c_1s_{23}{}^0a_6^x-s_1s_{23}{}^0a_6^y+c_{23}{}^0a_6^z & -c_1s_{23}{}^0p_6^x-s_1s_{23}{}^0p_6^y+c_{23}{}^0p_6^z \\ s_1{}^0a_6^x-c_1{}^0a_6^y & s_1{}^0p_6^x-c_1{}^0p_6^y \\ L_2c_1c_2{}^0a_6^x+L_2s_1c_2{}^0a_6^y+L_2s_2{}^0a_6^z & L_2c_1c_2{}^0p_6^x+L_2s_1c_2{}^0p_6^y+L_2s_2{}^0p_6^z+1 \end{matrix}\right)$$

等式右端：

$${}^3\boldsymbol{T}_4{}^4\boldsymbol{T}_5{}^5\boldsymbol{T}_6={}^3\boldsymbol{T}_6=\begin{pmatrix} {}^3n_6^x & {}^3o_6^x & {}^3a_6^x & {}^3p_6^x \\ {}^3n_6^y & {}^3o_6^y & {}^3a_6^y & {}^3p_6^y \\ {}^3n_6^z & {}^3o_6^z & {}^3a_6^z & {}^3p_6^z \\ 0 & 0 & 0 & 1 \end{pmatrix}$$

$$=\begin{pmatrix} c_5c_6 & -c_5s_6 & s_5 & L_3 \\ c_4s_5c_6-s_4s_6 & -c_4s_5s_6-s_4c_6 & -c_4c_5 & 0 \\ s_4s_5c_6+c_4c_6 & -s_4s_5s_6+c_4c_6 & -s_4c_5 & 0 \\ 0 & 0 & 0 & 1 \end{pmatrix}$$

利用矩阵方程第 2 行第 3 列元素和第 3 行第 3 列元素分别对应相等，可得

$$-c_4c_5=-c_1s_{23}{}^0a_6^x-s_1s_{23}{}^0a_6^y+c_{23}{}^0a_6^z \tag{3-42}$$

$$-s_4c_5=s_1{}^0a_6^x-c_1{}^0a_6^y \tag{3-43}$$

当 $c_5\neq0$ 时，由此可得 θ_4 的解为

$$\theta_4=\mathrm{atan2}(s_1{}^0a_6^x-c_1{}^0a_6^y,-c_1s_{23}{}^0a_6^x-s_1s_{23}{}^0a_6^y+c_{23}{}^0a_6^z)$$

5）求 θ_5。根据 $[{}^0\boldsymbol{T}_4]^{-1}\cdot{}^0\boldsymbol{T}_6={}^4\boldsymbol{T}_6$，等式左端：

$$[{}^0\boldsymbol{T}_4]^{-1}\cdot{}^0\boldsymbol{T}_6=\begin{pmatrix} s_1s_4-c_1c_4s_{23} & -c_1s_4-s_1c_4s_{23} & c_4c_{23} & 0 \\ s_1c_4+c_1s_4s_{23} & s_1s_4s_{23}-c_1c_4 & -s_4c_{23} & 0 \\ c_1c_{23} & s_1c_{23} & s_{23} & 0 \\ L_2c_1c_2 & L_2s_1c_2 & L_2s_2 & 1 \end{pmatrix}\begin{pmatrix} {}^0n_6^x & {}^0o_6^x & {}^0a_6^x & {}^0p_6^x \\ {}^0n_6^y & {}^0o_6^y & {}^0a_6^y & {}^0p_6^y \\ {}^0n_6^z & {}^0o_6^z & {}^0a_6^z & {}^0p_6^z \\ 0 & 0 & 0 & 1 \end{pmatrix}$$

等式右端：

$${}^4\boldsymbol{T}_5{}^5\boldsymbol{T}_6={}^4\boldsymbol{T}_6=\begin{pmatrix} {}^4n_6^x & {}^4o_6^x & {}^4a_6^x & {}^4p_6^x \\ {}^4n_6^y & {}^4o_6^y & {}^4a_6^y & {}^4p_6^y \\ {}^4n_6^z & {}^4o_6^z & {}^4a_6^z & {}^4p_6^z \\ 0 & 0 & 0 & 1 \end{pmatrix}=\begin{pmatrix} s_5c_6 & -s_5s_6 & -c_5 & 0 \\ s_6 & c_6 & 0 & 0 \\ c_5c_6 & -c_5s_6 & s_5 & 0 \\ 0 & 0 & 0 & 1 \end{pmatrix}$$

利用矩阵方程中第 1 行第 3 列，第 3 行第 3 列元素对应相等，可得

$${}^0a_6^x(s_1s_4-c_1c_4s_{23})-{}^0a_6^y(s_1c_4s_{23}+c_1s_4)+{}^0a_6^zc_{23}c_4=-c_5$$

$${}^0a_6^xc_1c_{23}+{}^0a_6^ys_1c_{23}+{}^0a_6^zs_{23}=s_5$$

两式相除，可得 θ_5 的封闭解为

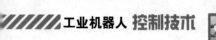

$$\theta_5=\operatorname{atan2}(s_5,c_5)$$

6）求 θ_6。根据 $[{}^0\boldsymbol{T}_5]^{-1}\cdot{}^0\boldsymbol{T}_6={}^5\boldsymbol{T}_6$，等式左端：

$$[{}^0\boldsymbol{T}_5]^{-1}\cdot{}^0\boldsymbol{T}_6=\begin{pmatrix} s_1s_4s_5+c_1c_5c_{23}-c_1c_4s_5s_{23} & -c_1s_4s_5+s_1c_5c_{23}-s_1c_4s_5s_{23} & c_5s_{23}-s_2s_3c_4s_5+c_2c_3c_4s_5 & 0\\ -c_1c_4c_5s_{23}+s_1s_4c_5-c_1s_5c_{23} & -s_1c_4c_5s_{23}-c_1s_4c_5-s_1s_5c_{23} & -s_5s_{23}-s_2s_3c_4c_5+c_2c_3c_4c_5 & 0\\ s_1c_4+c_1s_4s_{23} & -c_1c_4+s_1s_4s_{23} & -s_4c_{23} & 0\\ L_2c_1c_2+c_1c_{23}L_3 & L_2s_1c_2+s_1c_{23}L_3 & L_2s_2+s_{23}L_3 & 1 \end{pmatrix}$$

$$\cdot\begin{pmatrix} {}^0n_6^x & {}^0o_6^x & {}^0a_6^x & {}^0p_6^x\\ {}^0n_6^y & {}^0o_6^y & {}^0a_6^y & {}^0p_6^y\\ {}^0n_6^z & {}^0o_6^z & {}^0a_6^z & {}^0p_6^z\\ 0 & 0 & 0 & 1 \end{pmatrix}$$

等式右端：

$${}^5\boldsymbol{T}_6=\begin{pmatrix} c_6 & -s_6 & 0 & 0\\ 0 & 0 & -1 & 0\\ s_6 & c_6 & 0 & 0\\ 0 & 0 & 0 & 1 \end{pmatrix}$$

让矩阵方程第1行第1列，第3行第1列元素对应相等可得

$${}^0n_6^x(c_1c_5c_{23}+s_1s_4s_5-c_1c_4c_5s_{23})+{}^0n_6^y(s_1c_5c_{23}-s_1c_4s_5s_{23}-c_1s_4s_5)+{}^0n_6^z(c_4s_5c_{23}+c_5s_{23})=c_6$$

$${}^0n_6^x(c_1s_4s_{23}+s_1c_4)+{}^0n_6^y(s_1s_4s_{23}-c_1c_4)-{}^0n_6^z(s_4c_{23})=s_6$$

两式相除，可得 θ_6 的封闭解为

$$\theta_6=\operatorname{atan2}(s_6,c_6)$$

从数学的角度来看，这种6DOF的工业机器人，其运动学逆解可能有8种解。实际上由于受其结构和运动范围的约束，有些解不可解实现。但运动学逆解的多值性是不可避免的。一般是根据最小位移原则，在可实现的多组解中，选取一组与上一组解距离最近，能量消耗最少的解。

6DOF工业机器人工作时有三种奇异位置：腕部奇异位置、肩部奇异位置、肘部奇异位置。腕部奇异位置发生在第4轴和第6轴重合（平行）时，肩部奇异位置发生在腕部中心位于第1轴旋转中心线时，肘部奇异位置发生在腕部中心和第2轴、第3轴呈一条线时。一旦机器人处于奇异位置，在某些方向上速度受限，一般可把进入奇异位置附近的一定范围设定为求解运动学逆解的约束条件，对逆解进行特殊处理。

6DOF工业机器人工作时一般通过前3轴确定末端执行器的位置，后3轴确定末端执行器的姿态，在奇异位置附近可通过调整后3轴的运动来避免工业机器人陷入奇异位置。

科学家精神

“两弹一星”功勋科学家：

王希季

第 4 章

Chapter

工业机器人动力学

工业机器人是一个复杂的动力学系统，具有多输入输出、强耦合和非线性等特点。工业机器人动力学研究涉及两个层面的问题：

1）动力学正问题：根据本体的关节力矩或力，计算机器人的运动（关节位移、速度和加速度）。

2）动力学逆问题：由机器人运动轨迹对应的关节位移、速度和加速度，计算出每一步运动的关节力矩或力。

工业机器人动力学研究采用的方法有很多，例如拉格朗日法、牛顿-欧拉法、高斯法、凯恩法等，在此重点介绍牛顿-欧拉法和拉格朗日法。牛顿-欧拉法需要从运动学出发求得加速度，并计算各内作用力。对于较复杂的系统，此种分析方法十分复杂与麻烦。而拉格朗日法，只需要速度而不必求内作用力，是一种基于能量的动力学分析方法。

4.1 工业机器人的雅可比矩阵

利用雅可比矩阵可以建立工业机器人操作速度与关节速度之间的关系，以及末端与外界接触力及对应关节力间的关系。因此，工业机器人雅可比矩阵的应用在机器人技术中占有重要地位。工业机器人雅可比矩阵可视为从关节空间向操作空间运动的传动比。

根据机器人运动学方程：

$$\boldsymbol{r}=f(\boldsymbol{q}) \tag{4-1}$$

式中，$\boldsymbol{r}=(r_1 \quad r_2 \quad \cdots \quad r_m)^{\mathrm{T}} \in \boldsymbol{R}^{m\times1}$ 为末端位置；$\boldsymbol{q}=(q_1 \quad q_2 \quad \cdots \quad q_n)^{\mathrm{T}} \in \boldsymbol{R}^{n\times1}$ 为广义关节变量，对于转动关节，$\boldsymbol{q}$ 为 $\boldsymbol{\theta}$，对于直线移动关节，$\boldsymbol{q}$ 为 $\boldsymbol{d}$。

式（4-1）代表操作空间 $\boldsymbol{r}$ 与关节空间 $\boldsymbol{q}$ 之间的位移关系。为了分析方便，本章以关节型机器人为例进行分析。此时，式（4-1）可写作 $\boldsymbol{r}=f(\boldsymbol{\theta})$，在其两边同时对时间 t 求微分 $\frac{\mathrm{d}\boldsymbol{r}}{\mathrm{d}t}=f'(\boldsymbol{\theta})$ 即

$$\dot{\boldsymbol{r}}=\boldsymbol{J}(\boldsymbol{\theta})\dot{\boldsymbol{\theta}} \tag{4-2}$$

式中，

$$\boldsymbol{J}(\boldsymbol{\theta})=\frac{\partial f(\boldsymbol{\theta})}{\partial \boldsymbol{\theta}^{\mathrm{T}}}=\begin{pmatrix} \frac{\partial f_1}{\partial \theta_1} & \frac{\partial f_1}{\partial \theta_2} & \cdots & \frac{\partial f_1}{\partial \theta_n} \\ \frac{\partial f_2}{\partial \theta_1} & \frac{\partial f_2}{\partial \theta_2} & \cdots & \frac{\partial f_2}{\partial \theta_n} \\ \vdots & \vdots & & \vdots \\ \frac{\partial f_m}{\partial \theta_1} & \frac{\partial f_m}{\partial \theta_2} & \cdots & \frac{\partial f_m}{\partial \theta_n} \end{pmatrix} \tag{4-3}$$

式（4-2）中 $\dot{\boldsymbol{r}}$ 称为机器人末端在操作空间的广义速度，简称操作速度；$\dot{\boldsymbol{\theta}}$ 为关节速度；$\boldsymbol{J}(\boldsymbol{\theta})$ 是 $m \times n$ 的偏导数矩阵，称为工业机器人的雅可比矩阵。

下面将以如图 4-1 所示的 2DOF 机器人连杆机构为例，具体说明工业机器人的雅可比矩阵推导过程。

对于一个二连杆机器人来说，$\boldsymbol{r}=\begin{pmatrix} x \\ y \end{pmatrix}$ 为固定在连杆 l_2 端点的末端位置坐标，$f(\theta_1, \theta_2)=\begin{pmatrix} f_x(\theta_1,\theta_2) \\ f_y(\theta_1,\theta_2) \end{pmatrix}$ 为广义关节变量 $\boldsymbol{q}=\begin{pmatrix} \theta_1 \\ \theta_2 \end{pmatrix}$ 的函数，θ_1、θ_2 为机器人的两个关节角，根据式（4-1）满足：

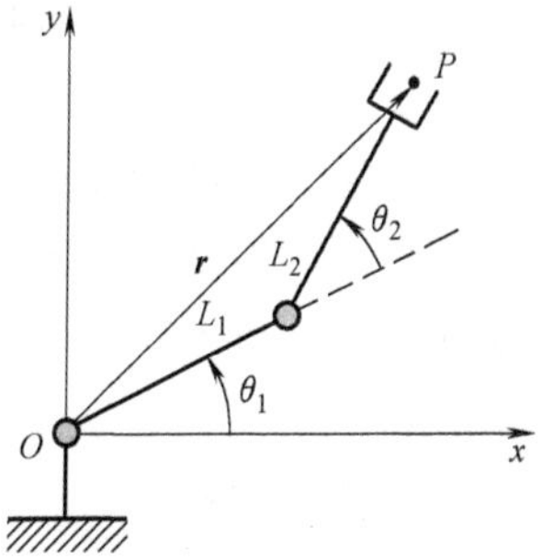

图 4-1 2DOF 的机器人连杆机构

$$\begin{pmatrix} x \\ y \end{pmatrix}=f(\theta_1,\theta_2)=\begin{pmatrix} f_x(\theta_1,\theta_2) \\ f_y(\theta_1,\theta_2) \end{pmatrix}$$

式中，$f_x(\theta_1, \theta_2)=l_1\cos\theta_1+l_2\cos(\theta_1+\theta_2)$，$f_y(\theta_1, \theta_2)=l_1\sin\theta_1+l_2\sin(\theta_1+\theta_2)$。

依次计算关于各关节变量的偏导数有：

$$\frac{\partial f_x}{\partial \theta_1}=-l_1\sin\theta_1-l_2\sin(\theta_1+\theta_2)$$

$$\frac{\partial f_x}{\partial \theta_2}=-l_2\sin(\theta_1+\theta_2)$$

$$\frac{\partial f_y}{\partial \theta_1}=l_1\cos\theta_1+l_2\cos(\theta_1+\theta_2)$$

$$\frac{\partial f_y}{\partial \theta_2}=l_2\cos(\theta_1+\theta_2)$$

根据式（4-3）组合成雅可比矩阵：

$$\boldsymbol{J}(\theta_1,\theta_2)=\begin{pmatrix} -l_1\sin\theta_1-l_2\sin(\theta_1+\theta_2) & -l_2\sin(\theta_1+\theta_2) \\ l_1\cos\theta_1+l_2\cos(\theta_1+\theta_2) & l_2\cos(\theta_1+\theta_2) \end{pmatrix} \tag{4-4}$$

以上就是二连杆机器人的雅可比矩阵的计算过程，具体应用还可以进行推广。

将式（4-4）雅可比矩阵写为列向量

$$\boldsymbol{J}=(\boldsymbol{J}_1,\boldsymbol{J}_2) \tag{4-5}$$

式中，

$$\boldsymbol{J}_1=\begin{pmatrix}-l_1\sin\theta_1-l_2\sin(\theta_1+\theta_2)\\ l_1\cos\theta_1+l_2\cos(\theta_1+\theta_2)\end{pmatrix},\boldsymbol{J}_2=\begin{pmatrix}-l_2\sin(\theta_1+\theta_2)\\ l_2\cos(\theta_1+\theta_2)\end{pmatrix} \tag{4-6}$$

则式 $\dot{\boldsymbol{r}}=\boldsymbol{J}(\boldsymbol{\theta})\dot{\boldsymbol{\theta}}$ 可以写为

$$\dot{\boldsymbol{r}}=\boldsymbol{J}_1\dot{\theta}_1+\boldsymbol{J}_2\dot{\theta}_2 \tag{4-7}$$

由式（4-7）可知，$\boldsymbol{J}_1\dot{\theta}_1$ 和 $\boldsymbol{J}_2\dot{\theta}_2$ 分别是 $\dot{\theta}_1$ 和 $\dot{\theta}_2$ 产生的末端速度的分量。$\boldsymbol{J}_1$ 和 $\boldsymbol{J}_2$ 分别是由相应关节产生的单位关节速度的末端速度，如图 4-2 所示。

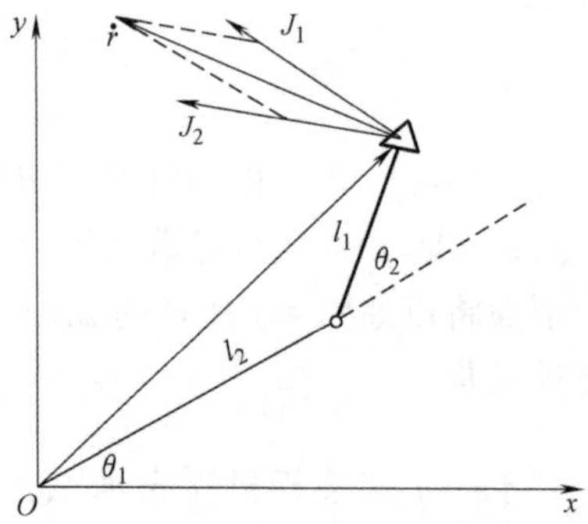

图 4-2 雅可比矩阵的物理意义

雅可比矩阵的行数等于工业机器人在笛卡儿空间的自由度数量，列数等于工业机器人的关节数量。雅可比矩阵可以通过对工业机器人的运动方程直接微分求得的过程表明，雅可比矩阵和机器人在空间的构型直接相关。

以下介绍工业机器人力雅可比矩阵，首先用二连杆机器人为例具体说明力雅可比矩阵的推导过程。定义二连杆末端位置 $\delta\boldsymbol{r}=(\delta r_1\quad \delta r_2)^{\mathrm{T}}$，关节虚位移 $\delta\boldsymbol{\theta}=(\delta\theta_{r_1}\quad \delta\theta_{r_2})^{\mathrm{T}}$，机器人末端力 $\boldsymbol{F}=(f_1\quad f_2)^{\mathrm{T}}$，关节驱动力 $\boldsymbol{\tau}=(\tau_1\quad \tau_2)^{\mathrm{T}}$。

根据虚功原理有

$$\boldsymbol{\tau}^{\mathrm{T}}\delta\boldsymbol{\theta}+(-\boldsymbol{F})^{\mathrm{T}}\delta\boldsymbol{r}=0$$

在 $\dot{\boldsymbol{r}}=\boldsymbol{J}(\boldsymbol{\theta})\dot{\boldsymbol{\theta}}$ 两边乘以 $\mathrm{d}t$ 可得

$$\mathrm{d}\boldsymbol{r}=\boldsymbol{J}(\boldsymbol{\theta})\mathrm{d}\boldsymbol{\theta}$$

故有

$$\delta\boldsymbol{r}=\boldsymbol{J}(\boldsymbol{\theta})\delta\boldsymbol{\theta},[\boldsymbol{\tau}^{\mathrm{T}}-\boldsymbol{F}^{\mathrm{T}}\boldsymbol{J}(\boldsymbol{\theta})]\delta\boldsymbol{\theta}=0$$

由于这一公式对任意的 $\delta\boldsymbol{\theta}$ 都成立，所以有

$$\boldsymbol{\tau}^{\mathrm{T}}-\boldsymbol{F}^{\mathrm{T}}\boldsymbol{J}(\boldsymbol{\theta})=0$$

即

$$\boldsymbol{\tau}=\boldsymbol{J}^{\mathrm{T}}(\boldsymbol{\theta})\boldsymbol{F} \tag{4-8}$$

式中，$\boldsymbol{J}^{\mathrm{T}}(\boldsymbol{\theta})$ 称之为工业机器人力雅可比矩阵。

式（4-8）表示工业机器人在静止状态时为产生末端力 $\boldsymbol{F}$ 所需要的关节驱动力矩 $\boldsymbol{\tau}$，可知力雅可比正好是速度雅可比的转置。

当机器人的自由度为 6 时，$\boldsymbol{F}=(f_x, f_y, f_z, m_\alpha, m_\beta, m_\gamma)^{\mathrm{T}}\in\boldsymbol{R}^6$，$\boldsymbol{F}$ 是由操作空间坐标系的三维平移力矢量和 $\boldsymbol{r}$ 的姿态相对应的三维旋转力矢量组成的矢量。式（4-8）表示加在机械臂末端的力和旋转力在关节处形成的驱动力的关系。若欧拉角（α, β, γ）作为 $\boldsymbol{r}$ 的姿态分量，则 m_α，m_β，m_γ 变成绕欧拉角各个旋转轴的力矩，这从直观上难以理解。所以，

作为雅可比矩阵，通常不是根据式（4-8），而是以式（4-9）定义：

$$\boldsymbol{s}=(\boldsymbol{v}^{\mathrm{T}},\boldsymbol{\omega}^{\mathrm{T}})^{\mathrm{T}}=\boldsymbol{J}_{\mathrm{s}}(\boldsymbol{q})\dot{\boldsymbol{q}} \tag{4-9}$$

式（4-9）并不是表示末端姿态变化速度即 $\boldsymbol{r}$ 的姿态分量的时间微分与关节速度 $\dot{\boldsymbol{q}}$ 的关系，而是给出了机器人末端速度 $\boldsymbol{s}$ 与机器人各关节角速度 $\dot{\boldsymbol{q}}$ 之间的关系。其中，$\boldsymbol{v}\in\boldsymbol{R}^3$ 是机器人末端速度 $\boldsymbol{s}$ 的直线分量，$\boldsymbol{\omega}\in\boldsymbol{R}^3$ 为机器人末端速度 $\boldsymbol{s}$ 的姿态分量。

4.2 基于牛顿-欧拉法的动力学方程

牛顿-欧拉法是将杆件相互的约束力及相对运动作为矢量进行处理，根据力与力矩的平衡来推导运动方程式。

1）牛顿方程。工业机器人的连杆可以看成刚体，它的质心加速度 $\dot{v}_{\mathrm{c}}$、总质量 m 与作用在质心上的合力 f 之间的关系满足牛顿第二运动定律：

$$f=m\dot{v}_{\mathrm{c}} \tag{4-10}$$

2）欧拉方程。由刚体矢量力学中的“变矢量的绝对导数与相对导数定理”（读者可参考相关理论力学章节），存在矢量 $\boldsymbol{a}$ 的绝对导数 $\frac{\mathrm{d}\boldsymbol{a}}{\mathrm{d}t}$（相对于静坐标系）和相对导数 $\frac{\tilde{\mathrm{d}}\boldsymbol{a}}{\mathrm{d}t}$（相对于动坐标系）满足 $\frac{\mathrm{d}\boldsymbol{a}}{\mathrm{d}t}=\frac{\tilde{\mathrm{d}}\boldsymbol{a}}{\mathrm{d}t}+\boldsymbol{\omega}\times\boldsymbol{a}$，其中，$\boldsymbol{\omega}$ 为动坐标系相对于静坐标系的角速度。欧拉方程就是利用变矢量的绝对导数和相对导数定理把动量矩定理表示在动坐标系中。

当工业机器人每个连杆绕过质心的轴线旋转时，其角速度 $\boldsymbol{\omega}$、角加速度 $\dot{\boldsymbol{\omega}}$、惯性张量 ${}^{\mathrm{c}}\boldsymbol{I}$，与作用力矩 $\boldsymbol{n}$ 之间的欧拉方程为如下形式：

$$\boldsymbol{n}={}^{\mathrm{c}}\boldsymbol{I}\cdot\dot{\boldsymbol{\omega}}+\boldsymbol{\omega}\times({}^{\mathrm{c}}\boldsymbol{I}\cdot\boldsymbol{\omega}) \tag{4-11}$$

其中，惯性张量 ${}^{\mathrm{c}}\boldsymbol{I}$ 定义为3×3的对称矩阵：

$${}^{\mathrm{c}}\boldsymbol{I}=\begin{pmatrix} I_{xx} & -I_{xy} & -I_{xz} \\ -I_{xy} & I_{yy} & -I_{yz} \\ -I_{xz} & -I_{yz} & I_{zz} \end{pmatrix} \tag{4-12}$$

式中，对角线元素是刚体绕三坐标轴 x，y，z 的质量惯性矩：

$$I_{xx}=\iiint_v (y^2+z^2)\rho\mathrm{d}v$$

$$I_{yy}=\iiint_v (x^2+z^2)\rho\mathrm{d}v$$

$$I_{zz}=\iiint_v (x^2+y^2)\rho\mathrm{d}v$$

其余元素为惯性积：

$$I_{xy}=\iiint_v xy\rho\mathrm{d}v$$

$$I_{yz}=\iiint_v yz\rho \mathrm{d}v$$

$$I_{zx}=\iiint_v zx\rho \mathrm{d}v$$

式中，ρ 为密度；$\mathrm{d}v$ 是微分体元，其位置由矢量 ${}^{c}\boldsymbol{p}=(x,\ y,\ z)^{\mathrm{T}}$ 确定。如果所选的坐标系的方位使各惯性积 I_{xy}、I_{yz}、I_{zx} 均为零，惯性张量变成对角型。

需要指出的是，在计算工业机器人的惯性矩阵时，如果任意指定的坐标系和固定在连杆质心处的坐标系平行，因为角速度矢量不变，那么在新坐标系下的惯性矩阵可以通过平行轴原理求得

$$\boldsymbol{I}'=\boldsymbol{I}_0+\boldsymbol{I} \tag{4-13}$$

例 4.1 图 4-3 所示为一个具有 2DOF 的机械臂。连杆 1 和连杆 2 的质量分别为 m_1 和 m_2，质心的位置由 l_{c1} 和 l_{c2} 确定，连杆的长度分别为 l_1、l_2，关节变量分别为 θ_1、θ_2。利用牛顿-欧拉法建立其动力学模型。

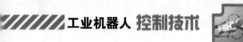

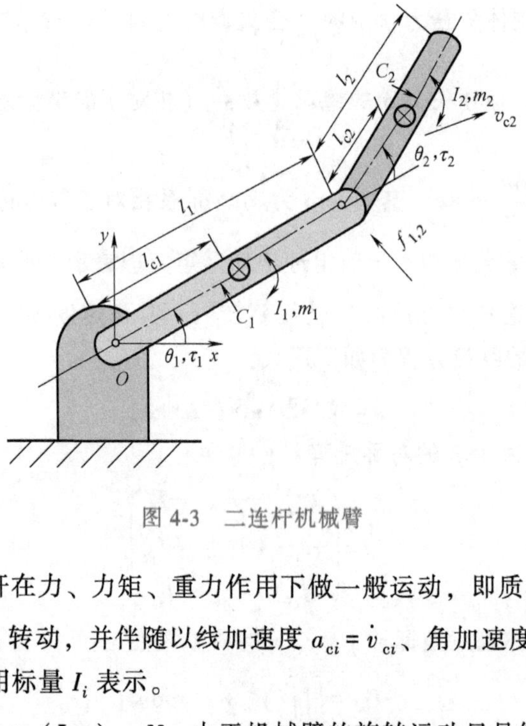

图 4-3　二连杆机械臂

解：机械臂中的连杆在力、力矩、重力作用下做一般运动，即质心 C_i 以 v_{ci} 移动，整个连杆又绕 C_i 以角速度 ω_i 转动，并伴随以线加速度 $a_{ci}=\dot{v}_{ci}$、角加速度 $\dot{\omega}_i$ 运动。由于连杆是平面机构惯性张量，可用标量 I_i 表示。

根据欧拉方程 $\boldsymbol{I}_c\dot{\omega}+\omega\times(\boldsymbol{I}_c\omega)=\boldsymbol{N}$，由于机械臂的旋转运动只是绕 z 轴进行旋转，其中，

$$\boldsymbol{I}_c\dot{\boldsymbol{\omega}}=\begin{pmatrix}0\\0\\I\ddot{\theta}\end{pmatrix},\quad \boldsymbol{\omega}\times\boldsymbol{I}\boldsymbol{\omega}=\begin{pmatrix}0\\0\\\dot{\theta}\end{pmatrix}\times\begin{pmatrix}0\\0\\I\dot{\theta}\end{pmatrix}=\begin{pmatrix}0\\0\\0\end{pmatrix}$$

$$\boldsymbol{N}=\begin{pmatrix}0\\0\\\tau-mgL_c\cos\theta\end{pmatrix}$$

则有

$$I\ddot{\theta}+mgL_c\cos\theta=\tau$$

根据力和力矩平衡原理，取连杆 1 为独立的分离体，把机座和连杆 2 对连杆 1 的约束简化为支反力。连杆 1 的牛顿-欧拉方程可以写为

$$\begin{cases}{}^0\boldsymbol{f}_1-{}^1\boldsymbol{f}_2+m_1\boldsymbol{g}-m_1\dot{\boldsymbol{v}}_{c1}=0\\{}^0\boldsymbol{N}_1-{}^1\boldsymbol{N}_2+{}^1\boldsymbol{p}_{c1}\times{}^1\boldsymbol{f}_2-{}^0\boldsymbol{p}_{c1}\times{}^0\boldsymbol{f}_1-I_1\dot{\boldsymbol{\omega}}_1=0\end{cases}\tag{4-14}$$

同理，连杆 2 的牛顿-欧拉主程可以写为

$$\begin{cases}{}^1\boldsymbol{f}_2+m_2\boldsymbol{g}-m_1\dot{\boldsymbol{v}}_{c2}=0\\{}^1\boldsymbol{N}_2-{}^1\boldsymbol{p}_{c2}\times{}^1\boldsymbol{f}_2-I_2\dot{\boldsymbol{\omega}}_2=0\end{cases}\tag{4-15}$$

式中，${}^{i-1}\boldsymbol{f}_i$ 为连杆 $i-1$ 对连杆 i 的作用力；${}^{i-1}\boldsymbol{N}_i$ 为连杆 $i-1$ 对连杆 i 的作用力矩；当连杆 i 的重心在连杆坐标系中的位置矢量为 $\boldsymbol{p}_{ci}$ 时，则该连杆在机座坐标系中的重心矢量表示为 ${}^i\boldsymbol{p}_{ci}={}^0T_i\boldsymbol{p}_{ci}$。

其中，${}^{i-1}\boldsymbol{N}_i=\boldsymbol{\tau}_i$，${}^0\boldsymbol{p}_1=(l_1\cos\theta_1\quad l_1\sin\theta_1)^{\mathrm{T}}$，${}^0\boldsymbol{p}_{c1}=(l_{c1}\cos\theta_1\quad l_{c1}\sin\theta_1)^{\mathrm{T}}$，${}^1\boldsymbol{p}_{c2}=(l_{c2}\cos\theta_2\quad l_{c2}\sin\theta_2)^{\mathrm{T}}$。

$$\boldsymbol{v}_{c1}=J_{c1}\dot{\theta}_1=\begin{pmatrix}-l_{c1}\sin\theta_1\\l_{c1}\cos\theta_1\\1\end{pmatrix}\dot{\theta}_1=\begin{pmatrix}-l_{c1}\sin\theta_1\dot{\theta}_1\\l_{c1}\cos\theta_1\dot{\theta}_1\\\dot{\theta}_1\end{pmatrix}$$

$$\boldsymbol{v}_{c2}=J_{c2}\dot{\theta}=\begin{pmatrix}-l_1\sin\theta_1-l_{c2}\sin(\theta_1+\theta_2) & -l_{c2}\sin(\theta_1+\theta_2)\\l_1\cos\theta_1+l_{c2}\cos(\theta_1+\theta_2) & l_{c2}\cos(\theta_1+\theta_2)\\1 & 1\end{pmatrix}\begin{pmatrix}\dot{\theta}_1\\\dot{\theta}_2\end{pmatrix}$$

$$=\begin{pmatrix}(-l_1\sin\theta_1-l_{c2}\sin(\theta_1+\theta_2))\dot{\theta}_1-l_{c2}\sin(\theta_1+\theta_2)\dot{\theta}_2\\(l_1\cos\theta_1+l_{c2}\cos(\theta_1+\theta_2))\dot{\theta}_1-l_{c2}\cos(\theta_1+\theta_2)\dot{\theta}_2\\\dot{\theta}_1+\dot{\theta}_2\end{pmatrix}$$

对 $\boldsymbol{v}_{c1}$ 和 $\boldsymbol{v}_{c2}$ 进行时间微分，然后代入式（4-14）和式（4-15），可得

$$\begin{cases}\tau_1=M_{11}\ddot{\theta}_1+M_{12}\ddot{\theta}_2-h\dot{\theta}_2^2-2h\dot{\theta}_1\dot{\theta}_2+G_1\\\tau_2=M_{21}\ddot{\theta}_1+M_{22}\ddot{\theta}_2+h\dot{\theta}_2^2+2h\dot{\theta}_1\dot{\theta}_2+G_2\end{cases}\tag{4-16}$$

式中，$M_{11}=I_1+I_2+m_1l_{c1}^2+m_2\ (l_1^2+l_{c2}^2+2l_1l_{c2}\cos\theta_2)$；$M_{12}=I_2+m_2l_{c2}^2+m_2l_1l_{c2}\cos\theta_2$；$M_{22}=I_2+m_2l_{c2}^2$；$h=m_2l_1l_{c2}\sin\theta_2$；$G_1=m_1l_{c1}g\cos\theta_1+m_2g\ (l_{c2}\cos\ (\theta_1+\theta_2)\ +l_1\cos\theta_1)$；$G_2=m_2l_{c2}g\cos\ (\theta_1+\theta_2)$。

式（4-16）即牛顿-欧拉法动力学方程。

4.3 基于拉格朗日法的动力学方程

前面讲述的牛顿-欧拉法是基于力平衡的原理，既要考虑外力，又需要计算内力，对于

多自由度机器人来说，推导过程非常复杂。本节将介绍的拉格朗日法（Lagrange Formulation）是基于能量平衡的概念，只需考虑外力和在外力作用下的运动，不用计算内力，计算过程相对简洁。

考虑由 n 个通过移动或者旋转关节连接起来的工业机器人，设 $\boldsymbol{q}^{\mathrm{T}}=(q_1,\ q_2,\ \cdots q_n)$ 表示各个关节角，$\dot{\boldsymbol{q}}^{\mathrm{T}}=(\dot{q}_1,\ \dot{q}_2,\ \cdots \dot{q}_n)$ 表示各关节的角速度，$E(\boldsymbol{q},\ \dot{\boldsymbol{q}})$ 表示机器人各部分的动能之和，$P(\boldsymbol{q})$ 表示机器人各部分的势能之和。相应的拉格朗日函数 L 定义为系统的动能 E 与势能 P 之差，即：

$$L(\boldsymbol{q},\dot{\boldsymbol{q}})=E(\boldsymbol{q},\dot{\boldsymbol{q}})-P(\boldsymbol{q}) \tag{4-17}$$

对于构成机器人的第一个关节的杆件 1 来说，是定轴转动。其动能的计算按下式计算：

$$\begin{aligned}{}^{1}E&=\frac{1}{2}J_{z1}\dot{q}_1^2=\frac{1}{2}(J_{c1}+m_1l_{c1}^2)\dot{q}_1^2=\frac{1}{2}J_{c1}\dot{q}_1^2+\frac{1}{2}m_1l_{c1}^2\dot{q}_1^2\\&=\frac{1}{2}m_1v_{c1}^2+\frac{1}{2}J_{c1}\dot{q}_1^2\end{aligned} \tag{4-18}$$

式中，J_{z1} 为杆件 1 绕关节 1 回转轴线 z_1 的转动惯量，J_{c1} 是绕杆件 1 质心的转动惯量，v_{c1} 为杆件 1 质心相对于机座坐标系的速度，m_1 为杆件 1 的总质量。

对于机器人的其他杆件，可按平面运动刚体的动能公式计算。即

$${}^{i}E=\frac{1}{2}m_iv_{ci}^2+\frac{1}{2}J_{ci}\dot{q}_i^2 \tag{4-19}$$

比较式（4-18）和式（4-19）可知，具有统一的表达方式。其中第一项为由质量 m_i 的平移运动所产生的动能（注意：v_{ci} 必须是相对于机座坐标系的速度）；第二项为杆件 i 绕质心转动的动能。

将其扩展为矩阵方式，可写成

$${}^{i}\boldsymbol{E}=\frac{1}{2}m_i\boldsymbol{v}_{ci}^{\mathrm{T}}\boldsymbol{v}_{ci}+\frac{1}{2}\boldsymbol{\omega}_i^{\mathrm{T}\,ci}\boldsymbol{I}_i\boldsymbol{\omega}_i \tag{4-20}$$

式中，$\boldsymbol{I}_i$ 为在机座坐标系表示的杆件 i 质心的惯性张量。

对于 n 个自由度的机器人系统的总动能

$$E=\sum_{i=1}^{n}{}^{i}E \tag{4-21}$$

机器人各杆件重力势能的计算一般以机座坐标系的 xy 平面作为零势能面。对于机器人的任一杆件来说，其为

$${}^{i}P=m_igh_i \tag{4-22}$$

式中，h_i 为连杆 i 的质心相对于机座坐标系的 z 轴分量 z_{ci}。

机器人各部分的总势能为

$$P=\sum_{i=1}^{n}{}^{i}P \tag{4-23}$$

对于具有串联弹性驱动器（SEA）的机器人系统也要考虑弹簧的势能。

机器人系统的拉格朗日动力学方程可写为

$$\frac{\mathrm{d}}{\mathrm{d}t}\left(\frac{\partial L}{\partial \dot{q}_i}\right)-\frac{\partial L}{\partial q_i}=\tau_i \tag{4-24}$$

$$\frac{\mathrm{d}}{\mathrm{d}t}\left(\frac{\partial E}{\partial \dot{q}_i}\right)-\frac{\partial E}{\partial q_i}+\frac{\partial P}{\partial q_i}=\tau_i \tag{4-25}$$

以下将通过一个例子来详细说明利用拉格朗日方程构建机器人动力学方程的过程。

例 4.2 图 4-4 所示为一个具有两自由度的机械臂。连杆 L_1 和连杆 L_2 的质量分别为 m_1 和 m_2，质心的位置由 l_{c1} 和 l_{c2} 确定，连杆的长度分别为 l_1、l_2，关节变量分别为 θ_1、θ_2，机械臂的坐标系设定如图 4-4 所示。利用拉格朗日动力学方程建立动力学模型。

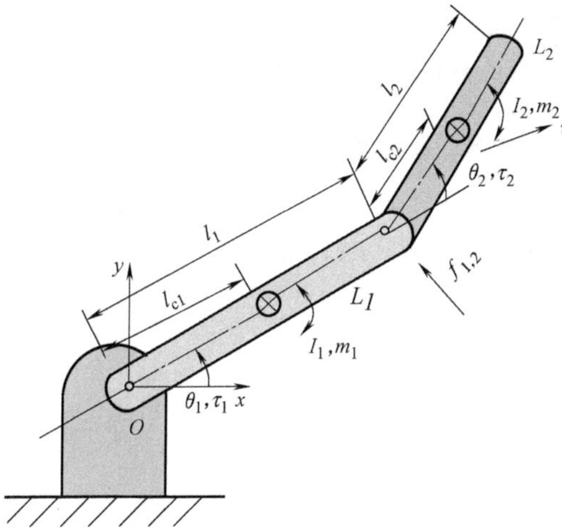

图 4-4 一个具有两自由度的机械臂

解：每个连杆均看作均质圆杆，质量为 m_i，相对于连杆质心坐标系（与连杆主轴方向一致）的转动惯量 $J_{c1}=\frac{1}{12}m_1l_1^2$、$J_{c2}=\frac{1}{12}m_2l_2^2$，质心位置 $l_{c1}=\frac{1}{2}l_1$，$l_{c2}=\frac{1}{2}l_2$。

连杆 L_1 的动能计算：

$$x_{c1}=l_{c1}\cos(\theta_1),\quad \dot{x}_{c1}=-l_{c1}\sin(\theta_1)\dot{\theta}_1$$

$$y_{c1}=l_{c1}\sin(\theta_1),\quad \dot{y}_{c1}=l_{c1}\cos(\theta_1)\dot{\theta}_1$$

$$v_{c1}^2=\dot{x}_{c1}^2+\dot{y}_{c1}^2$$

$$^1E=\frac{1}{2}m_1v_{c1}^2+\frac{1}{2}J_{c1}\dot{q}_1^2=\frac{1}{2}m_1(\dot{x}_{c1}^2+\dot{y}_{c1}^2)+\frac{1}{2}J_{c1}\dot{\theta}_1^2 \tag{4-26}$$

连杆 L_2 的动能计算：

特别强调：连杆 L_2 的质心位置必须用该质心相对于机座坐标系的坐标表示。

$$x_{c2}=l_1\cos\theta_1+l_{c2}\cos(\theta_1+\theta_2)$$

$$\dot{x}_{c2}=-(l_1\sin\theta_1+l_{c2}\sin(\theta_1+\theta_2))\dot{\theta}_1-l_{c2}\sin(\theta_1+\theta_2)\dot{\theta}_2$$

$$y_{c2}=l_1\sin\theta_1+l_{c2}\sin(\theta_1+\theta_2)$$

$$\dot{y}_{c2}=(l_1\cos\theta_1+l_{c2}\cos(\theta_1+\theta_2))\dot{\theta}_1+l_{c2}\cos(\theta_1+\theta_2)\dot{\theta}_2$$

$$v_{c2}^2=\dot{x}_{c2}^2+\dot{y}_{c2}^2$$

$$^2E=\frac{1}{2}m_2v_{c2}^2+\frac{1}{2}J_{c2}\dot{q}_2^2=\frac{1}{2}m_2(\dot{x}_{c2}^2+\dot{y}_{c2}^2)+\frac{1}{2}J_{c2}\dot{\theta}_2^2 \tag{4-27}$$

该机械臂的总动能为

$$E(\boldsymbol{\theta},\dot{\boldsymbol{\theta}})={}^{1}E+{}^{2}E=\frac{1}{2}m_1(\dot{x}_{c1}^2+\dot{y}_{c1}^2)+\frac{1}{2}J_{c1}\dot{\theta}_1^2+\frac{1}{2}m_2(\dot{x}_{c2}^2+\dot{y}_{c2}^2)+\frac{1}{2}J_{c2}\dot{\theta}_2^2$$

$$=\frac{1}{2}\begin{pmatrix}\dot{\theta}_1\\\dot{\theta}_2\end{pmatrix}^{\mathrm{T}}\begin{pmatrix}\alpha+2\beta c_2 & \delta+\beta c_2\\\delta+\beta c_2 & \delta\end{pmatrix}\begin{pmatrix}\dot{\theta}_1\\\dot{\theta}_2\end{pmatrix} \tag{4-28}$$

式中，$\alpha=J_{c1}+{}^{c2}I_2+m_1r_1^2+m_2\ (l_1^2+r_2^2)$，$\beta=m_2l_1l_2$，$\delta={}^{c2}I_2+m_2r_2^2$。

如果以单关节工业机器人运动的操作平面为基准，同时忽略单关节的弹性摩擦以及各种惯性质量因素，可以知道该单关节机器人的势能为 0。根据拉格朗日方程得出用关节坐标 θ_1 和 θ_2 计算机器人动力学方程如下。首先按照定义计算$\frac{\mathrm{d}}{\mathrm{d}t}\left(\frac{\partial V}{\partial\dot{\theta}}\right)$，即

$$\frac{\mathrm{d}}{\mathrm{d}t}\left(\frac{\partial V}{\partial\dot{\theta}_1}\right)=({}^{c1}I_1+{}^{c2}I_2+m_1r_1^2+m_2l_1^2+2m_2r_2l_1c_2)\ddot{\theta}_1+({}^{c2}I_2+m_2r_2l_1c_2)\ddot{\theta}_2-m_2r_2l_1\dot{\theta}_2(2\dot{\theta}_1+\dot{\theta}_2)s_2 \tag{4-29}$$

$$\frac{\mathrm{d}}{\mathrm{d}t}\left(\frac{\partial V}{\partial\dot{\theta}_2}\right)=({}^{c2}I_2+m_2r_2^2+m_2r_2l_1c_2)\ddot{\theta}_1+({}^{c2}I_2+m_2r_2^2)\ddot{\theta}_2-m_2r_2l_1\dot{\theta}_1\dot{\theta}_2s_2 \tag{4-30}$$

由于 V 未含有关于 θ_1 的项，因此可以得出$\frac{\partial V}{\partial\theta_1}=0$；对 V 关于 θ_2 求偏导可得$\frac{\partial V}{\partial\theta_2}=-m_2r_2l_1\dot{\theta}_1(\dot{\theta}_1+\dot{\theta}_2)s_2$。

由 $U_1=m_1gr_1s_1$ 和 $U_2=m_2g(l_1s_1+r_2s_2)$，可得$\frac{\partial U}{\partial\theta_1}=m_1gr_1c_1$、$\frac{\partial U}{\partial\theta_2}=m_2gr_2c_2$。

利用$\frac{\mathrm{d}}{\mathrm{d}t}\left(\frac{\partial V}{\partial\dot{q}_i}\right)-\frac{\partial V}{\partial q_i}+\frac{\partial U}{\partial q_i}=\tau_i$，将式（4-21），式（4-22）代入并整理成矩阵形式得到：

$$\begin{aligned}\tau_1&=({}^{c1}I_1+{}^{c2}I_2+m_1r_1^2+m_2l_1^2+2m_2r_2l_1c_2)\ddot{\theta}_1+({}^{c2}I_2+m_2r_2l_1c_2)\ddot{\theta}_2\\&\quad-m_2r_2l_1\dot{\theta}_2(2\dot{\theta}_1+\dot{\theta}_2)s_2+m_1gr_1c_1\\\tau_2&=({}^{c2}I_2+m_2r_2^2+m_2r_2l_1c_2)\ddot{\theta}_1+({}^{c2}I_2+m_2r_2^2)\ddot{\theta}_2\\&\quad+m_2r_2l_1\dot{\theta}_1^2s_2+m_2gr_2c_2\end{aligned} \tag{4-31}$$

则动力学方程可以整理成矩阵形式：

$$\boldsymbol{J}(\boldsymbol{q})\ddot{\boldsymbol{q}}+\boldsymbol{f}(\boldsymbol{q},\dot{\boldsymbol{q}})\dot{\boldsymbol{q}}+\boldsymbol{g}(\boldsymbol{q})=\boldsymbol{\tau} \tag{4-32}$$

式中，$\boldsymbol{q}=[\theta_1\quad\theta_2]^{\mathrm{T}}$，$\boldsymbol{\tau}=[\tau_1\quad\tau_2]^{\mathrm{T}}$，

$$\boldsymbol{J}(\boldsymbol{q})=\begin{pmatrix}{}^{c1}\boldsymbol{I}_1+{}^{c2}\boldsymbol{I}_2+m_1r_1^2+m_2l_1^2+2m_2r_2l_1\cos(\theta_2) & {}^{c2}I_2+m_2r_2l_1\cos(\theta_2)\\{}^{c2}I_2+m_2r_2^2+m_2r_2l_1\cos(\theta_2) & {}^{c2}I_2+m_2r_2^2\end{pmatrix}$$

$$\boldsymbol{f}(\boldsymbol{q},\dot{\boldsymbol{q}})=\begin{pmatrix}-2m_2r_2l_1\dot{\theta}_2\sin(\theta_2) & -m_2r_2l_1\dot{\theta}_2\sin(\theta_2)\\m_2r_2l_1\dot{\theta}_1\sin(\theta_2) & 0\end{pmatrix}$$

$$g(q)=\begin{pmatrix} m_1 g r_1 \cos(\theta_1) \\ m_2 g r_2 \cos(\theta_2) \end{pmatrix}$$

以上就是基于一个二连杆工业机器人的拉格朗日动力学方程的使用和推导过程，和牛顿-欧拉动力学方程的结论是一致的。

至此完成动力学方程推导，由此我们可以看到随着自由度的提高，动力学方程的复杂度也在升高，读者可参考本例推导其他自由度工业机器人的拉格朗日方程。

综上所述，基于拉格朗日法的动力学方程推导过程可以分五步进行：

1）计算各连杆在机座坐标系中的速度。

2）计算机器人各部分的动能之和，需要特别注意的是，每个连杆的动能包括连杆的平动部分的动能和绕连杆质心转动的动能两部分。

3）计算机器人各部分的势能之和。

4）建立机器人系统的拉格朗日函数。

5）对拉格朗日函数求导以得到动力学方程式。

研究表明，在理论力学和分析力学中介绍的任何一种动力学分析方法，都可以用来建立机器人的动力学方程，都可以得到同样的结果，可写成机器人动力学方程的统一形式：

$$J(q)\ddot{q}+f(q,\dot{q})\dot{q}+g(q)=\tau \tag{4-33}$$

式中，$J(q)\ddot{q}$ 表示惯性力矩。$J(q)$ 是惯性矩阵（惯性张量），其主对角元素表示各连杆本身的有效惯性，代表给定关节上的力矩与产生的角加速度之间的关系；而非主对角元素代表连杆之间的耦合惯性，即为某连杆的加速运动对另一关节产生耦合作用力矩的度量。$f(q,\dot{q})\dot{q}$ 包括三部分力矩。其中一部分与关节速度平方 $\dot{q}^2$ 成正比，表示离心力产生的离心力矩；与 $q\dot{q}$ 成正比的部分表示由哥氏力产生的哥氏力矩；与 $\dot{q}$ 成正比的部分表示该由黏性摩擦力产生的阻力矩。$g(q)$ 是由各关节重力矢量产生的力矩。

Matlab 程序下载

Matlab 程序运行视频

科学家精神

“两弹一星”功勋科学家：孙家栋

第5章 Chapter 工业机器人控制系统

典型的工业机器人是具有六个自由度的关节型机器人。从控制的角度来说，工业机器人是一个典型的强耦合、非线性系统，其控制难度大。本章将介绍工业机器人控制系统的基本架构，技术原理和实时操作系统。

5.1 工业机器人控制系统的基本架构

工业机器人控制系统的作用是根据用户的输入指令对机器人本体进行操作和控制，完成各项作业的各种动作。控制系统性能在很大程度上决定了机器人的性能。一个良好的控制系统要有灵活、方便的操作方式，多种形式的运动控制方式和较高的安全可靠性。构成机器人控制系统的要素主要有人机接口、控制器、驱动器、传感器等。它们之间的关系如图 5-1 所示。

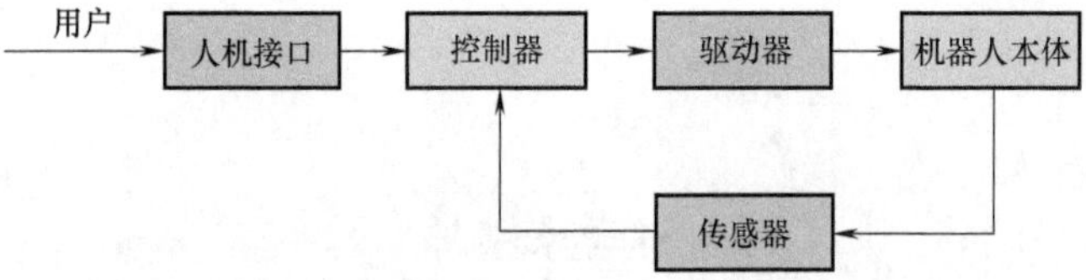

图 5-1 工业机器人控制系统构成要素

工业机器人的控制系统主要由三种不同的体系结构：集中控制、主从控制和分布式控制。

5.1.1 集中控制

集中控制在控制系统中使用一个控制器实现全部控制功能，其控制架构框图如图 5-2 所示。控制器收集从机器人各个关节、各个附加传感器传送来的位置、角度等信息，通过控制器处理后，计算机器人下一步的动作。

集中控制系统的主要特点是用一台计算机完成对机器人的所有控制。其优点是系统结构简单，成本低。由于所有的调度管理、轨迹插补和各轴的伺服控制均在一台计算机中完成，所以，计算工作量大，运行速度慢。因为系统高度集中，风险也高度集中，所以在系统出现故障时，整个系统瘫痪，故障难以查找，使得维修不太方便。但随着计算机技术的发展，计算速度不断提高，通信延时越来越短，各轴的伺服控制算法和总控制器部分的调度管理、轨迹发生等算法也可以集中由一台工控机来统一实现，反而增加了动力学补偿、滑模变结构控制、鲁棒控制等智能控制算法实现的灵活性。由于采用软件的方法来实现，因此上述维修不便、故障难以查找等弊端得以规避。例如，BECKHOFF 的机器人控制系统 TwinCAT3 就是这种集中控制的典型案例。因此，不能一概而论，具体情况应具体分析，灵活运用。

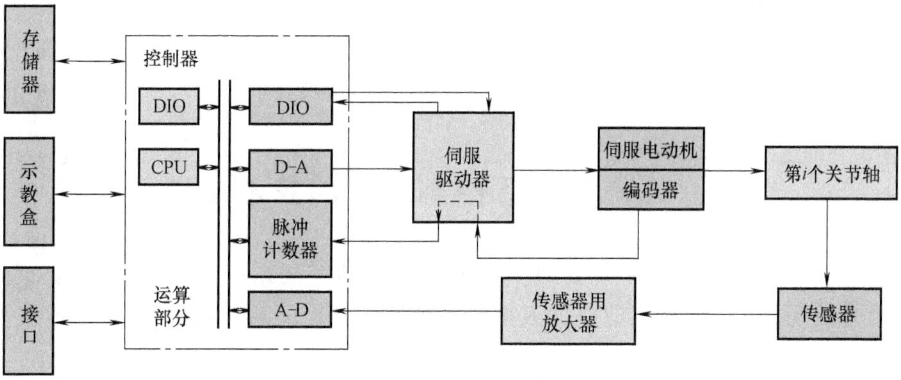

图 5-2 集中控制架构

5.1.2 主从控制

主从控制的主要特征是使用主、从两个 CPU 进行控制。与集中控制相比，增加了一个 CPU 控制板专门完成机器人的各个轴的伺服控制算法。主 CPU 用于计算坐标变换、轨迹生成以及系统自诊断等功能，从 CPU 用于机器人所有关节的伺服控制。其架构框图如图 5-3 所示。

主从控制系统实时性较好，适于高精度、高速度控制，但其系统扩展性较差，维修困难。

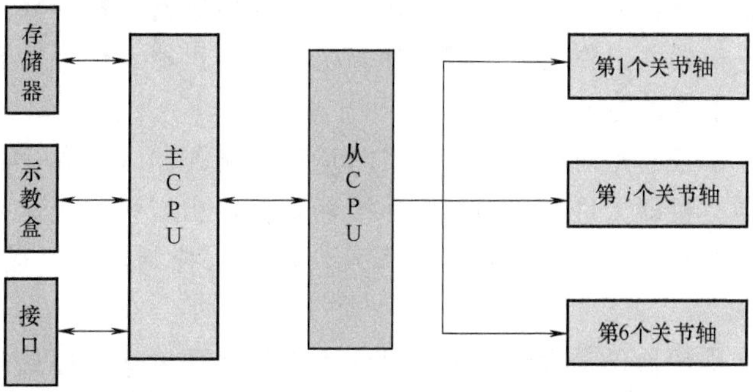

图 5-3 主从控制架构

5.1.3 分布控制

工业机器人的分布控制系统采用上、下两级控制器实现系统的全部控制功能。其架构框图如图 5-4 所示。上一级控制器负责整个系统管理以及坐标变换、轨迹插补和系统自诊断等功能；下一级控制器由多个微控制器（MCU）组成，每一个 MCU 控制一个关节运动，它们并行完成各个关节的伺服控制任务。上、下级控制器之间通过总线进行通信。与其他控制方式相比较，分布控制结构的每一个关节轴都由一个控制器处理，可即插即用，故障容易判断，使用维修方便，也有利于控制轴和传感器的扩展。

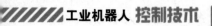

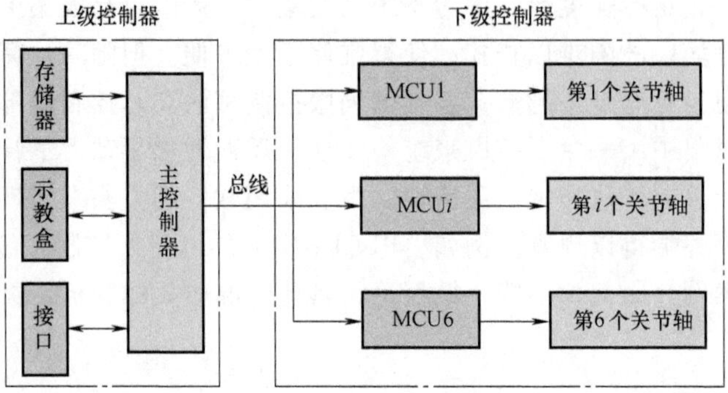

图 5-4　分布控制架构

5.2　工业机器人控制系统的技术原理

工业机器人控制系统是一种典型的多关节实时运动控制系统，其基本结构如图 5-5 所示。下面结合图 5-5 具体分析工业机器人控制系统的主要功能及实现过程。

5.2.1　工业机器人动作示教

操作者通过人机接口向机器人发布作业、动作、运动等命令。常见的人机接口工具是示教盒，示教输入的方法可以通过操纵杆、键盘、触摸屏等多种输入方式。示教盒生成一系列的位置、速度、加速度时间序列，作为期望控制指令发送给伺服控制器，控制机器人关节或者末端执行器的运动。同时从图形界面显示的信息中了解机器人及周边环境的状态。

通过示教盒发出的指令可以是面向机器人关节的运动指令，也可以是针对机器人末端执行器的控制命令；可以是包含运动控制、逻辑控制的运动程序，也可以是模式选择、环境约束设置等任务描述。不同的输入指令在控制器内被解释，并传递给相应的处理模块。

机器人工作语言可以在计算机中利用机器人编程仿真软件输入到机器人控制器中，完成对机器人的控制。

手控器是对机器人进行实时运动控制的输入装置，在工业机器人控制系统中，若选择手控器对机器人进行控制，则手控器直接输出增量位置速度、加速度时间序列，先经过增量坐标到绝对坐标转换之后，再输入到机器人控制器中，最终机器人将跟踪手控器输入的控制指令。

手控器还是操作者感知机器人与作业环境交互信息的重要媒介，更是操作者与机器人之间建立动态耦合关系的重要纽带。手控器的力反馈机构能使得操作者感受到远地环境对远端机器人的作用力。

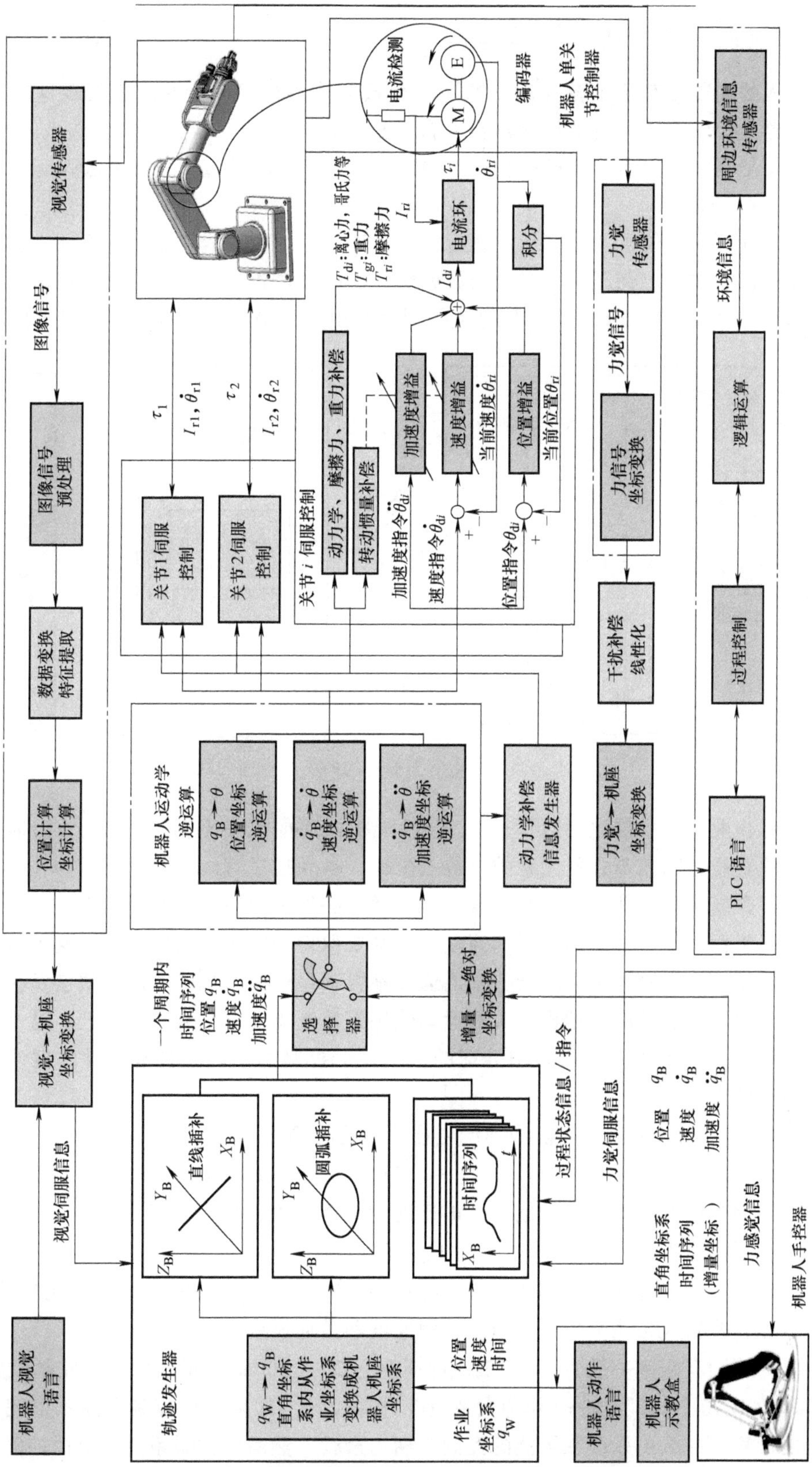

图 5-5 工业机器人控制器结构框图

5.2.2 工业机器人内部插补及逆解算

工业机器人的功能是基于示教（动作顺序）生成轨迹点的序列，并反复再现这些轨迹的点序列。机器人控制系统主要由目标轨迹生成系统和伺服系统控制器构成，目标轨迹生成系统的任务主要是将机器人语言转换成轨迹点的序列，它们大都通过直线或者圆弧等简单函数平滑地连接起点和终点。

轨迹发生器计算期望位置、速度和加速度，并将计算出的期望信息作为位置环、速度环以及加速度环的控制输入。在工业机器人的目标轨迹生成模块和关节伺服控制模块中，多自由度控制是同时处理的，图 5-6 给出了轨迹生成原理及由直角坐标空间向关节空间的映射。

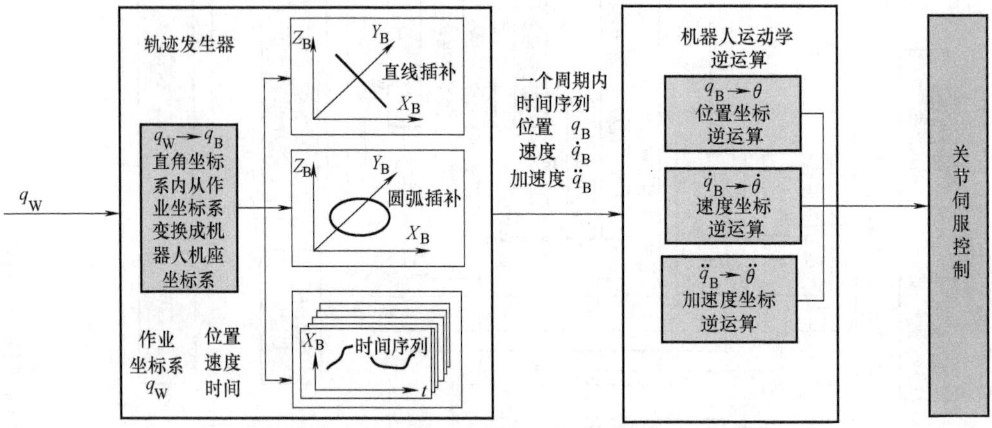

图 5-6 轨迹生成原理及由直角坐标空间向关节空间的映射

首先需要将作业系统中描述的目标值 q_W 转换成机器人的机座坐标。一般 q_W 为描述机器人工作轨迹的直线、圆弧等几何元素的参数点坐标，必须通过直线插补、圆弧插补等轨迹发生器将其进行数据密化，即内部插补运算。这种插补必须考虑空间轨迹对各坐标轴的联动要求，即要求各坐标轴任意时刻的位置和速度之间都要保持一定的运动协调性。这种协调性是通过主控制器每一个控制周期分配给各轴的运动参数来保证的。也就是说，轨迹发生器的运算是按等时间段进行插补的，把机器人的运动轨迹按控制周期分割成时间序列，这个时间序列是在直角坐标系（机座坐标系）中分配的，在一个控制周期内，各坐标轴的运动应该同时开始，同时结束。

图 5-7a 是利用多项式逼近分离点序列产生连续轨迹的例子。

$$P=(X_B,Y_B,Z_B)=a_5t^5+a_4t^4+a_3t^3+a_2t^2+a_1t+a_0$$

设边界条件为初始时刻的位置、速度、加速度均为零，终端时刻的速度为 $v(t=T)$、加速度为零、移动距离为 L，则可以求得上式中的系数 a_i。

按照运动控制系统中包含的加减速模式，将每个控制周期 T_s 生成时间序列作为输出值，以此为目标值计算机器人各关节的旋转角度、角速度和角加速度。

机器人机构的固有频率一般为 1~50Hz，即周期为 20~1000ms，于是可以将控制周期 T_s 设为固有频率的 1/10，即 2~100ms 作为大致目标开展设计。如果在此控制周期难以完成运动控制系统的计算，那么可以改在可能的控制周期内进行，然后向伺服系统输出插补值。如

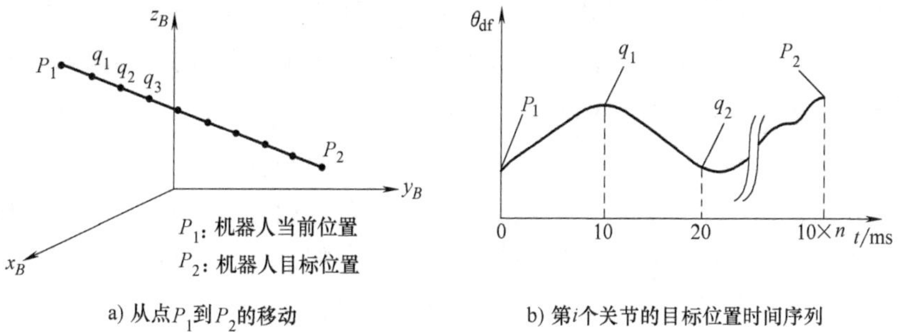

a) 从点P_1到P_2的移动　　b) 第i个关节的目标位置时间序列

图 5-7　运动轨迹的生成与输出值

图 5-7b 所示，可将控制周期设置为 10ms，分割运动控制系统输出的点 P_1 和 P_2 之间的连线，并将结果作为电动机伺服系统的命令值。此时，一般将 q_1 和 q_2 之间的连线近似成直线，不过也可根据以往 q 的数据用多项式逼近来推算。

5.2.3　工业机器人多关节伺服控制

图 5-8 给出一个单关节伺服控制器的系统结构，将各种补偿系统都以电流（电动机转矩）的方式输入。位置、速度和加速度回路采用常用的 PID 补偿。

工业机器人是一个强耦合、非线性系统，若建立的机器人模型精确，则可以通过计算力矩法将非线性项计算出来，并通过前馈将这些非线性项抵消掉，从而实现机器人动力学模型的线性化。然而，机器人模型的建立不可能完全精确，通过前馈补偿之后还会存在误差，因此在控制过程中将建模误差当作外部干扰处理，由 PID 控制器来抑制这些扰动，从而达到期望的控制性能。

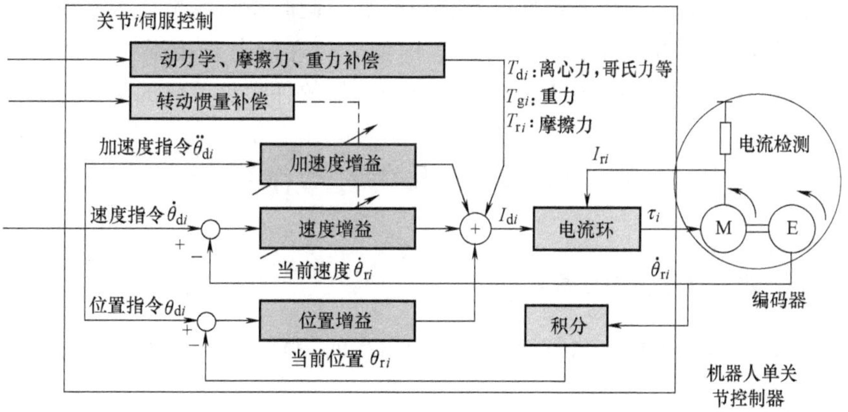

图 5-8　单关节伺服控制器

由机器人动力学方程可知：

$$\boldsymbol{\tau}=\boldsymbol{D}(\boldsymbol{q})\ddot{\boldsymbol{q}}+\boldsymbol{C}(\boldsymbol{q},\dot{\boldsymbol{q}})\dot{\boldsymbol{q}}+\boldsymbol{G}(\boldsymbol{q})$$

它反映了关节力矩与关节变量、速度和加速度之间的函数关系。对于 n 关节连杆机器人来说，$\boldsymbol{D}(\boldsymbol{q})$ 是 $n\times n$ 的正定对称矩阵，是形位 $\boldsymbol{q}$ 的函数，称为工业机器人的惯性矩阵，其主对角元素表示各连杆本身的有效惯性，代表给定关节上的力矩与产生的角加速度之间的关系；而非主对角元素代表连杆之间的耦合惯性，即某连杆的加速运动对另一关节产生耦合作用力矩的度量；这些力矩项 $\boldsymbol{D}(\boldsymbol{q})\ddot{\boldsymbol{q}}$ 需通过前馈输入至每个关节的控制器输入端，以补偿关节间的相互作用。$\boldsymbol{C}(\boldsymbol{q},\ \dot{\boldsymbol{q}})$ 是 $n\times1$ 的离心力和哥氏力矢量；$\boldsymbol{G}(\boldsymbol{q})$ 是 $n\times1$ 的重力矢量，其与工业机器人的形位 $\boldsymbol{q}$ 有关。这些力矩项也需要通过前馈来补偿。

机器人动力学方程包含重力矩，速度和加速度相关的耦合项的离心力矩、哥氏力矩，摩擦力矩，在工业机器人运动速度慢、控制精度要求不高的情况下，可以把这些项当成扰动处理。但是如果要求高控制精度就需要对控制器进行前馈补偿。

随着机器人技术，特别是高端装备制造业的发展，往往需要机器人运动轨迹为复杂曲面或曲线，采用传统示教方法已逐渐无法满足复杂工业生产的需要。而机器人能通过传感器力觉反馈使机器人做主动柔顺动作，充分发挥其空间灵活性，最终达到与人工操作时的生产要求相一致的运动效果。

实现工业机器人力控制的主要策略包括：力位混合控制和阻抗控制。力位混合控制的基本思想是将工作空间拆分为相互正交的两个子空间，分别进行位置控制和力控制；阻抗控制不以控制机器人位置或输出力为目标，而是间接地控制两者的比值，并通过合适的位置设置，达到控制力的目的。工业机器人在很多应用场合都需要力控制来控制机器人与环境的力觉，比如打磨、装配等。

视觉伺服的任务是使用从图像中提取的视觉特征，控制机器人末端执行器相对于作业目标的位姿。在现代工业自动化生产过程中，机器视觉已经成为提高生产效率和保证产品质量的关键技术，机器人视觉已经广泛用于工件的自动检测、组装作业、涂装、分拣等领域。

综上所述，机器人控制系统是实现对机器人运动控制操作的具体实施者。它直接控制机器人本体。一方面，它接收上位机发送过来的通信指令，根据指令的含义采取相应的处理措施；另一方面，它可以采集硬件系统的电气接口数据，同时输出模拟或数字信号控制机器人的运动位置及运行状态。由于控制系统对信息的实时处理能力直接影响整个系统的控制性能，设计时可采用基于实时操作系统设计的底层控制器软件满足系统的实时性要求。

5.3 工业机器人实时操作系统

5.3.1 工业机器人实时操作系统结构

机器人操作系统是为机器人执行任务所设计出来的。操作系统的结构可分为前后台操作系统和实时操作系统。

如图 5-9 所示，前后台操作系统中所有的任务都是平级的，它们在循环的后台中运行或者等待运行条件的到来，一个任务的运行必须等待上一个任务运行结束。同时，为了能够处理紧急的任务，系统中设置有中断机制来处理紧急任务。把中断称为前台。所以前台程序可以中断后台程序的运行，获得资源先运行起来，等中断任务处理结束后，再回到原来后台任务的断点处，继续运行。

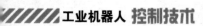

由于中断本身要花费时间在断点的处理上面，所以大量使用中断会占用资源，浪费时间。但为了让紧急的程序能够先获得资源运行起来，而非等到上一个程序运行结束，因此需

要有一个机制能够给予不同的任务合理的等级之分。

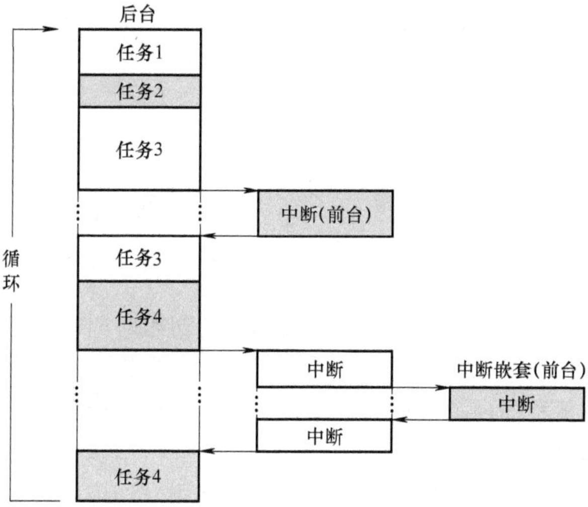

图 5-9 前后台操作系统

由于工业机器人结构复杂，实时性要求高，目前工业机器人使用的操作系统一般为实时操作系统（RTOS），其有不同的形式保证系统的实时性。

实时操作系统的开发是为了能够让某些具有时效性、实时性的任务可以优先获得资源运行起来。所以其特点就是让一些任务可以在一段指定的时间内完成。

如图 5-10 所示，实时操作系统将任务分成了不同等级，总是让优先级高的任务先运行。同样，中断可以打断所有任务，来处理紧急任务。因为高等级的任务总是能先获得资源运行起来，所以可以满足对某些任务的时效性要求。

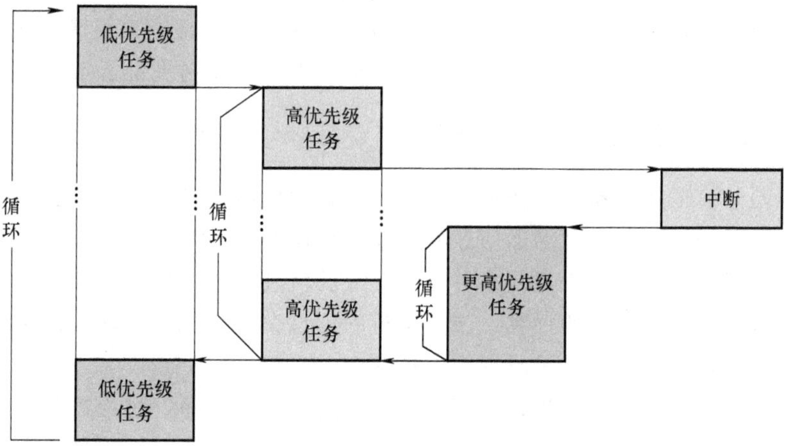

图 5-10 基于优先级的实时操作系统

RTOS 相比于前后台系统不仅仅只有实时性这一方面的进步，同时 RTOS 还能够通过分时原理并行的进行多任务的处理。在前后台系统中，一个任务如果缺少了某些继续运行所需的资源或者条件，就只能是 CPU 空转等待资源或者放弃任务。然而在 RTOS 中，则可以将这些任务挂起，使其进入等待状态，将 CPU 资源释放，使得其他任务得以运行，极大地提高了 CPU 的利用率。

在实时操作系统中，每个任务被分配一个时间段，称为时间片，即该任务允许运行的时间，如图 5-11 所示。若在时间片结束时，任务还在运行，则 CPU 将被剥夺并分配给另一个任务。若任务在时间片结束前阻塞或结束，则 CPU 当即进行切换。

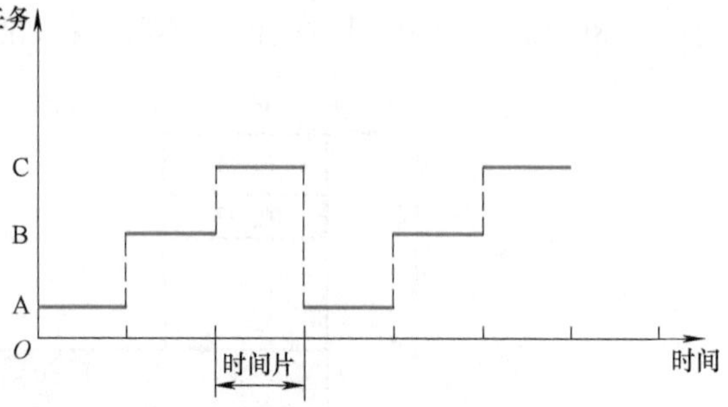

图 5-11　基于时间片的实时操作系统

时间片由操作系统内核的调度程序分配给每个任务。首先，内核会给每个任务分配相等的初始时间片，然后每个任务轮番地执行相应的时间，当所有任务都处于时间片耗尽的状态时，内核会重新为每个任务计算并分配时间片，如此往复。调度程序所要做的就是维护一张就绪进程列表，当任务用完它的时间片后，它被移到队列的末尾。

常用的实时操作系统有 VxWorks，RT-Linux，μC/OS-II，μC Linux，QNX、WinCE，LynxOS 等，表 5-1 给出工业机器人常用的实时操作系统。

表 5-1　工业机器人常用的实时操作系统

厂商	操作系统
ABB	VxWorks
KUKA	VxWorks+Windows(VxWin)
KEBA	VxWorks
B&R	Linux 9
纳博特	RT-Linux
BECKHOFF	TwinCAT

例如，以 TwinCAT 实时调度内核作为软件平台，并采用 EtherCAT 作为通信系统来实现对工业机器人的控制。TwinCAT 负责处理所有的控制任务，实时能力最高可达 12.5ms 周期时间，提升了系统高动态处理运行性能，为工业机器人运动控制提供了新的解决方案。

5.3.2　工业机器人实时操作系统任务

按照功能划分，工业机器人操作系统主要动态管理机器人工作过程中的四大任务：机器人控制任务，过程控制任务，网络通信任务以及系统监控任务，如图 5-12 所示。

机器人控制任务主要负责机器人各种运动形式的轨迹规划，坐标变换，以满足实时性要求的时间间隔进行轨迹插补点的计算，与下位机的信息交换，执行机器人作业程序，示教盒信息处理，机器人标定，故障检测及异常保护等。

过程控制任务主要执行针对机器人编程语言的过程控制程序。过程控制程序中不包含机器人运动控制指令，它主要用于实时地对传感器信息进行处理和对周边系统进行控制。过程控制程序可以通过共享变量的方式为机器人控制任务提供数据、条件状态及信息，从而影响机器人控制任务的执行和运动过程。

网络通信任务主要在机器人软件系统中，由远程监控计算机控制时，将按网络通信协议对通信过程进行控制。通过网络通信任务的运行，过程监控计算机可以像局部终端一样工作。通常工业机器人支持的通信方式有现场总线通信如 ProfiNet、ProfiBus、DeviceNet、Eth-

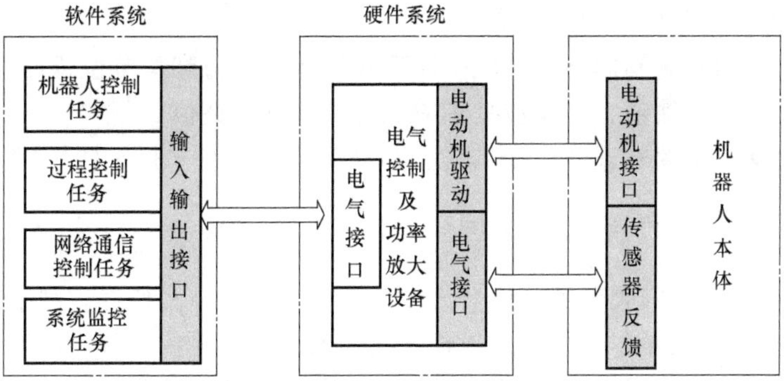

图 5-12 机器人系统组成结构图

erCAT、CAN 网络通信以及普通的 I/O 通信等多种方式。

系统监控任务主要用于监视用户是否输入了系统命令，并对键入的系统命令进行解释处理，它还负责机器人编程语言程序的编辑处理，以及错误信息显示等。

工业机器人的操作系统在高性能控制器的支持下，以一个实时多任务管理软件为核心，采用轮转调度的方法动态地管理四项任务的运行：机器人控制任务，过程控制任务，网络通信任务以及系统监控任务。操作系统的运行就是在任务调度管理程序的控制下，反复执行机器人控制任务等若干任务的过程。工业机器人的操作系统运行流程如图 5-13 所示。

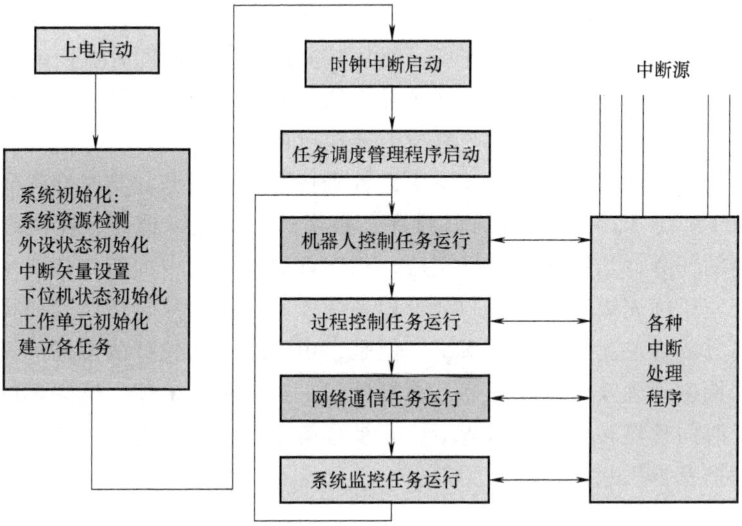

图 5-13 工业机器人操作系统运行流程图

在系统初始化时，为每个任务分配了以外部时钟中断周期为时间单位的时间片，正常的任务调度切换是由时钟中断服务程序进行的。

工业机器人在进行多任务管理时，其任务调度方式是按时间片的轮转调度，在满足实时性要求的周期内，每个任务均可运行一次。这样每个任务的实时性均可以得到保障。在执行各项任务时，对所有外部中断源的中断申请也可以实时响应。

综上所述，工业机器人操作系统控制机器人流程如下：

1）按照控制器控制周期确定间隔时间 T，每间隔 T 接受上位机发送过来的轨迹设定点。

2）根据轨迹设定点和当前轨迹段的终止点进行轨迹段内的线性插值计算，得到各插值点时刻的关节位置、速度以及加速度值。

3）每过一个插值点时间间隔，读取一次码盘计数值，得到关节位置反馈值。

4）根据关节位置反馈值，经滤波处理得到关节速度反馈值。

5）经控制算法得到关节误差驱动信号，并将驱动信号送至 D-A 转换器。

5.3.3 工业机器人多任务调度管理

机器人工作过程中的四大任务：机器人控制任务，过程控制任务，网络通信任务以及系统监控任务。其在机器人操作系统中是以任务模块的形式存在、运行、调度切换处理的。由机器人操作系统完成多个任务之间的调度处理，最终完成整体功能。

工业机器人多任务调度管理方式可以是基于时间片轮转调度的，也可以是基于优先级的。

基于时间片的调度管理系统采用时间片轮转调度机制，首先给每个任务分配一定的时间片数，分配的原则是实时性要求高的任务分配的时间片数多一些，实时性要求低的任务分配的时间片数少一些。所有的任务所分配的时间片数之和不能超过一个时间周期（即保证每个任务在一个周期内都有被执行的机会）。轮转调度的原则是实时性要求高的任务放在前面，实时性要求低的任务放在后面，按先后次序排成一个队列。在运行时按各任务所排队列顺序执行，当某个任务按所分配的时间片数确定时间长度执行该任务时，每一个时间片产生一次中断，并将时间片数减一。如果时间片数减为零，不管该任务是否执行完，立即把它的中间变量和状态信息压入自己独有的堆栈区，保护现场。把下一个任务堆栈区中保留的中间变量和状态信息弹出到工作区，恢复现场。然后按其所分配的时间片数所确定的时间长度执行该任务。在一个周期内，所有的任务好像都有执行的机会。从外部看，这些任务好像都是同时执行的，其实在内部，计算机是按串行方式执行各个任务的。

在基于优先级的多任务调度管理方式中，首先按照各项任务的实时性强弱和重要程度确定其优先级，以 1、2、3、…的数字方式排序，数字越小优先级越高。在执行任务时，首先运行优先级别高的任务，当该任务执行完后，每次都要在队列中的所有任务中挑选优先级最高的执行。由于基于优先级的多任务调度管理系统比基于时间片轮转调度的操作系统实时性更好一些，目前已成为主流实时操作系统。但是，由于基于优先级的多任务调度管理系统涉及优先级反转、调度管理策略比较复杂，篇幅所限，这里不再赘述，感兴趣的读者可以参考相关书籍。基于时间片轮转调度概念清晰、容易理解，因此本书主要介绍此方式，两种多任务实时调度管理的基本思想没有本质区别。

5.4 典型工业机器人实时控制系统分析

本节选用基于时间片轮转调度的工业机器人实时操作系统为案例，对某型工业机器人的实时控制系统进行详细分析。

一般工业机器人控制系统的软件包括两部分，一是主控制器软件，主要实现多任务的调度管理。二是单轴伺服控制软件，完成各运动轴的独立伺服数字控制。

主控制器软件的多任务调度管理是由实时操作系统完成的。图 5-5 中的人机接口、直线插补、圆弧插补、由上位机直接传来的位置速度时间序列的处理和外部过程信息的处理、由手控器传来的运动学信息及控制指令的处理等都是在这里实现的。

5.4.1 典型工业机器人的实时操作系统

该机器人采用基于时间片的轮转调度法，实现对机器人运动控制、过程控制、网络通信及系统监控等任务的调度管理和运行，如图 5-14 所示。

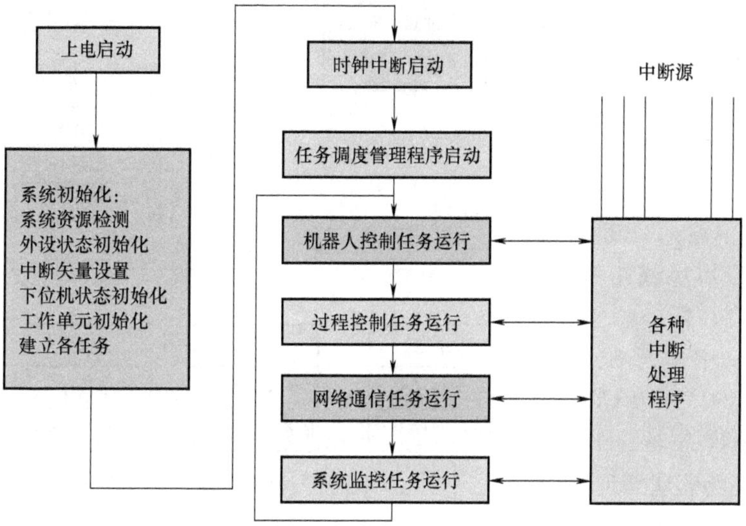

图 5-14 多任务调度管理结构框图

系统在初始化时，为每个任务分配了以外部时钟中断周期为时间单位的时间片，任务的调度是由时间片中断服务程序实现切换的。

当某个任务开始运行时，系统开始时间片计时，每个时间片计时完成时，产生一次中断，系统进入时间片中断服务程序，其工作流程如图 5-15 所示。

系统进入时间片中断服务程序后，首先将该任务的时间片计数值减 1，如果不为零，表明运行时间未到，不作任何处理，时间片中断返回；如果时间片计数值为零，表明分配的时间片数用完，该任务分配的执行时间已到，应立即实现任务切换。

任务切换包括两个操作：一是把当前任务的中间变量和状态信息压入自己的独立堆栈区，保护现场；二是把按顺序轮到的下一个任务恢复现场，即把其堆栈区保存的上次执行的中间变量和状态信息弹出到工作区。

系统开始执行下一个任务。

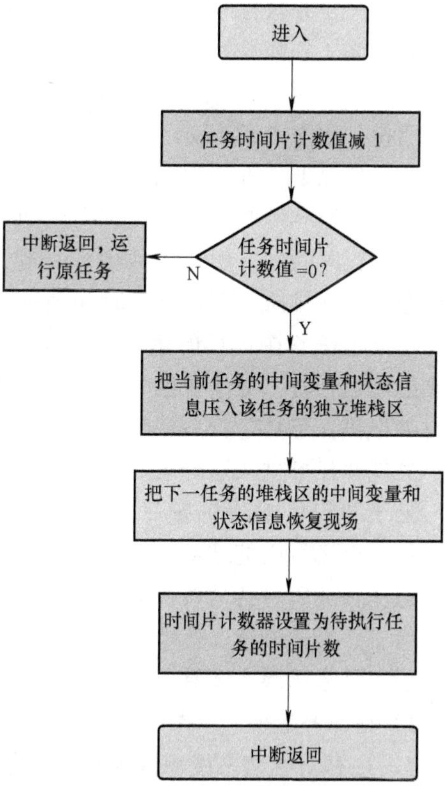

图 5-15 时间片中断程序流程图

实时操作系统是这样具体实现上述操作的：

系统在初始化时，首先建立了一个任务调度表，如图 5-16 所示。任务的执行顺序和执行时间是由多任务调度管理程序根据任务调度表进行的。

在系统初始化的同时，实时操作系统为每个任务建立了独享的任务控制块（TCB）。当任务建立时，在 TCB 中填入任务状态、任务入口、任务用堆栈指针、页面寄存器等内容；任务切换或者挂起时，在 TCB 中填入断点，保护寄存器、挂起队列指针等内容；任务进入运行状态时，则根据 TCB 中保存的现场值恢复现场。

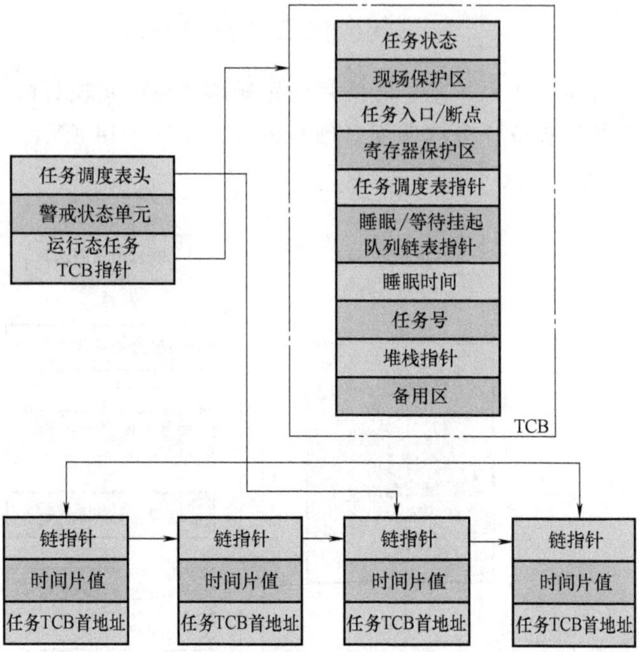

图 5-16 任务管理调度表结构图

当建立一个任务时，该任务 TCB 的首地址已被放入任务调度表中。系统根据任务调度表和 TCB 实现任务间的切换。

当某一任务执行时，往往由于某些条件不满足，不能继续运行。为了保持 CPU 的利用率，此时该任务释放处理机，由运行态变为挂起态，等待某种事件发生。CPU 此时可以运行其他任务。因此，每个任务都有运行、就绪和挂起三种状态，由系统的状态机实现相互之间的切换，如图 5-17 所示。

正常情况下任务处于就绪态，按顺序轮流到（时间到）时，该任务被系统切换到运行态，按自己拥有的时间片数（运行时间）执行。

当运行时间到（时间片数用完）时，该任务被切换为就绪态，重新排队，等待下次时间到时重新进入运行。

当某个任务在运行的过程中，由于某些条件不满足，不能继续运行时，处于暂停并等待条件满足的状态，系统会自动把该任务从运行态切换到挂起状态，调度下一个轮流到的就绪任务进入运行态。

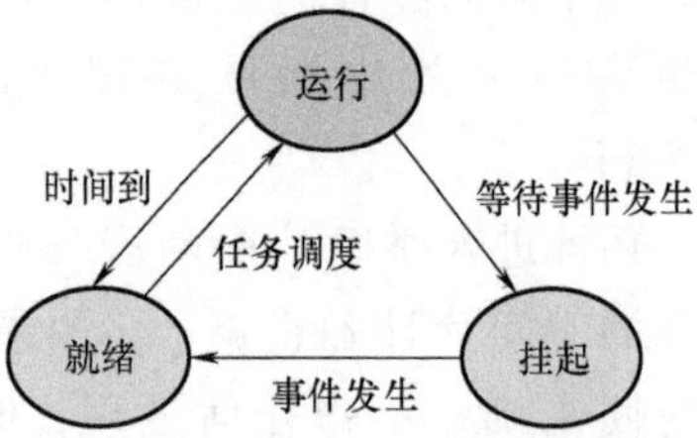

图 5-17 任务状态机、触发事件及切换机制

处于挂起状态的任务一直在等待条件满足事件的触发，每一个运行周期结束时，系统会自动判别哪些处于挂起状态的任务所等待的条件满足，如果某个任务条件满足事件发生，就将其从挂起状态切换为就绪态，重新排队，等待下次时间到时重新进入运行。

任务挂起原因主要有三种：

1）睡眠挂起。

2）内存信息交换缓冲区被其他任务占用，等待释放缓冲区。

3）任务间有同步要求。

任务从运行态变为挂起状态时，任务调度过程如下：

1）被挂起任务的 TCB 任务状态单元置为挂起状态。

2）将任务调度中警戒单元相应的控制位清零。

3）保护任务运动现场到任务的 TCB 中。

4）寻找下一个就绪任务，并投入运行。

当运行某一任务时，会动态地产生某些任务所需的解挂条件。

5.4.2 典型工业机器人关节伺服控制系统

每个关节有一个独立的关节控制器。主控制器在每个运行周期 T_m 的时间内，完成机器人轨迹的插补计算，并将笛卡儿坐标转换为六个独立的关节变量，分别向每个关节控制器发出对应的位置、速度、加速度时间序列 θ_i、$\dot{\theta}_i$、$\ddot{\theta}_i$。

单关节控制器根据传感器（编码器）的采样周期 T_s 将主控制器在 T_m 时间内要求该关节完成的伺服控制的期望值划分为 32 等份，得到各插值点时刻的关节位置、速度和加速度给定值。

在每一个采样周期 T_s 内，读取一次编码器的计数值，得到关节位置和速度的反馈值，经 PID 控制得到关节的驱动信号，并将其进行功率放大，驱动相应的关节电动机，实现关节伺服控制。

机器人各个关节在一个主控制器周期 T_m 内的运动控制同时开始，同时结束，从而实现机器人末端在空间期望的运动轨迹。如图 5-18 所示为某工业机器人控制结构框图。

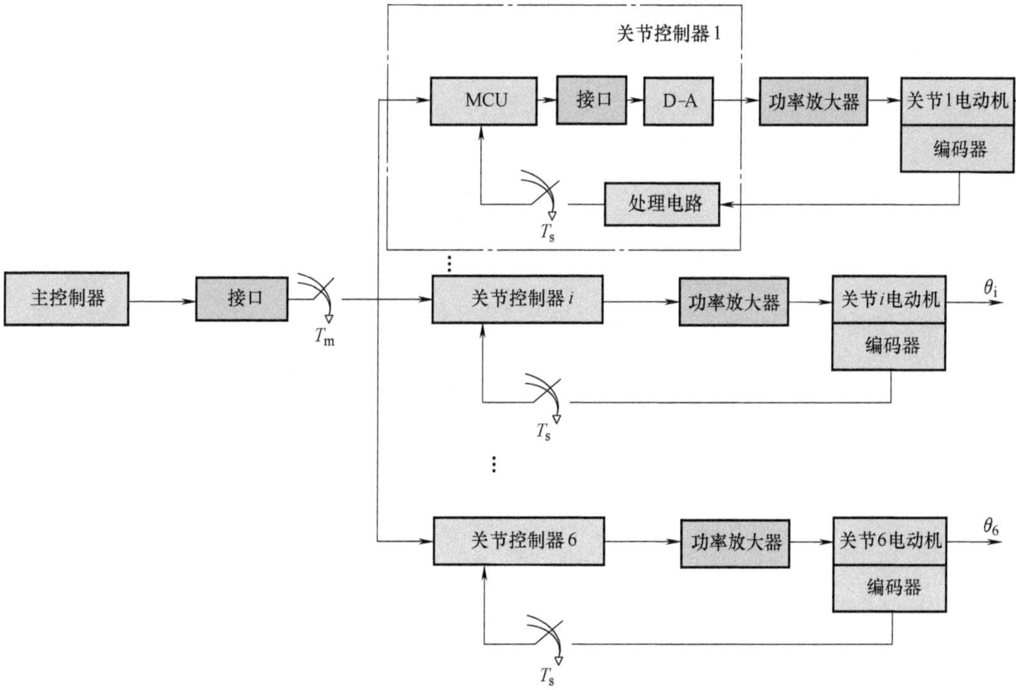

图 5-18 某工业机器人控制结构框图

现有的工业机器人大部分都是这种关节伺服控制方法。

工业机器人是一种典型的强耦合、非线性系统，而 PID 控制主要对线性系统有效。如果 PID 的各项系数为固定值，可以把其看成是在工作点周围一定区域内用切线（直线）去代替曲线，在对其性能要求不是很高的情况下是可以的。但是，如果工作范围比较大，或者性能要求比较高，就不能满足控制要求，需要引入新的控制算法。

科学家精神

“两弹一星”功勋科学家：杨嘉墀

第 6 章

Chapter

工业机器人控制方法

作为机器人手臂的运动，通常注意的是末端的运动。而末端的运动是以各关节运动的合成来实现的。因而必须考虑手臂末端的位置、姿态和各关节位移之间的关系。此外，作为手臂运动，不仅仅是使手臂末端从某位置向另外的位置移动，而且有时也希望它沿某空间路径移动。为此，不仅要考虑手臂的位置，而且必须考虑其速度和加速度。从控制的观点来看，机器人手臂是复杂的多变量非线性系统，在各关节存在相互耦合，为了实现高精度运动，就必须对这些影响进行补偿。

6.1　工业机器人伺服控制

从机器人运动学分析可知，机器人的关节位移 q 和末端位姿 r 的关系由式（6-1）给出：

$$\boldsymbol{r}=f(\boldsymbol{q}) \tag{6-1}$$

由于各关节的位移完全决定了机器人末端的位姿，因此，如欲控制机器人的运动，只要控制各关节的运动即可。

设机器人的动力学方程为

$$\boldsymbol{J}(\boldsymbol{q})\ddot{\boldsymbol{q}}+\boldsymbol{f}(\boldsymbol{q},\dot{\boldsymbol{q}})\dot{\boldsymbol{q}}+\boldsymbol{g}(\boldsymbol{q})=\boldsymbol{\tau} \tag{6-2}$$

式中，$\boldsymbol{J}(\boldsymbol{q})\in\mathbf{R}^{m\times n}$ 为惯性矩阵。$\boldsymbol{J}(\boldsymbol{q})\ddot{\boldsymbol{q}}$ 表示惯性力（矩）。$\boldsymbol{J}(\boldsymbol{q})$ 的主对角元素表示各连杆本身的有效惯性，代表给定关节上的力矩与产生的角加速度之间的关系；而非主对角元素代表连杆之间的耦合惯性，即为某连杆的加速运动对另一关节产生耦合作用力矩的度量，与机器人的形位有关。$\boldsymbol{f}(\boldsymbol{q},\ \dot{\boldsymbol{q}})\dot{\boldsymbol{q}}$ 将产生三部分：① $\dot{\boldsymbol{q}}^2$ 项表示由关节速度产生的离心力矩。② $\dot{\boldsymbol{q}}\boldsymbol{q}$ 项表示哥氏力矩。③ $\dot{\boldsymbol{q}}$ 项表示由黏性摩擦产生的阻力矩。$\boldsymbol{g}(\boldsymbol{q})\in\mathbf{R}^n$ 为重力矢量。$\boldsymbol{\tau}=(\tau_1,\ \cdots,\ \tau_n)\in\mathbf{R}^n$ 为关节驱动力矢量。

在控制装置中，把运动参数的目标值作为控制量，把当前机器人相应运动参数的实际值作为反馈信号，把关节力矩值作为操作量，构成典型的负反馈控制系统。

图 6-1 给出了控制系统的构成示意图。来自示教、数值数据、示教盒直接操纵或外传感器的信号等构成了作业指令，控制系统根据这些指令，在目标轨迹生成部分产生伺服系统需要的目标值，伺服系统的构成方式因目标值的选取方法而异，大体上可分为独立单关节伺服和工具坐标伺服两种。当目标值具有速度、加速度量纲时，控制系统分别称为速度控制、加速度控制。

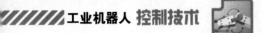

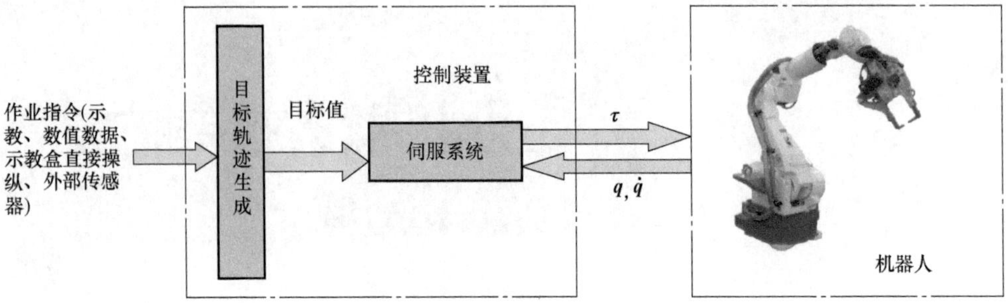

图 6-1　机器人控制系统构成

6.1.1　机器人控制中 PID 算法的典型应用与局限性

在反馈控制中用得最多的是 PID 控制算法。P（proportional）指比例控制，主要利用当前偏差进行纠偏，以减少偏差；I（integral）指积分控制，主要利用过去误差的积累进行纠偏，以消除静差；D（derivative）指微分控制，主要利用预测未来误差变化的趋势进行纠偏，阻止偏差的变化。PID 控制主要适用于线性系统，对非线性系统效果不佳。

机器人是典型的强耦合、非线性系统，之所以能应用 PID 控制，主要基于以下两个原因：

第一，机器人虽然是一个典型的强耦合、非线性系统，但是在关节伺服控制这一级，一般的工业机器人大多数情况下是在小于 1ms 的周期内完成输入输出计算的。在工作点周围的狭小邻域内，用该点的切线（直线）来代替曲线，产生的误差如果在允许的范围以内，是可以应用的。因此，在精度和动态性能要求不高的场合，把该邻域内的非线性按线性处理是合理的，使用 PID 控制是有道理的。

第二，现有工业机器人各关节的传动比大多选择 $i=100$，负载的转动惯量和阻尼系数等效转化到电动机轴上的量为其实际值的 $1/i^2$，即 1/10000，所以各关节的耦合作用的实际影响已经很小了，用 PID 控制来纠偏可以达到预期的目的。

正因为如此，目前市场上的大多数工业机器人都是采用这种伺服控制方法。

但是这种机器人也有一定的局限性。由于采用了大传动比，这种机器人一般运行速度不高。如果非线性影响在较大的范围内变化，PID 控制的参数会有大的波动。如果 PID 控制器按固定参数控制，其有效工作范围会受到一定的限制。如果采用自适应、变结构控制。其有效工作范围会得到扩展。如果对机器人的精度要求较高，或对稳定工作速度要求较高，这种控制方法就不能满足使用要求。

6.1.2 独立单关节伺服控制

如果关节的控制量是 $\boldsymbol{q}_{\mathrm{d}}=(q_{\mathrm{d}1}, \cdots, q_{\mathrm{d}n})^{\mathrm{T}} \in \mathbf{R}^{n}$，就可组成如图 6-2 所示的关节伺服控制系统。各关节可以独立进行伺服控制，十分简单。

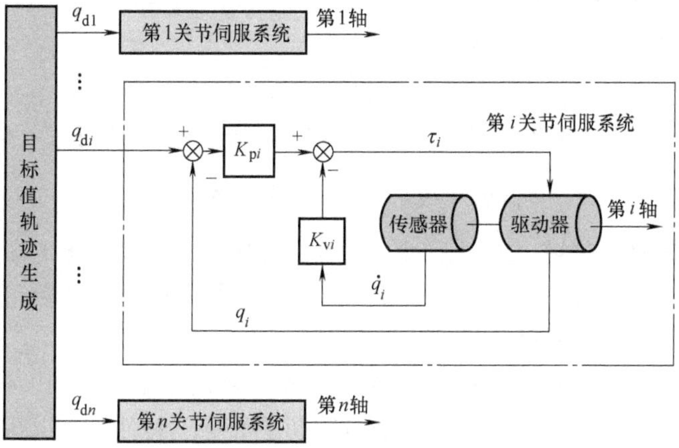

图 6-2 关节伺服结构

这时的控制量 $\boldsymbol{q}_{\mathrm{d}}$ 可以根据末端目标值 $\boldsymbol{r}_{\mathrm{d}}$ 由式（6-1）的反函数，即运动学逆运算得出，即

$$\boldsymbol{q}_{\mathrm{d}}=f^{-1}(\boldsymbol{r}_{\mathrm{d}}) \tag{6-3}$$

此外，工业机器人可以通过示教的方法，直接得到 $\boldsymbol{q}_{\mathrm{d}}$，不需要进行式（6-3）的计算就能直接给出。要使机器人静止于某一点时，对 $\boldsymbol{q}_{\mathrm{d}}$ 取一定值即可。欲使机器人从某点向其他点逐点移动或使之沿某一轨迹运动时，则必须给出关节目标值的时间序列 $\boldsymbol{q}_{\mathrm{d}}(\boldsymbol{t})$。

为简便起见，假设驱动器的动态特性忽略不计，各关节的驱动力 τ_i 可直接给出，这是最简单的一种伺服系统，即

$$\tau_i=k_{\mathrm{p}i}(q_{\mathrm{d}i}-q_i)-k_{\mathrm{v}i}\dot{q}_i \tag{6-4}$$

式中，$k_{\mathrm{p}i}$ 是比例增益，$k_{\mathrm{v}i}$ 是速度反馈增益。对于全部关节，可将式（6-4）用矩阵形式表示为

$$\boldsymbol{\tau}=\boldsymbol{k}_{\mathrm{p}}(\boldsymbol{q}_{\mathrm{d}}-\boldsymbol{q})-\boldsymbol{k}_{\mathrm{v}}\dot{\boldsymbol{q}}_i \tag{6-5}$$

式中，$\boldsymbol{k}_{\mathrm{p}}=\mathrm{diag}(k_{\mathrm{p}i})$，$\boldsymbol{k}_{\mathrm{v}}=\mathrm{diag}(k_{\mathrm{v}i})$。

这就是 PID 控制中的 P-D 控制，控制量是关节角 $\boldsymbol{q}$，操作量是关节驱动力矩 $\boldsymbol{\tau}$。当 $\boldsymbol{q}$ 跟踪目标值 $\boldsymbol{q}_{\mathrm{d}}$ 时，$\boldsymbol{r}$ 将跟踪 $\boldsymbol{r}_{\mathrm{d}}$，如图 6-3 所示。

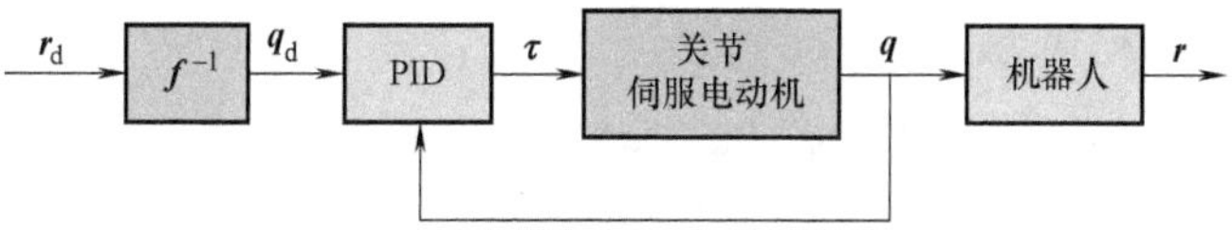

图 6-3 使用关节角控制的机器人手爪位置控制

这种关节伺服系统把每一个关节作为单纯的单输入单输出系统来处理，所以结构简单，现在的工业机器人大部分都由这种关节伺服系统来控制。

从式（6-2）可知，由于惯性项和速度项在关节伺服中存在着动态耦合，严格地说机器人的每个关节都不是单输入单输出的系统。在式（6-5）所示的关节伺服中是把这些耦合当成外部干扰来处理，为了减少外部干扰的影响，增益 k_{pi} 和 k_{vi} 将在保持稳定的范围内尽量设置得大一些，但是无论怎样加大增益，机器人在静止状态下，因受重力项的影响，各关节也会产生定常偏差。即在式（6-2），式（6-5）中，若 $\ddot{q}=\dot{q}=0$，将产生下式所示的定常偏差为

$$\boldsymbol{e}=\boldsymbol{q}_{\mathrm{d}}-\boldsymbol{q}=\boldsymbol{k}_{\mathrm{p}}^{-1}\boldsymbol{G}(\boldsymbol{q}) \tag{6-6}$$

为使该定常偏差为零，有时在式（6-5）中再加上积分项，构成式（6-7）：

$$\boldsymbol{\tau}=\boldsymbol{K}_{\mathrm{p}}(\boldsymbol{q}_{\mathrm{d}}-\boldsymbol{q})-\boldsymbol{K}_{\mathrm{v}}\dot{\boldsymbol{q}}+\boldsymbol{K}_{\mathrm{i}}\int(\boldsymbol{q}_{\mathrm{d}}-\boldsymbol{q})\,\mathrm{d}t \tag{6-7}$$

式中，$\boldsymbol{K}_{\mathrm{i}}$ 为积分环节增益矩阵，和 $\boldsymbol{K}_{\mathrm{p}}$，$\boldsymbol{K}_{\mathrm{v}}$ 一样，是对角矩阵，这就是典型的 PID 控制。过去这些伺服系统是用模拟电路构成，而近年由于计算机技术的提高和费用的降低，伺服系统用数字电路构成的所谓软件伺服已经较为普遍。

软件伺服与模拟电路构成的伺服相比，能进行更精细的控制。例如，各关节的增益 k_{pi} 和 k_{vi} 可以随机应变，从而获得机器人在不同姿态所期望的响应特性。式（6-8）与式（6-7）不同，它增加了重力项的计算，这样可直接进行重力项补偿。

$$\boldsymbol{\tau}=\boldsymbol{K}_{\mathrm{p}}(\boldsymbol{q}_{\mathrm{d}}-\boldsymbol{q})-\boldsymbol{K}_{\mathrm{v}}\dot{\boldsymbol{q}}+\boldsymbol{G}(\boldsymbol{q}) \tag{6-8}$$

如后面所述，软件伺服系统方式还能够形成比式（6-7）和式（6-8）更高级的、更智能的控制方法。

应当指出，即使用式（6-7）和式（6-8）的简单的控制方法，闭环系统的平衡点 $\boldsymbol{q}_{\mathrm{d}}$ 也能渐近稳定。即经过无限长的时间，$\boldsymbol{q}$ 也能收敛于 $\boldsymbol{q}_{\mathrm{d}}$，多数情况下用式（6-7）和式（6-8）的控制方法已经足够。

如果建立的机器人动力学模型完全准确，那么用前馈控制即可以直接计算力矩。但实际上模型参数总是存在误差，仅用前馈并不能达到良好的控制品质。这时就需要加入反馈，因此，机器人控制器中前馈控制一般和反馈控制结合起来使用。在模型存在误差的情况下，根据动力学方程计算力矩而得到的结果与期望值之间存在偏差，而反馈的特点是根据偏差来决定控制输入，不管对象的模型如何，只要有偏差就根据偏差进行纠正，这可以有效地消除稳态误差。式（6-7）和式（6-8）控制项补偿了机器人模型参数的不确定性，模型的不完整性和外部负载扰动等。

例 6.1 针对工业机器人的动力学方程（6-2），选择两关节机器人系统作为被控对象，当忽略重力和外部扰动时，其 PD 控制器为

$$\boldsymbol{\tau}=\boldsymbol{K}_{\mathrm{v}}\dot{\boldsymbol{e}}+\boldsymbol{K}_{\mathrm{p}}\boldsymbol{e}$$

则机器人动力学方程变为

$$\boldsymbol{M}(\boldsymbol{q})(\ddot{\boldsymbol{q}}_{\mathrm{d}}-\ddot{\boldsymbol{q}})+\boldsymbol{h}(\boldsymbol{q},\dot{\boldsymbol{q}})(\dot{\boldsymbol{q}}_{\mathrm{d}}-\dot{\boldsymbol{q}})+\boldsymbol{K}_{\mathrm{v}}\dot{\boldsymbol{e}}+\boldsymbol{K}_{\mathrm{p}}\boldsymbol{e}=0$$

即

$$\boldsymbol{M}(\boldsymbol{q})\ddot{\boldsymbol{e}}+(\boldsymbol{h}(\boldsymbol{q},\dot{\boldsymbol{q}})+\boldsymbol{K}_{\mathrm{v}})\dot{\boldsymbol{e}}+\boldsymbol{K}_{\mathrm{p}}\boldsymbol{e}=0$$

假设所选取的 2 自由度关节机器人的参数如下：

程序下载

$$\boldsymbol{M}(\boldsymbol{q})=\begin{pmatrix} a_1+a_2+2a_3\cos q_2 & a_2+a_3\cos q_2 \\ a_2+a_3\cos q_2 & a_2 \end{pmatrix}$$

$$\boldsymbol{h}(\boldsymbol{q},\dot{\boldsymbol{q}})=\begin{pmatrix} -a_3\dot{q}_2\sin q_2 & -a_3(\dot{q}_1+\dot{q}_2)\sin q_2 \\ a_3\dot{q}_1\sin q_2 & 0 \end{pmatrix}$$

式中，$a_1=1$；$a_2=0.5$；$a_3=1$；$\boldsymbol{q}_0=(0\quad 0)^{\mathrm{T}}$；$\dot{\boldsymbol{q}}_0=(0\quad 0)^{\mathrm{T}}$；$\boldsymbol{q}_{\mathrm{d}}=(1\quad 1)^{\mathrm{T}}$。在控制器中，为了达到临界阻尼，避开结构自振频率，位置和速度反馈增益分别取为：$K_{\mathrm{p}}=\omega_{\mathrm{n}}^2$，$K_{\mathrm{v}}=2\sqrt{K_{\mathrm{p}}}$，即

$$\boldsymbol{K}_{\mathrm{v}}=\begin{bmatrix} 20 & 0 \\ 0 & 20 \end{bmatrix},\ \boldsymbol{K}_{\mathrm{p}}=\begin{bmatrix} 100 & 0 \\ 0 & 100 \end{bmatrix}$$

则在PD控制器作用下各关节的运动速度曲线和控制力矩曲线仿真图如图6-4和图6-5所示。

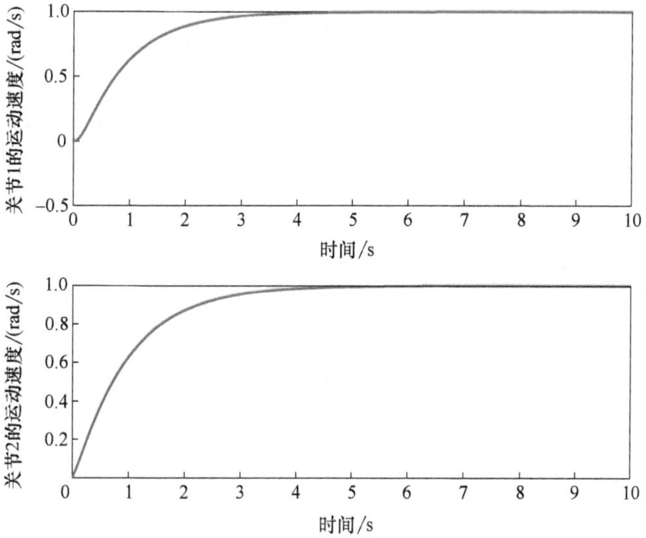

图6-4 关节运动速度曲线

在工业机器人实际运动过程中，完全不受外力影响的机器人系统是不存在的，最常见的就是受到重力的影响。因此，在设计控制器时需要考虑基于重力补偿的PD控制。基于重力补偿的PD控制器可设置为

$$\boldsymbol{\tau}=\boldsymbol{k}_{\mathrm{v}}\dot{\boldsymbol{e}}+\boldsymbol{k}_{\mathrm{p}}\boldsymbol{e}+\boldsymbol{G}(\boldsymbol{q})$$

式中，$\boldsymbol{G}(\boldsymbol{q})$ 是对重力矩的补偿值。

6.1.3 作业坐标伺服控制

关节伺服控制的结构简单，对软件伺服来说，取样时间较短，所以是工业机器人经常采用的方法。但在自由空间内对机器人进行控制时，很多场合是想直接给定机器人末端位置姿态的运动。例如把机器人从某点沿直线运动至另一点就是这种情况。在这种情况下，往往希望取表示机器人末端位置姿态的矢量 $\boldsymbol{r}$ 作为机器人运动的目标值。

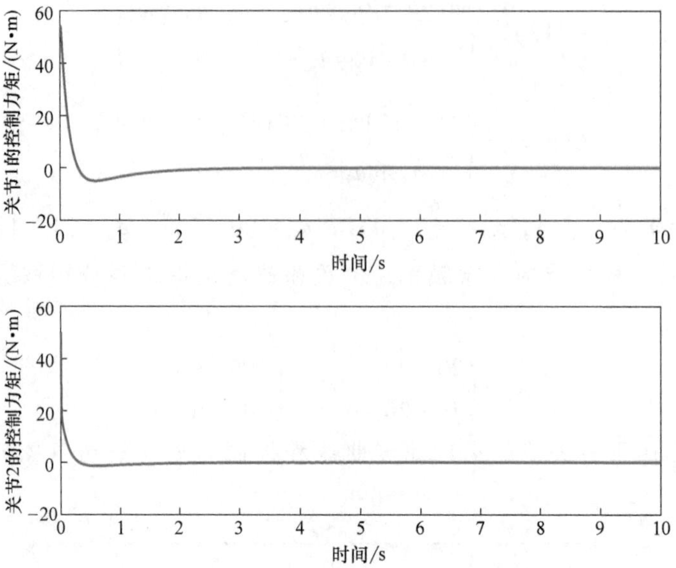

图 6-5 关节控制力矩曲线

如果已知 $\boldsymbol{r}_d$，利用式（6-3）也可将其先变换为 $\boldsymbol{q}_d$，然后应用关节伺服方式进行控制。但是，末端目标值 $\boldsymbol{r}_d$ 不但要事前求得，而且在运动中需要动态修正，这时则必须实时进行式（6-3）的逆运动学计算。此外，因为在关节伺服系统中各个关节是独立进行控制的，由各关节实际响应的结果所得到的末端位置姿态的响应难以预测，而且为得到适当的末端响应对各关节伺服系统的增益进行调节也很困难。

因此，通常不将 $\boldsymbol{r}_d$ 变换为 $\boldsymbol{q}_d$，而把 $\boldsymbol{r}_d$ 本身作为目标值来构成伺服系统。由于在很多情况下，末端位置姿态矢量 $\boldsymbol{r}_d$ 是用固定于空间内的某一个作业坐标系来描述，所以把以 $\boldsymbol{r}_d$ 为目标值的伺服系统称为作业坐标伺服。

下面举一个作业坐标伺服的例子，如图 6-6 所示。为此，首先将式（6-1）的两边对时间微分，由此可得

$$\dot{\boldsymbol{r}}=\frac{\partial \boldsymbol{f}}{\partial \boldsymbol{q}}\dot{\boldsymbol{q}}=\boldsymbol{J}(\boldsymbol{q})\dot{\boldsymbol{q}} \tag{6-9}$$

式中，$\boldsymbol{J}(\boldsymbol{q})$ 为雅可比矩阵，是 $\boldsymbol{q}$ 的函数。$\boldsymbol{r}$ 和 $\dot{\boldsymbol{q}}$ 一般是非线性关系，由式（6-9）可知，$\dot{\boldsymbol{r}}$ 和 $\dot{\boldsymbol{q}}$ 为线性关系。根据式（6-9）和虚功原理，可得

$$\boldsymbol{\tau}=\boldsymbol{J}^{\mathrm{T}}(\boldsymbol{q})\boldsymbol{f} \tag{6-10}$$

式中，$\boldsymbol{J}^{\mathrm{T}}(\boldsymbol{q})$ 表示 $\boldsymbol{J}(\boldsymbol{q})$ 的转置，当 $m=6$ 时，$\boldsymbol{f}=(f_x, f_y, f_z, m_\alpha, m_\beta, m_\gamma)^{\mathrm{T}}\in\mathbf{R}^6$，$\boldsymbol{f}$ 是由以作业坐标系所描述的三维平移力矢量及与以欧拉角描述的 $\boldsymbol{r}$ 的姿态相对应的三维旋转力矢量。式（6-10）表示加在机器人末端的力和关节力矩之间的关系。

若取欧拉角（α, β, γ）作为 $\boldsymbol{r}$ 的姿态分量，则 m_α，m_β，m_γ 变成绕欧拉角各自旋转轴的力矩，这从直观上难以理解。所以，为了便于理解，常根据速度关系来定义雅可比矩阵：

$$\boldsymbol{s}=(\boldsymbol{v}^{\mathrm{T}},\boldsymbol{\omega}^{\mathrm{T}})^{\mathrm{T}}=\boldsymbol{J}_s(\boldsymbol{q})\dot{\boldsymbol{q}} \tag{6-11}$$

式中，末端速度矢量 $\boldsymbol{s}$ 的姿态分量用角速度矢量 $\boldsymbol{\omega}$ 来表示；$\boldsymbol{v}$ 是末端的平移速度；矩阵 $\boldsymbol{J}_s(\boldsymbol{q})$ 也称为雅可比矩阵，它表示末端速度矢量 $\boldsymbol{s}$ 和关节速度 $\dot{\boldsymbol{q}}$ 之间的关系。

若采用式（6-11）所定义的雅可比矩阵，则对应于式（6-10）的 $\boldsymbol{f}$ 就变成 $(f_x, f_y, f_z, m_x, m_y, m_z)^{\mathrm{T}}$，$\boldsymbol{f}$ 的旋转力分量就变成从直觉容易理解的绕三维空间内某些轴旋转的力矩矢量。

有了上面一些预备知识，可以设计如式（6-12）所示的控制器：

$$\boldsymbol{\tau}=\boldsymbol{J}^{\mathrm{T}}(\boldsymbol{q})[\boldsymbol{K}_{\mathrm{p}}(\boldsymbol{r}_{\mathrm{d}}-\boldsymbol{r})]-\boldsymbol{K}_{\mathrm{v}}\dot{\boldsymbol{q}}+\boldsymbol{G}(\boldsymbol{q}) \tag{6-12}$$

也可以再考虑加上积分环节，即

$$\boldsymbol{\tau}=\boldsymbol{J}^{\mathrm{T}}(\boldsymbol{q})[\boldsymbol{K}_{\mathrm{p}}(\boldsymbol{r}_{\mathrm{d}}-\boldsymbol{r})+\boldsymbol{K}_{\mathrm{i}}\int(\boldsymbol{r}_{\mathrm{d}}-\boldsymbol{r})\mathrm{d}t]-\boldsymbol{K}_{\mathrm{v}}\dot{\boldsymbol{q}} \tag{6-13}$$

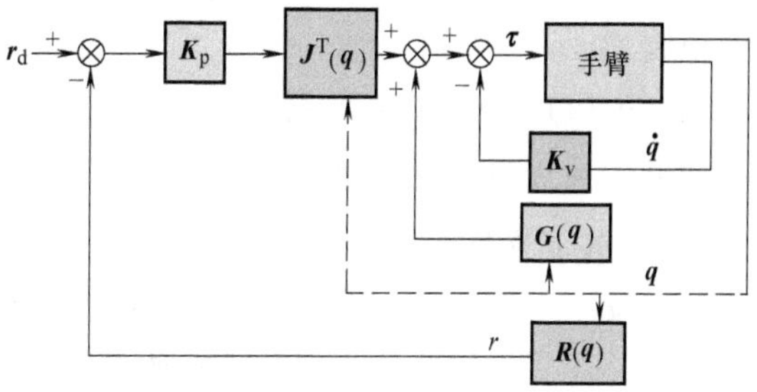

图 6-6　作业坐标伺服举例

当末端位置姿态的误差矢量 $\boldsymbol{r}_{\mathrm{d}}-\boldsymbol{r}$ 分成位置和姿态分量，即用 $(\boldsymbol{e}_{\mathrm{p}}^{\mathrm{T}}, \boldsymbol{e}_{\mathrm{o}}^{\mathrm{T}})^{\mathrm{T}}$ 表示时，则各分量以 $\boldsymbol{e}_{\mathrm{p}}=\boldsymbol{p}_{\mathrm{d}}-\boldsymbol{p}$，$\boldsymbol{e}_{\mathrm{o}}=(\alpha_{\mathrm{d}}-\alpha, \beta_{\mathrm{d}}-\beta, \gamma_{\mathrm{d}}-\gamma)^{\mathrm{T}}$ 表示，$\boldsymbol{p}$ 是末端位置矢量，$\boldsymbol{p}_{\mathrm{d}}$ 是其目标值；(α, β, γ) 是欧拉角，$(\alpha_{\mathrm{d}}, \beta_{\mathrm{d}}, \gamma_{\mathrm{d}})$ 是其期望值。式（6-12），式（6-13）中机器人末端现在的位置姿态 $\boldsymbol{r}$ 可根据现在的关节位移 $\boldsymbol{q}$，由正运动学方程求得。式（6-12），式（6-13）的方法即把末端拉向目标值方向的方法，从直观上容易理解。另外它还有一个特点，就是不含有逆运动学计算，和式（6-7）或式（6-8）一样，采用式（6-12）或式（6-13），其闭环系统的平衡点 $\boldsymbol{r}_{\mathrm{d}}$ 达到渐近稳定。

6.2　工业机器人速度控制和加速度控制

6.2.1　工业机器人的速度控制

如果关节的控制量是 $\dot{\boldsymbol{q}}_{\mathrm{d}}=(\dot{q}_{\mathrm{d}1}, \cdots, \dot{q}_{\mathrm{d}n})^{\mathrm{T}}\in\mathbf{R}^n$，就可组成如图 6-7 所示的速度伺服控制系统。

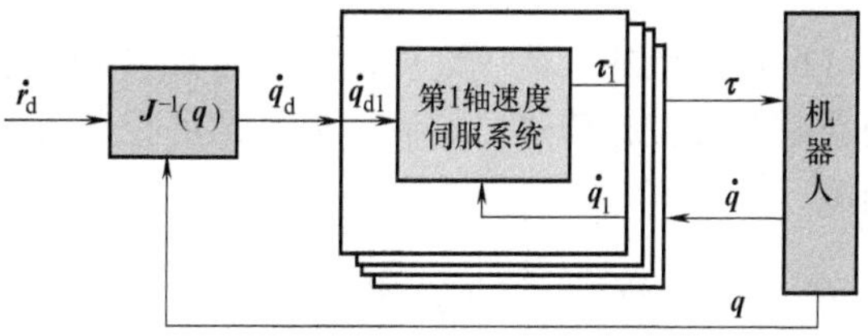

图 6-7　控制系统构成

在用机器人完成的作业中，有的不是指定末端的位置姿态，而是命令它从现在位置向某一方向移动。例如，想把机器人末端从现在位置向垂直上方移动，或只绕规定轴旋转变化姿态。对于这种运动指令也可以用位置信息给出，但必须沿着末端目标值运动的方向时刻变化位置信息。若采用关节伺服还要进一步对每个目标点根据式（6-3）进行一次逆运动学计算，以便求得关节目标值，这要花费大量的计算时间。因而，对于这种运动指令，很自然地会把末端旋转速度作为目标值给出。

末端速度 $\dot{\boldsymbol{r}}$ 或 $\boldsymbol{s}$ 和关节速度 $\dot{\boldsymbol{q}}$ 之间具有式（6-9）或式（6-11）所示的线性关系，设 $\dot{\boldsymbol{r}}_{\mathrm{d}}$

为末端速度的目标值。令机器人没有冗余性，也无奇异状态，则 $m=n$，式（6-9），式（6-11）的雅可比矩阵为正则矩阵，这时 $\dot{\boldsymbol{q}}_{\mathrm{d}}$ 可由式（6-14）求出，即

$$\dot{\boldsymbol{q}}_{\mathrm{d}}=\boldsymbol{J}^{-1}(\boldsymbol{q})\dot{\boldsymbol{r}}_{\mathrm{d}} \tag{6-14}$$

或

$$\dot{\boldsymbol{q}}_{\mathrm{d}}=\boldsymbol{J}_{\mathrm{s}}^{-1}(\boldsymbol{q})\boldsymbol{s}_{\mathrm{d}} \tag{6-15}$$

如果机器人有冗余性，即 $m<n$ 时，或机器人处于奇异状态时，不存在雅可比矩阵的逆矩阵，故不能再直接应用式（6-14）或者（6-15）。在实际的计算中，可把式（6-9）或式（6-11）看成以雅可比矩阵作为系数矩阵的联立代数方程，然后用消去法求解。

式（6-14）或式（6-15）可看成把末端的运动方向分解成必要的关节运动，故称为分解速度控制。

式（6-14），式（6-15）把末端空间的目标值变换为关节空间的目标值。如果在各个关节处构成了独立跟踪目标速度 $\dot{\boldsymbol{q}}_{\mathrm{d}i}$ 的速度伺服系统，则只要把式（6-14）或式（6-15）所求得的 $\dot{\boldsymbol{q}}_{\mathrm{d}}$ 的各元素作为各个关节伺服系统的目标值即可。因而，这种情况可以说是利用关节伺服的速度控制。图 6-7 所示为控制系统的构成。

另外，式（6-14）和式（6-15）的各关节伺服系统也适用于把关节位移 $q_{\mathrm{d}i}$ 作为目标值的情况。设末端速度的目标值以时间函数 $\dot{\boldsymbol{r}}_{\mathrm{d}}(\boldsymbol{t})$ 给出。若设关节目标值的初始值为 $\boldsymbol{q}_{\mathrm{d}}(\boldsymbol{t}_0)$，则在时刻 t 的目标值 $\boldsymbol{q}_{\mathrm{d}}(t)$ 为

$$\dot{\boldsymbol{q}}_{\mathrm{d}}(\boldsymbol{t})=\boldsymbol{J}^{-1}(\boldsymbol{q}(t))\dot{\boldsymbol{r}}_{\mathrm{d}}(\boldsymbol{t}) \tag{6-16}$$

$$\boldsymbol{q}_{\mathrm{d}}(t)=\boldsymbol{q}_{\mathrm{d}}(t_0)+\int_{t_0}^{t}\dot{\boldsymbol{q}}_{\mathrm{d}}(v)\mathrm{d}v \tag{6-17}$$

用式（6-16）和式（6-17）对 $\dot{\boldsymbol{q}}_{\mathrm{d}}(t)$ 的计算的内容进行数值运算。然而，若反复进行式（6-16）和式（6-17）的计算，则又会担心产生与目标位置之间的位置积累误差。为了解决这一问题，只要在式（6-16）中加上位置反馈即可，即

$$\dot{\boldsymbol{q}}_{\mathrm{d}}=\boldsymbol{J}^{-1}(q)[\dot{\boldsymbol{r}}_{\mathrm{d}}+\boldsymbol{K}_{\mathrm{p}}(\boldsymbol{r}_{\mathrm{d}}-\boldsymbol{r})] \tag{6-18}$$

对式（6-15）也可以用同样的做法，此时用 $\hat{\boldsymbol{e}}_{\mathrm{o}}$ 表示对应于 $\boldsymbol{s}$ 的姿态分量 ω 的末端姿态误差，即

$$\dot{\boldsymbol{q}}_{\mathrm{d}}=\boldsymbol{J}_{\mathrm{s}}^{-1}(\boldsymbol{q})[\boldsymbol{s}_{\mathrm{d}}+\boldsymbol{K}_{\mathrm{p}}(\boldsymbol{e}_{\mathrm{p}}^{\mathrm{T}},\hat{\boldsymbol{e}}_{\mathrm{o}}^{\mathrm{T}})^{\mathrm{T}}] \tag{6-19}$$

用式（6-18）或式（6-19）可计算出考虑末端误差 $\boldsymbol{r}_{\mathrm{d}}-\boldsymbol{r}$ 的 $\dot{\boldsymbol{q}}_{\mathrm{d}}$，并把这个 $\dot{\boldsymbol{q}}_{\mathrm{d}}$ 作为各关节速度伺服系统的目标值进行控制，但是这种控制策略不能明确区分是属于关节伺服还是作业坐标伺服。

6.2.2 工业机器人的加速度控制

前面就机器人的目标值在具有位置或速度量纲情况下的伺服系统构成进行了讨论。但是在关节伺服的情况下，即使给出正确的目标值 q_{d} 和 $\dot{q}_{\mathrm{d}}$，实际的响应也受伺服系统的设计所左右，通常的做法是在保证稳定的情况下调大增益，减小与目标值的偏差，然而机器人的运动越是高速度、高加速度，则离心力、哥氏力和惯性力的影响越大，误差也越大。在作业坐标伺服的式（6-12）和式（6-13）中，虽然保证了向目标值的渐近稳定性，但不能保证其过渡特性的好坏，而且不同机器人姿态的响应特性也有可能发生变化。这些问题之所以产生，

是因为在至今所考虑到的控制策略中，没有考虑表示机器人的动态特性。因此，在本小节中所叙述的方法是将目标值再增加加速度量纲，并考虑机器人的动态特性。首先，设目标值为 $\boldsymbol{q}_{\mathrm{d}}$，$\dot{\boldsymbol{q}}_{\mathrm{d}}$，$\ddot{\boldsymbol{q}}_{\mathrm{d}}$，其中包括了关节变量加速度量纲。这时考虑采用如下的控制方法：

$$\boldsymbol{\tau}=\boldsymbol{M}(\boldsymbol{q})[\ddot{\boldsymbol{q}}_{\mathrm{d}}+\boldsymbol{K}_{\mathrm{v}}(\dot{\boldsymbol{q}}_{\mathrm{d}}-\dot{\boldsymbol{q}})+\boldsymbol{K}_{\mathrm{p}}(\boldsymbol{q}_{\mathrm{d}}-\boldsymbol{q})]+h(\boldsymbol{q},\dot{\boldsymbol{q}})+\boldsymbol{\Gamma}(\dot{\boldsymbol{q}})+\boldsymbol{G}(\boldsymbol{q}) \tag{6-20}$$

这是用关节伺服的加速度控制，图 6-8 所示为其结构图。在式（6-20）中，$\boldsymbol{M}(\boldsymbol{q})$，$\boldsymbol{h}(\boldsymbol{q},\dot{\boldsymbol{q}})+\boldsymbol{\Gamma}(\dot{\boldsymbol{q}})+\boldsymbol{G}(\boldsymbol{q})$ 均与式（6-2）中的相同，式（6-20）相当于进行逆动力学计算，以求出能实现由 $\ddot{\boldsymbol{q}}_{\mathrm{adj}}=\ddot{\boldsymbol{q}}_{\mathrm{d}}+\boldsymbol{K}_{\mathrm{v}}(\dot{\boldsymbol{q}}_{\mathrm{d}}-\dot{\boldsymbol{q}})+\boldsymbol{K}_{\mathrm{p}}(\boldsymbol{q}_{\mathrm{d}}-\boldsymbol{q})$ 所给出的关节加速度的关节驱动力。为简便起见，先假设 $\boldsymbol{M}(\boldsymbol{q})$，$\boldsymbol{h}(\boldsymbol{q},\dot{\boldsymbol{q}})$ 等值可以正确计算。把式（6-20）代入式（6-2）的左边整理后得

$$\boldsymbol{M}(\boldsymbol{q})(\ddot{\boldsymbol{e}}+\boldsymbol{K}_{\mathrm{v}}\dot{\boldsymbol{e}}+\boldsymbol{K}_{\mathrm{p}}\boldsymbol{e})=0 \tag{6-21}$$

式中，$\boldsymbol{e}=\boldsymbol{q}_{\mathrm{d}}-\boldsymbol{q}$。因 $\boldsymbol{M}(\boldsymbol{q})$ 是正定对称矩阵，所以在两边乘上 $\boldsymbol{M}(\boldsymbol{q})^{-1}$ 后得

$$\ddot{\boldsymbol{e}}+\boldsymbol{K}_{\mathrm{v}}\dot{\boldsymbol{e}}+\boldsymbol{K}_{\mathrm{p}}\boldsymbol{e}=0 \tag{6-22}$$

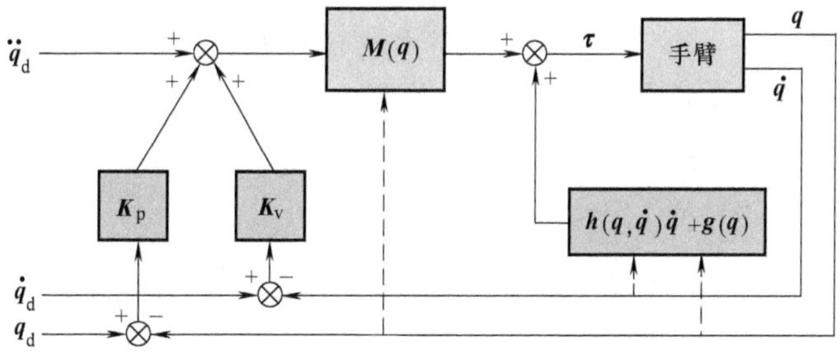

图 6-8 用关节伺服的加速度控制

经适当选择位置增益 $\boldsymbol{K}_{\mathrm{p}}$、速度增益 $\boldsymbol{K}_{\mathrm{v}}$，可使 $\boldsymbol{e}$ 渐近地收敛于 0，$\boldsymbol{q}$ 与 $\boldsymbol{q}_{\mathrm{d}}$ 成为一致。瞬态响应特性可由 $\boldsymbol{K}_{\mathrm{p}}$，$\boldsymbol{K}_{\mathrm{v}}$ 来确定。例如，设 $\boldsymbol{K}_{\mathrm{v}}=\boldsymbol{K}_{\mathrm{v}}\boldsymbol{I}$、$\boldsymbol{K}_{\mathrm{p}}=\boldsymbol{K}_{\mathrm{p}}\boldsymbol{I}$（$\boldsymbol{I}$ 是 $n\times n$ 的单位矩阵），如果 $K_{\mathrm{v}}=2\xi\omega_{\mathrm{n}}$，$K_{\mathrm{p}}=\omega_{\mathrm{n}}^{2}$，则式（6-22）的响应是角频率为 ω_{n}，阻尼系数为 ξ 的二阶系统响应，在控制机器人运动时，因为不希望有超调量，所以通常取 $\xi=1$，这样在加速度控制中就连瞬态特性也能满足要求，这是因为通过离心力、哥氏力、重力等的补偿使得原来是非线性的机器人动态特性线性化，并进而考虑惯性项使得系统解耦的结果。为此，式（6-20）的加速度控制可视为是动态控制的一种。

由于可以给定式（6-20）所示的加速度控制的瞬态特性，所以这种控制是非常有效的，但问题是计算量非常大。为了缩短采样时间，可以考虑省略式（6-20）的一部分计算，而采用简化的公式：

$$\boldsymbol{\tau}=\widetilde{\boldsymbol{M}}[\ddot{\boldsymbol{q}}_{\mathrm{d}}+\boldsymbol{K}_{\mathrm{v}}(\dot{\boldsymbol{q}}_{\mathrm{d}}-\dot{\boldsymbol{q}})+\boldsymbol{K}_{\mathrm{p}}(\boldsymbol{q}_{\mathrm{d}}-\boldsymbol{q})+\boldsymbol{K}_{\mathrm{i}}\int(\boldsymbol{q}_{\mathrm{d}}-\boldsymbol{q})\mathrm{d}t] \tag{6-23}$$

在式（6-23）中省略了 $h(\boldsymbol{q},\dot{\boldsymbol{q}})$，$\boldsymbol{\Gamma}(\dot{\boldsymbol{q}})$，$\boldsymbol{G}(\boldsymbol{q})$ 的计算，$\widetilde{\boldsymbol{M}}\in\mathbf{R}^{m\times n}$ 成为只由对角元素构成的常数矩阵，因而简化了计算。$\widetilde{\boldsymbol{M}}$ 的对角元素最好选择 $\boldsymbol{M}(\boldsymbol{q})$ 的对角元素的某些代表值。此外，为了消除稳态误差，要重新加上积分项。在减速比较大的各种工业机器人中，因驱动器惯性作用很大，所以 $\boldsymbol{M}(\boldsymbol{q})$ 的对角分量变得比非对角分量要大，耦合的影响相对变

小。因而在很多情况下，采用式（6-23）的控制就能满足要求了。

下面讨论目标值为 $\boldsymbol{r}_d$，$\dot{\boldsymbol{r}}_d$，$\ddot{\boldsymbol{r}}_d$的情况，这种情况的目标值包括了末端位置姿态的加速度量纲在内。为此，首先要求出末端加速度和关节加速度之间的关系。若将式（6-9）的两边再对时间微分，即

$$\ddot{\boldsymbol{r}} = \boldsymbol{J}(\boldsymbol{q})\ddot{\boldsymbol{q}} + \dot{\boldsymbol{J}}(\boldsymbol{q})\dot{\boldsymbol{q}} \tag{6-24}$$

式中，$\dot{\boldsymbol{J}}(\boldsymbol{q})$ 表示 $\mathrm{d}(\boldsymbol{J}(\boldsymbol{q}))/\mathrm{d}t$。

现在，为了跟踪目标轨迹 $\boldsymbol{r}_d$，把根据 $\ddot{\boldsymbol{r}}_d$所修正的末端加速度 $\ddot{\boldsymbol{r}}_{adj}$以式（6-25）给出，即

$$\ddot{\boldsymbol{r}}_{adj} = \ddot{\boldsymbol{r}}_d + \boldsymbol{K}_v(\dot{r}_d - \dot{r}) + \boldsymbol{K}_p(\boldsymbol{r}_d - \boldsymbol{r}) \tag{6-25}$$

式中，$\boldsymbol{K}_v$，$\boldsymbol{K}_p$ 是适当的增益矩阵。$\dot{\boldsymbol{r}}$ 是现在的末端速度，它可根据从传感器所测得的关节速度 $\dot{\boldsymbol{q}}$ 经式（6-9）求得。根据式（6-24）可以求出能实现给定的末端加速度 $\ddot{\boldsymbol{r}}_{adj}$的关节加速度为

$$\ddot{\boldsymbol{q}}_{adj} = \boldsymbol{J}^{-1}(\boldsymbol{q})[\ddot{\boldsymbol{r}}_{adj} - \dot{\boldsymbol{J}}(\boldsymbol{q})\dot{\boldsymbol{q}}] \tag{6-26}$$

实现该关节加速度的关节驱动力可由式（6-27）求出，即

$$\boldsymbol{\tau} = \boldsymbol{M}(\boldsymbol{q})\ddot{\boldsymbol{q}}_{adj} + h(\boldsymbol{q},\dot{\boldsymbol{q}}) + \Gamma(\dot{\boldsymbol{q}}) + \boldsymbol{G}(\boldsymbol{q}) \tag{6-27}$$

若将式（6-25）~式（6-27）归纳为一个式子，则

$$\begin{aligned}\boldsymbol{\tau} = {} & \boldsymbol{M}(q)\boldsymbol{J}^{-1}(\boldsymbol{q})[\ddot{\boldsymbol{r}}_d + \boldsymbol{K}_v(\dot{\boldsymbol{r}}_d - \dot{\boldsymbol{r}}) + \boldsymbol{K}_p(\boldsymbol{r}_d - \boldsymbol{r}) - \dot{\boldsymbol{J}}(\boldsymbol{q})\dot{\boldsymbol{q}}] + \\ & h(\boldsymbol{q},\dot{\boldsymbol{q}}) + \Gamma(\dot{\boldsymbol{q}}) + \boldsymbol{G}(\boldsymbol{q})\end{aligned} \tag{6-28}$$

式（6-28）是作业坐标伺服的加速度控制，它与式（6-20）的关节伺服的加速度控制相对应。现假设已经完成了式（6-27）的逆动力学计算。即若 $\boldsymbol{M}(\boldsymbol{q})$，$\boldsymbol{h}(\boldsymbol{q},\ \dot{\boldsymbol{q}})$，$\Gamma\dot{\boldsymbol{q}}$，$\boldsymbol{G}$（$\boldsymbol{q}$）的计算是正确的，则把式（6-27）代入式（6-2）后可得

$$\ddot{\boldsymbol{q}} = \ddot{\boldsymbol{q}}_{adj} \tag{6-29}$$

即实际的响应和给定的加速度 $\ddot{\boldsymbol{q}}_{adj}$一致。把式（6-29）代入式（6-26）后得 $\ddot{\boldsymbol{r}} = \ddot{\boldsymbol{r}}_{adj}$，再把它代入式（6-25）后可得

$$\ddot{\boldsymbol{e}}_r + \boldsymbol{K}_v\dot{\boldsymbol{e}}_r + \boldsymbol{K}_p\boldsymbol{e}_r = 0 \tag{6-30}$$

式中，$\boldsymbol{e}_r = \boldsymbol{r}_d - \boldsymbol{r}$。该式是与关节伺服的式（6-22）相对应的。由式（6-25）~式（6-27）给出的作业坐标伺服，是为了实现在末端产生期望的加速度而分解为各关节的加速度，因此称为分解加速度控制。这也可以看成是把上述的分解速度控制向加速度的扩展，但必须注意的是，分解速度控制只是把目标速度向关节空间变换，而分解加速度控制则要考虑当前值和目标值之间的误差，并成为伺服系统的一部分。图 6-9 表示分解加速度控制的总体结构。

在式（6-26）中，若用 $\boldsymbol{J}_s(\boldsymbol{q})$ 代替 $\boldsymbol{J}(\boldsymbol{q})$，则目标值以 $\boldsymbol{s}_d$，$\dot{\boldsymbol{s}}_d$，$\boldsymbol{p}_d$，$\boldsymbol{o}_{hd}$（$\boldsymbol{s}_d$ 为期望速度，$\boldsymbol{p}_d$ 为末端位置分量，$\boldsymbol{o}_{hd}$ 为末端姿态分量）给出，可用下式代替式（6-25）和式（6-26），即

$$\ddot{\boldsymbol{q}}_{adj} = \boldsymbol{J}_s^{-1}(\boldsymbol{q})\{\dot{s}_d + \boldsymbol{K}_v(\boldsymbol{S}_d - \boldsymbol{S}) + \boldsymbol{K}_p[\boldsymbol{e}_p^{T}, \hat{\boldsymbol{e}}_o^{T}]^{T} - \dot{\boldsymbol{J}}_s(\boldsymbol{q})\dot{\boldsymbol{q}}\} \tag{6-31}$$

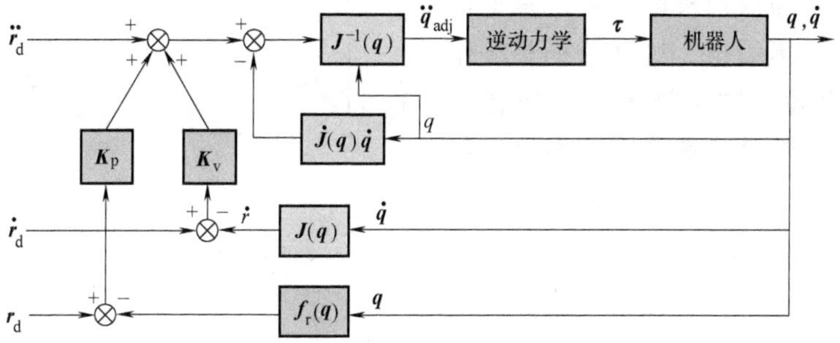

图 6-9 分解加速度控制

6.3 工业机器人轨迹控制

上面所讨论的是伺服系统的关节位移或末端位置姿态的目标值 q_d，r_d（及其速度、加速度）已知的情况。在本小节中，将首先讨论目标轨迹的给定方法，然后叙述使机器人高精度地跟踪目标轨迹的方法，即动态控制的方法。

6.3.1 轨迹控制方式

在想要使机器人的末端沿目标轨迹运动时，其给定轨迹的方法有两种方式，一是在所谓示教机器人中采用的示教再现方式，另一种是把目标轨迹用数值形式给出的数值控制方式。示教再现方式是在执行作业之前，让机器人末端沿实际目标值移动，同时将其数据和作业时的速度等其他信息一起存入机器人中，而在执行时再现其所示教的动作，这样就可使机器人末端沿目标轨迹运动。示教时的机器人运动方法有两种，一种是操作者直接用手抓住机器人末端使其动作的直接示教方式，另一种是用示教盒的按钮、开关发出运动指令的远距离示教方式。

在示教再现方式中，轨迹记忆再现的方式通常有点位（Point-To-Point，PTP）控制和连续路径（Continuous Path，CP）控制两种，如图 6-10 所示。

1）PTP 控制，例如点焊等作业，重要的是在示教点上对末端位置和姿态进行定位。关于向该点运动的路径和速度等不是主要的问题，这种不考虑路径，而是一个接一个地在示教点处反复进行的定位控制就是 PTP 控制。

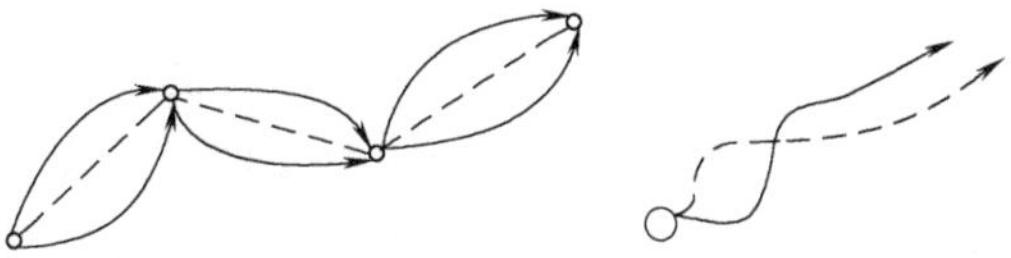

a) PTP控制　　b) CP控制

图 6-10 PTP 控制和 CP 控制

2）CP 控制，例如弧焊、涂装等作业，必须控制机器人以示教的速度沿示教的路径运动，这样的控制称为 CP 控制。CP 控制按示教的方法又分为两种，其一是示教时让机器人沿着实际的路径移动，并每隔一个微小的间距大量记忆其路径上的位置，而再现时把所记忆的点一个接一个地作为伺服系统的目标值给出，这样使它跟踪路径；其二是在示教时只记忆路径上的特征点及曲线类型（直线或者圆弧等，如图 6-11 所示），再现时则在这些点之间用直线或圆弧插补，进行数据密化，再把它们输出给伺服系统。后者和前者相比，应该记忆的点数较少，路径修正也比较容易，因而系统具有灵活性。

数值示教方式和数控机床一样，是把目标轨迹作为数值数据给出，这种数据是将作业对象的 CAD 数据、在实施控制中所得到的来自传感器的测量数据等各种数据经变换加工后给出。为此，数值示教方式比单纯再现示教轨迹的示教再现方式更具有一般性、通用性和灵活性。然而，在把目标值以数值形式给出时，会产生计算时间长、机器人的装配误差及周边设备本身的分散误差等问题。

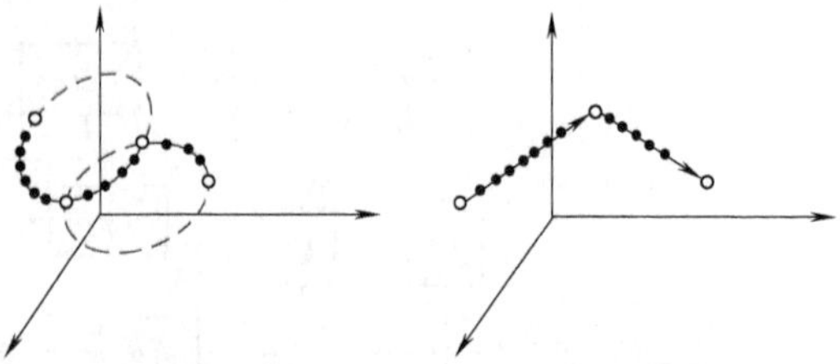

a) 圆弧插补　　b) 直线插补

图 6-11　有插补的 CP 控制

6.3.2　目标轨迹生成

在 PTP 控制和 CP 控制中，轨迹是由示教直接给出，而在数值示教方式中，目标轨迹即输出给伺服系统的目标值的时间函数必须以数值形式给出。根据机器人所完成的作业不同，在作业空间内的末端轨迹不一定由起点至终点整个区间都预先给定，有的则仅仅给定起点和终点，有的则仅给定起点、终点及路径所经过的几个中间点。在这种情况下，对于没有给定的区间必须自行设定适当的轨迹，因此，下面讨论当把机器人末端由某位置 r_0 经过时间 t_f 移向另一位置 r_f 时，如何确定 r_0 和 r_f 之间轨迹的问题。在求目标轨迹时应注意的是，为了生成实际上可能实现的平滑的轨迹，至少应保证位置和速度的连续性，另外，为了不使末端产生不必要的振动，还希望能保证加速度的连续性。这里所考虑的问题也适用于 CP 控制中的插补运算。关于目标轨迹生成方法，目前已有许多种，但这里只介绍利用时间多项式来给定轨迹的方法，这个方法进一步可分为用关节变量描述轨迹和用末端位置变量描述轨迹两种，它们分别对应于关节伺服和作业坐标伺服。

首先就利用关节变量的方法加以讨论。设对应于 r_0 和 r_f 的关节变量 q_0 和 q_f 已经给出，若只给出 r_0，r_f，则可求解逆运动学方程，预先求出 q_0，q_f，并从关节矢量的元素中任意选一个关节变量 q_i，记作 ξ，令初始时刻 t_0 的值为 ξ_0，终点时刻 t_f 的值为 ξ_f，即

$$\xi(0)=\xi_0,\xi(t_f)=\xi_f \tag{6-32}$$

另外将两个时刻的 ξ 的速度和加速度作为边界条件，并表示为

$$\dot{\xi}(0)=\dot{\xi}_0,\quad \dot{\xi}(t_f)=\dot{\xi}_f \tag{6-33}$$

$$\ddot{\xi}(0)=\ddot{\xi}_0,\quad \ddot{\xi}(t_f)=\ddot{\xi}_f \tag{6-34}$$

满足这些条件的平滑的函数虽然有很多，但这里考虑到简化计算和形式，就选择时间 t 的多项式。能满足任意给定式（6-32）~式（6-34）的边界条件的多项式，其最低次数是 5，所以设为

$$\xi(t)=a_0+a_1t+a_2t^2+a_3t^3+a_4t^4+a_5t^5 \tag{6-35}$$

满足式（6-32）~式（6-34）的待定系数 $a_0 \sim a_5$ 经过计算，结果如下：

$$a_0=\xi_0 \tag{6-36a}$$

$$a_1=\xi_0 \tag{6-36b}$$

$$a_2=\frac{1}{2}\xi_0 \tag{6-36c}$$

$$a_3=\frac{1}{2t_f^3}[20\xi_f-20\xi_0-(8\dot{\xi}_f+12\dot{\xi}_0)t_f-(3\ddot{\xi}_0-2\ddot{\xi}_f)t_f^2] \tag{6-36d}$$

$$a_4=\frac{1}{2t_{\mathrm{f}}^4}[30\xi_0-30\xi_{\mathrm{f}}+(14\dot{\xi}_{\mathrm{f}}+16\dot{\xi}_0)t_{\mathrm{f}}+(3\ddot{\xi}_0-2\ddot{\xi}_{\mathrm{f}})t_{\mathrm{f}}^2] \tag{6-36e}$$

$$a_5=\frac{1}{2t_{\mathrm{f}}^5}[12\xi_{\mathrm{f}}-12\xi_0-(6\dot{\xi}_{\mathrm{f}}+6\dot{\xi}_0)t_{\mathrm{f}}-(\ddot{\xi}_0-\ddot{\xi}_{\mathrm{f}})t_{\mathrm{f}}^2] \tag{6-36f}$$

特殊情况下，当 $\ddot{\xi}_0=\ddot{\xi}_{\mathrm{f}}=0$，$\xi_0$，$\xi_{\mathrm{f}}$，$\dot{\xi}_0$，$\dot{\xi}_{\mathrm{f}}$满足图 6-12 的关系时，即满足：

$$\xi_{\mathrm{f}}-\xi_0=\frac{t_{\mathrm{f}}}{2}(\dot{\xi}_0+\dot{\xi}_{\mathrm{f}}) \tag{6-37}$$

此时，$a_{\xi}=0$，这时的 $\xi(t)$ 则可为四次多项式。

若把这个四次多项式和直线插补合起来使用，就可比较容易地给出各种轨迹，例如下面讨论一个情况，即从起点 ξ_0 的静止状态开始，经加速、等速、减速，最后到达目标终点使其停止，如图 6-13 所示，先适当选择决定加减速时间的参数，然后确定中间的辅助点 ξ_{02}，ξ_{f1}。这里是这样确定的，首先把 ξ_{01}，ξ_{f2} 取为 $\xi_{01}=\xi_0$，$\xi_{\mathrm{f2}}=\xi_{\mathrm{f}}$，然后使 ξ_{02}，ξ_{f1} 处于 ξ_{01}，ξ_{f2} 点相连的直线上，接着用折线 $\{\xi_0, \xi_{01}, \xi_{\mathrm{f2}}, \xi_{\mathrm{f}}\}$ 把 ξ_0，ξ_{02} 之间和 ξ_{f2}，ξ_{f} 之间的各点连接起来，并用四次多项式的关系使其加速度为 0。再有，ξ_{02}，ξ_{f1} 之间以直线相连接。$0\leqslant t\leqslant 2\Delta$ 成为加速区间；$2\Delta<t\leqslant t_{\mathrm{f}}-2\Delta$ 是等速区间；$t_{\mathrm{f}}-2\Delta<t\leqslant t_{\mathrm{f}}$ 是减速区间。

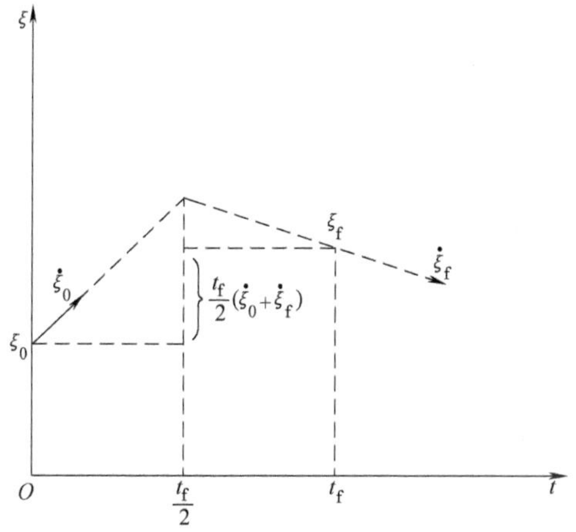

图 6-12　在起点和终点的边界条件

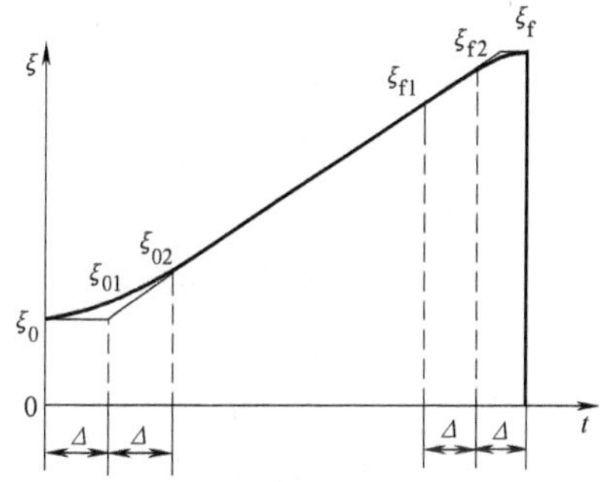

图 6-13　从起点到终点的轨迹

另外，在用多项式连接 ξ_0 和 ξ_{f} 的情况下，若只考虑位置、速度的边界条件式（6-32），式（6-33），而不考虑表示加速度连续性的式（6-34）时，目标轨迹可以不用式（6-35）而用三次多项式给出，特别是 ξ_0，ξ_{f}，$\dot{\xi}_0$，$\dot{\xi}_{\mathrm{f}}$ 满足式（6-37）时，$\xi(t)$ 成为二次多项式。这些三次多项式和二次多项式也可以代替上述的四次多项式，此外，若要求在 ξ_0 和 ξ_{f} 之间需通过几个中间点时，也可进行同样处理，从而给出目标轨迹。

6.3.3　基于计算力矩法的动态控制

机器人是一个典型的强耦合、非线性系统。在精度要求不高的工业现场，可采用独立单关节伺服控制的机器人控制策略，把由离心力、哥氏力、重力等影响作为外部干扰，由 PID 控制来抑制。但在对机器人的速度和精度要求比较高的情况下，上述控制方法往往不能满足要求。在这种情况下，可以采用反映机器人动态影响的更高级的控制策略。

动态控制算法包括两部分，即非线性系统的线性补偿和线性系统的伺服补偿。所谓非线性系统的线性补偿就是把机器人动态方程中的非线性项以前馈补偿的方式抵消掉，使后续算法不包含非线性项（即线性化），这是一种主动补偿方法；所谓线性系统的伺服补偿就是考虑到计算力矩法中的机器人的各项动力学参数有一定误差，相对主参数而言，这种误差是一种微小量，在此把它作为一种外部干扰信号，用 PID 滤波的方法将其抑制（PID 算法非常适宜对干扰信号的抑制），这是一种被动的补偿方法。

机器人动力学方程的一般表达式为

$$\tau=\boldsymbol{M}(\boldsymbol{q})\ddot{\boldsymbol{q}}+\boldsymbol{f}(\boldsymbol{q},\dot{\boldsymbol{q}})\dot{\boldsymbol{q}}+\boldsymbol{G}(\boldsymbol{q})$$

对上述系统设计如下基于模型的前馈补偿控制器：

$$\tau=\boldsymbol{M}(\boldsymbol{q})\tau'+\boldsymbol{f}(\boldsymbol{q},\dot{\boldsymbol{q}})\dot{\boldsymbol{q}}+\boldsymbol{G}(\boldsymbol{q}) \tag{6-38}$$

对比式（6-38）和机器人动力学方程的一般表达式，可以看出：

$$\boldsymbol{\tau}'=\ddot{\boldsymbol{q}} \tag{6-39}$$

式（6-39）就是单位惯量的线性系统。完成了线性补偿，伺服控制器可设置为

$$\boldsymbol{\tau}'=\ddot{\boldsymbol{q}}_d+\boldsymbol{K}_V(\dot{\boldsymbol{q}}_d-\dot{\boldsymbol{q}})+K_P(q_d-q) \tag{6-40}$$

将其代入式（6-39），令 $\boldsymbol{e}=\boldsymbol{q}_d-\boldsymbol{q}$，就可得到

$$\ddot{\boldsymbol{e}}+\boldsymbol{K}_V\dot{\boldsymbol{e}}+\boldsymbol{K}_P\boldsymbol{e}=\boldsymbol{0}$$

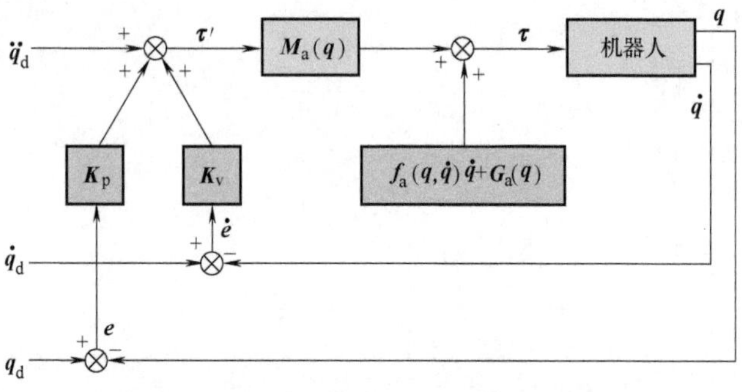

图 6-14　基于动力学前馈补偿的控制系统

选择适当的 $\boldsymbol{K}_V$、$\boldsymbol{K}_P$ 参数，就可使 $\boldsymbol{e}$ 中各元素均收敛于 0，实现对期望轨迹位置、速度和加速度时间序列的动态跟踪。由该控制规律得到的控制系统方框图如图 6-14 所示。

在图 6-14 中，动力学补偿部分在伺服回路中，在控制过程中需要以伺服速率进行动力学计算。例如，在伺服回路中，采样周期一般为亚毫秒级，那么机器人的动力学补偿部分必须以此速率计算，计算工作量太大，难以满足要求。因而可以把动力学补偿部分放在伺服回路之外，如图 6-15 所示。在伺服回路内部，只需要将误差与反馈增益相乘，就可以实现快速运算。而动力学补偿部分的计算是由动力学补偿发生器（参见图 5-5）在主控制器的每个扫描周期（数十毫秒）内进行一次计算，在每个伺服控制周期内，把其作为不变的量进行补偿。由于动力学的影响与机器人的构型有关，在这么短的时间内，不会有大的变化，这种假设带来的误差不会很大，可以把这种误差看作外部干扰，由 PID 控制器将其抑制。

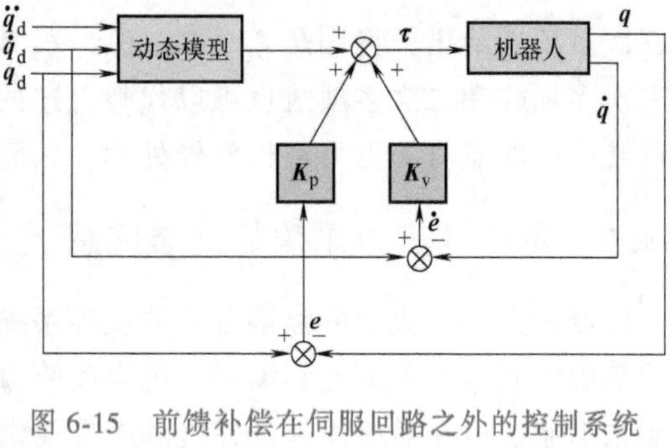

图 6-15　前馈补偿在伺服回路之外的控制系统

以上是对关节变量线性化的方法，但是有些情况不是要求对关节变量，而是希望对

与机器人进行作业有直接关系的变量即末端位置、姿态加以解耦和伺服补偿。所以下面讨论对 n 维输出变量 $\boldsymbol{r}$ 线性化的方法，此时 $\boldsymbol{r}$ 由下式给出：

$$\boldsymbol{r}=\boldsymbol{f}(\boldsymbol{q}) \tag{6-41}$$

若对式（6-41）进行微分，则可得

$$\dot{\boldsymbol{r}}=\boldsymbol{J}(\boldsymbol{q})\dot{\boldsymbol{q}} \tag{6-42}$$

式中，$\boldsymbol{J}(\boldsymbol{q})=\partial \boldsymbol{f}/\partial \boldsymbol{q}$。

假设在 $\boldsymbol{q}$ 的适当范围内雅可比矩阵 $\boldsymbol{J}(\boldsymbol{q})$ 是正则矩阵，若将 $\boldsymbol{u}_{\mathrm{r}}$ 作为新的输入，并按下式关系进行非线性状态反馈补偿：

$$\boldsymbol{\tau}=\hat{\boldsymbol{h}}(\boldsymbol{q},\dot{\boldsymbol{q}})+\boldsymbol{M}(\boldsymbol{q})\boldsymbol{J}^{-1}(\boldsymbol{q})[-\dot{\boldsymbol{J}}(\boldsymbol{q})\dot{\boldsymbol{q}}+\boldsymbol{u}_{\mathrm{r}}] \tag{6-43}$$

式中，$\boldsymbol{h}(\boldsymbol{q},\dot{\boldsymbol{q}})=\boldsymbol{f}(\boldsymbol{q},\dot{\boldsymbol{q}})\dot{\boldsymbol{q}}+\boldsymbol{G}(\boldsymbol{q})$

则可得

$$\ddot{\boldsymbol{r}}=\boldsymbol{u}_{\mathrm{r}} \tag{6-44}$$

即得到对输出 $\boldsymbol{r}$ 的线性且解耦的系统。若对线性系统式（6-44）设置适当的伺服补偿器，则可得到如图 6-16 所示的控制系统，这样的伺服补偿器有很多种设计方法。如

$$\boldsymbol{u}_{\mathrm{r}}=\ddot{\boldsymbol{r}}_{\mathrm{d}}+\boldsymbol{K}_{\mathrm{v}}(\dot{\boldsymbol{r}}_{\mathrm{d}}-\dot{\boldsymbol{r}})+\boldsymbol{K}_{\mathrm{p}}(\boldsymbol{r}_{\mathrm{d}}-\boldsymbol{r}) \tag{6-45}$$

则当 $\boldsymbol{e}=\boldsymbol{r}_{\mathrm{d}}-\boldsymbol{r}$ 时，就与式（6-44）相同，要注意的是它的控制原则与加速度控制的形式相同，用这种两级控制方式时必须要考虑的是，由于式（6-39）或式（6-43）的计算非常复杂，所以必须使用数字计算机，因而就产生如何缩短其采样周期的问题，另外还要尽可能减少原来数学模型的建模误差和外部干扰的影响，即必须设计所谓鲁棒伺服补偿器。前者可以考虑采用牛顿-欧拉计算公式的逆动力学问题计算法或分层递阶计算法来解决。后者就要参考 2 自由度伺服系统的研究方法或灵敏度函数、互补灵敏度函数的研究方法来解决。

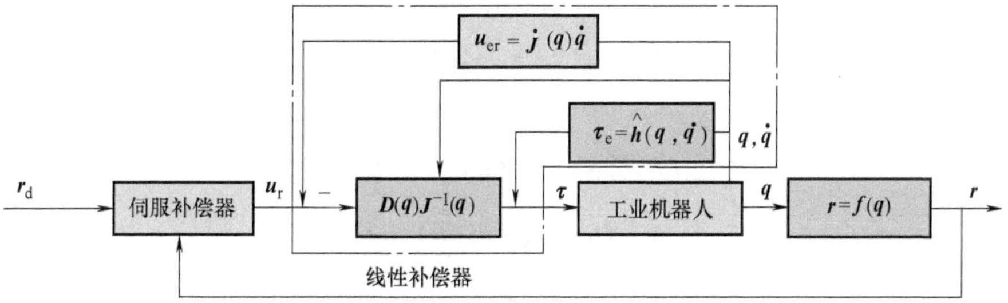

图 6-16 输出的线性化和伺服补偿的两级控制

6.4 工业机器人力控制

力控制是把机器人与外部环境之间的期望力作为控制器的输入，控制机器人的运动和状态，使其与环境之间产生的实际作用力跟踪期望力的控制技术。机器人的力控制也是让机器人能够对接触环境具有顺从的能力，即柔顺性。机器人的力控制有时也称为柔顺控制。

实现机器人力控制的方法可分为三类：一是通过某种数学关系将期望力转化为机器人的期望位置、速度等信息，再将这些信息输入机器人的位置控制器，从而间接地对力施行控制；二是利用力传感器实际感知机器人与环境之间的作用力，利用反馈控制器直接控制这个

作用力；三是把力反馈控制器的输出通过一个数学模型转化为机器人的期望位置、速度等，再利用位置控制器对机器人施行控制，这类方法可以看作是一、二类方法的结合。

在间接力控制中，当把力反馈信号转换为位置调整量时，这种力控制称为刚度控制；当把力反馈信号转换为速度修正量时，这种力控制称为阻尼控制；当把力反馈信号同时转换为位置和速度的修正量时，即为阻抗控制。质量-弹簧-阻尼系统的机械阻抗为激振力与输出响应之比，机械阻抗根据所选取的运动量可分为位移阻抗、速度阻抗和加速度阻抗，严格来说，刚度控制、阻尼控制也属于阻抗控制。

力控制是机器人研究领域中的一项重要且活跃的研究内容。基于非线性系统理论、稳定性理论、解耦理论等，学术界已经建立起关于机器人力控制的比较完善的理论体系。目前，已经提出了非连续控制、阻抗控制等力控制策略。但这些控制策略的实际应用还在不断的探索之中，主要问题是尚未找到解决控制系统稳定性与力响应速度这一矛盾的有效途径。尤其当机器人操作机及其接触环境都是刚性时，这个矛盾表现得更加突出。

具备力控制能力被认为是机器人所必备的基本智能之一，工业上，特种加工、柔性装配、特别是协作机器人等新一代机器人对具备力控制能力提出了迫切要求。具备这一控制能力的机器人不仅可以完成精密装配、对易损工件的装配以及诸如磨光、插孔、拧螺丝、开/闭阀门等需要对力进行调节的工作，还可以弥补机器人位置控制精度的不足，实现对其作业对象的自动搜索，具备人机协同操作等新型的工艺能力。

6.4.1 阻抗控制

所谓阻抗控制，就是通过控制产生手爪位移的难易程度（机械阻抗），以期达到机器人与环境的相互作用力。在阻抗控制中，一般采用关节驱动力作为控制的操作量。为实现阻抗特性，必须使之产生加速度，而该加速度又是以动力学方程为基础，通过直接设定关节驱动力来产生的。

下面来推导对一般机器人的阻抗控制规律。首先，作为准备工作先求解下面的公式，再把 $\boldsymbol{M}(\boldsymbol{\theta})$，$\boldsymbol{h}(\boldsymbol{\theta},\ \dot{\boldsymbol{\theta}})$ 记作 $\boldsymbol{M}$，$\boldsymbol{h}$。

手爪位置：
$$\boldsymbol{r}=\boldsymbol{f}(\boldsymbol{\theta}) \tag{6-46}$$

手爪速度：
$$\dot{\boldsymbol{r}}=\boldsymbol{J}\dot{\boldsymbol{\theta}},\quad \boldsymbol{J}=\partial\boldsymbol{f}(\boldsymbol{\theta})/\partial\boldsymbol{\theta}^{\mathrm{T}} \tag{6-47}$$

手爪加速度：
$$\ddot{\boldsymbol{r}}=\boldsymbol{J}\ddot{\boldsymbol{\theta}}+\dot{\boldsymbol{J}}\dot{\boldsymbol{\theta}} \tag{6-48}$$

静力学关系式：
$$\boldsymbol{\tau}=\boldsymbol{J}^{\mathrm{T}}\boldsymbol{F} \tag{6-49}$$

控制对象：
$$\boldsymbol{M}\ddot{\boldsymbol{\theta}}+\boldsymbol{h}=\boldsymbol{\tau}+\boldsymbol{J}^{\mathrm{T}}\boldsymbol{F} \tag{6-50}$$

期望的动作：
$$\boldsymbol{M}_{\mathrm{d}}\ddot{\boldsymbol{r}}+\boldsymbol{\Gamma}_{\mathrm{d}}\dot{\boldsymbol{r}}+\boldsymbol{K}_{\mathrm{d}}(\boldsymbol{r}-\boldsymbol{r}_{\mathrm{d}})=\boldsymbol{F} \tag{6-51}$$

式（6-51）就是我们所期望的机器人末端在作业坐标系的阻抗特性，式中 $\boldsymbol{F}$ 为机器人与外部环境的作用力；$\boldsymbol{r}$ 为机器人末端的位移；$\boldsymbol{r}_{\mathrm{d}}$ 为其目标值；$\boldsymbol{M}_{\mathrm{d}}$，$\boldsymbol{\Gamma}_{\mathrm{d}}$，$\boldsymbol{K}_{\mathrm{d}}$ 分别为用于实现期望阻抗的惯性矩阵、黏性系数矩阵和弹簧的弹性系数矩阵。要实现式（6-51）的阻抗特性，必须使机器人满足下述加速度：

$$\ddot{\boldsymbol{r}}=\boldsymbol{M}_{\mathrm{d}}^{-1}[\boldsymbol{F}-\boldsymbol{\Gamma}_{\mathrm{d}}\dot{\boldsymbol{r}}-\boldsymbol{K}_{\mathrm{d}}(\boldsymbol{r}-\boldsymbol{r}_{\mathrm{d}})] \tag{6-52}$$

式中，$\boldsymbol{r}$，$\dot{\boldsymbol{r}}$，$\boldsymbol{F}$ 为待检测的量。为了实现式（6-52）的加速度，就必须提供相应的关节驱动

力。在式（6-50）中，不计算离心力和重力，从而得到简化后的控制对象

$$\boldsymbol{\tau}=\boldsymbol{M}_{\mathrm{j}}\ddot{\boldsymbol{\theta}}-\boldsymbol{J}^{\mathrm{T}}\boldsymbol{F} \tag{6-53}$$

式中，$\boldsymbol{\tau}$ 是关节驱动力矢量，$\boldsymbol{M}_{\mathrm{j}}$ 是关节坐标系的惯性矩阵，$\ddot{\boldsymbol{\theta}}$ 是关节位移量。在式（6-48）中忽略速度二次项，即 $\ddot{\boldsymbol{\theta}}=\boldsymbol{J}^{-1}\ddot{\boldsymbol{r}}$，代入式（6-53），可得

$$\boldsymbol{\tau}=\boldsymbol{M}_{\mathrm{j}}\boldsymbol{J}^{-1}\ddot{\boldsymbol{r}}-\boldsymbol{J}^{\mathrm{T}}\boldsymbol{F} \tag{6-54}$$

在此，可求出用于产生式（6-53）的加速度的关节驱动力为

$$\boldsymbol{\tau}=\boldsymbol{M}_{\mathrm{j}}\boldsymbol{J}^{-1}\boldsymbol{M}_{\mathrm{d}}^{-1}[\boldsymbol{F}-\boldsymbol{\Gamma}_{\mathrm{d}}\dot{\boldsymbol{r}}-\boldsymbol{K}_{\mathrm{d}}(\boldsymbol{r}-\boldsymbol{r}_{\mathrm{d}})]-\boldsymbol{J}^{\mathrm{T}}\boldsymbol{F} \tag{6-55}$$

若用传感器测得 $\boldsymbol{F}$ 的值为 $\boldsymbol{F}_{\mathrm{s}}$，则有

$$\boldsymbol{\tau}=\boldsymbol{M}_{\mathrm{j}}\boldsymbol{J}^{-1}\boldsymbol{M}_{\mathrm{d}}^{-1}[\boldsymbol{F}_{\mathrm{s}}-\boldsymbol{\Gamma}_{\mathrm{d}}\dot{\boldsymbol{r}}-\boldsymbol{K}_{\mathrm{d}}(\boldsymbol{r}-\boldsymbol{r}_{\mathrm{d}})]-\boldsymbol{J}^{\mathrm{T}}\boldsymbol{F}_{\mathrm{s}} \tag{6-56}$$

根据式（6-56）可得到图 6-17 所示的阻抗控制系统。其中的 $\boldsymbol{K}_{\mathrm{d}}$，$\boldsymbol{M}_{\mathrm{d}}$，$\boldsymbol{\Gamma}_{\mathrm{d}}$ 是应实现的阻抗特性（分别是弹簧常数、惯性、阻尼常数）的给定值，$\boldsymbol{r}_{\mathrm{d}}$ 是弹簧平衡点的给定值。

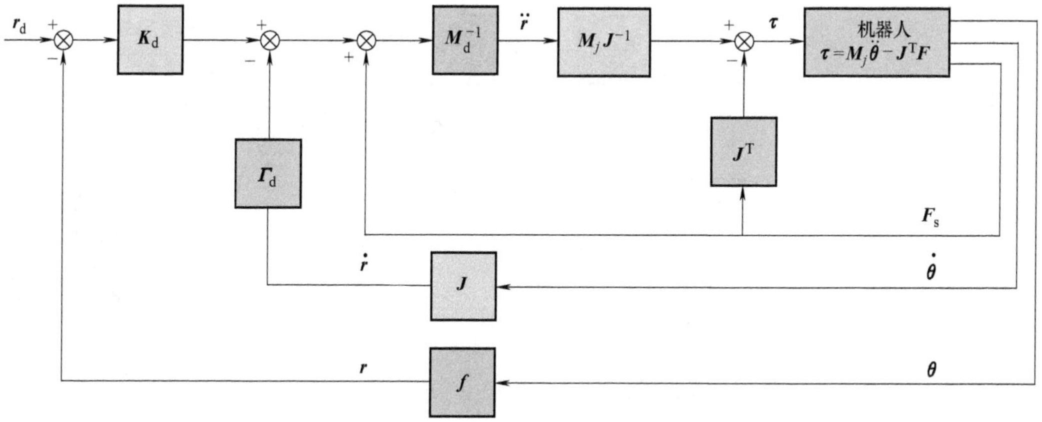

图 6-17　阻抗控制系统的实现举例

6.4.2　混合控制

混合控制是指手爪的某个方向因环境关系受到约束时，同时进行不受约束方向的位置控制和受约束方向的力控制的控制方法。例如，这种控制方法可用在由机器人用黑板擦擦掉黑板文字的作业当中。这时，垂直黑板面的方向为约束方向。

下面研究图 6-18 所示的手爪受约束的 2 自由度机械手的混合控制方法。在混合控制方法中，利用了位置控制方向的单位矢量 $\boldsymbol{e}_{\mathrm{p}}$ 和力控制方向的单位矢量 $\boldsymbol{e}_{\mathrm{F}}$，并根据

手爪偏差提取：$$\Delta\boldsymbol{r}=[\boldsymbol{e}_{\mathrm{p}}^{\mathrm{T}}(\boldsymbol{r}_{\mathrm{d}}-\boldsymbol{r})]\boldsymbol{e}_{\mathrm{p}},\boldsymbol{r}=\boldsymbol{f}(\boldsymbol{\theta}) \tag{6-57}$$

力偏差提取：$$\Delta\boldsymbol{F}=[\boldsymbol{e}_{\mathrm{F}}^{\mathrm{T}}(\boldsymbol{F}_{\mathrm{d}}-\boldsymbol{F})]\boldsymbol{e}_{\mathrm{F}} \tag{6-58}$$

去求解手爪位置偏差 $\Delta\boldsymbol{r}$ 和手爪力偏差 $\Delta\boldsymbol{F}$。需要注意的是 $\boldsymbol{r}_{\mathrm{d}}$，$\boldsymbol{F}_{\mathrm{d}}$ 分别是手爪位置和手爪力的目标值，$\boldsymbol{e}_{\mathrm{p}}$ 和 $\boldsymbol{e}_{\mathrm{F}}$ 垂直相交。

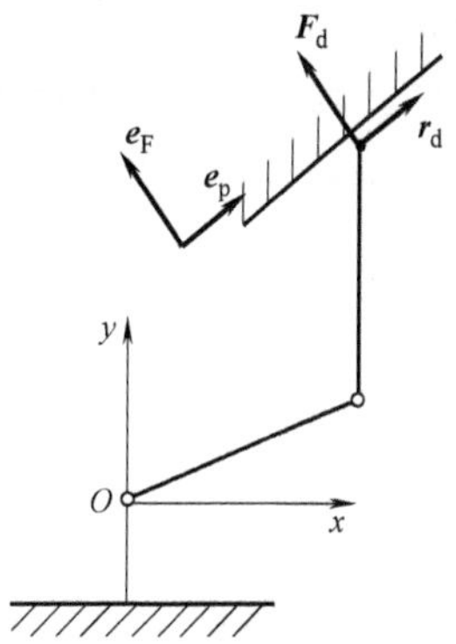

图 6-18　手爪受约束的 2 自由度机械手

为了使手爪位置偏差 $\Delta\boldsymbol{r}$ 和手爪力偏差 $\Delta\boldsymbol{F}$ 分别收敛于 0，可

采用下面的控制规律：

位置控制规律：
$$\boldsymbol{\tau}_{\mathrm{p}}=\boldsymbol{K}_{\mathrm{PP}}\Delta\boldsymbol{\theta}+\boldsymbol{K}_{\mathrm{PD}}\dot{\boldsymbol{\theta}} \tag{6-59}$$

力控制规律：
$$\boldsymbol{\tau}_{\mathrm{F}}=\boldsymbol{K}_{\mathrm{FI}}\int\Delta\boldsymbol{\tau}\mathrm{d}t \tag{6-60}$$

式中，$\Delta\boldsymbol{\theta}=\boldsymbol{J}^{-1}\Delta\boldsymbol{r}$，$\dot{\boldsymbol{\theta}}=\boldsymbol{J}^{-1}\dot{\boldsymbol{r}}$，$\Delta\boldsymbol{\tau}=\boldsymbol{J}^{\mathrm{T}}\Delta\boldsymbol{F}$。应该注意的是 $\Delta\boldsymbol{\theta}$ 和 $\dot{\boldsymbol{\theta}}$ 由运动学算出，$\Delta\boldsymbol{\tau}$ 用静力学关系式算出。

最终的混合控制规律是把式（6-59）中的 $\boldsymbol{\tau}_{\mathrm{p}}$ 和式（6-60）中的 $\boldsymbol{\tau}_{\mathrm{F}}$ 加在一起得到的驱动力 $\boldsymbol{\tau}$ 施加到关节上：

$$\boldsymbol{\tau}=\boldsymbol{\tau}_{\mathrm{p}}+\boldsymbol{\tau}_{\mathrm{F}} \tag{6-61}$$

这个混合控制规律如图 6-19 所示。依据这个控制规律，有可能一边在约束方向用目标手爪力 $\boldsymbol{F}_{\mathrm{d}}$ 推压，一边把无约束方向的手爪位置收敛到目标手爪位置 $\boldsymbol{r}_{\mathrm{d}}$。

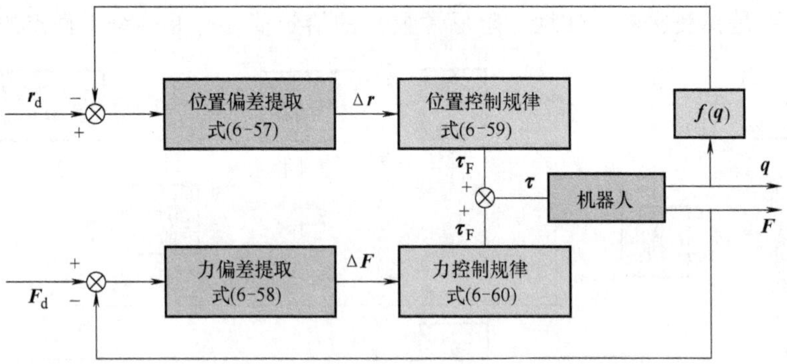

图 6-19　混合控制

程序下载

6.4.3　基于串联弹性驱动器（SEA）的力控制

SEA 有低阻抗、低摩擦特性，能实现高品质的力控制，非常适合作为人机协作型机器人及在非结构化环境中工作的机器人的驱动。图 6-20 是常用的 SEA 的控制图。直接测量弹簧上受力的大小是困难的，而测量弹簧的变形量则相对简单。这种控制方法把弹簧受力的测量转变为弹簧位移的测量，用高精度的直线位移传感器测量弹簧的变形量，进而转化为弹簧所受的负载力，并对力的大小进行控制。弹簧放置在有传动装置的电动机和负载之间，通过控制系统伺服电动机以减小期望力（F_{d}）和测量得到的力（根据胡克定律，$F_{\mathrm{a}}=K_{\mathrm{s}}\times\Delta x$）之间的差值。

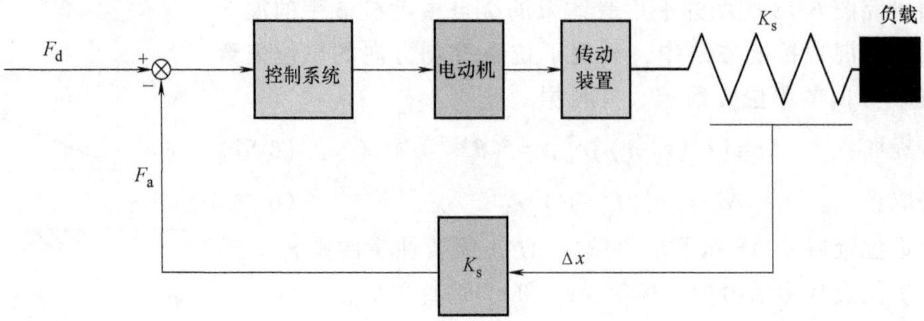

图 6-20　基于 SEA 的力控制原理

设机器人关节的刚度为 K_{CP}，使用一个力矩控制器调节力矩和角度之间的关系。力矩控制器主要包括两部分，一个力矩控制回路和一个前馈摩擦补偿项。力矩控制回路通过串联弹簧变形量计算得到的反馈力，与期望力矩比较产生力矩偏差信号，用来控制 SEA 最终输出的关节力矩。如图 6-21 所示。

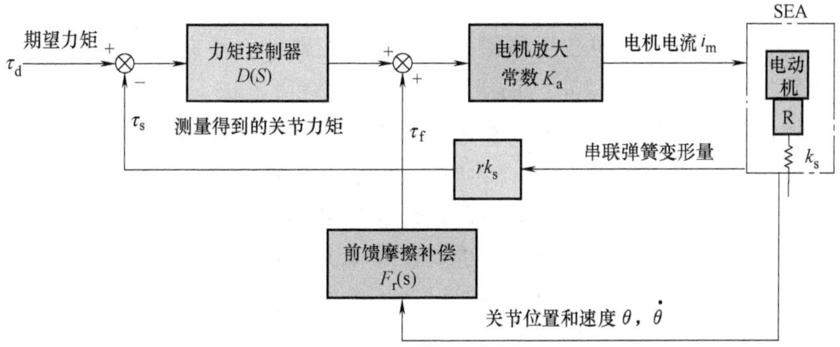

图 6-21　基于 SEA 的关节力矩控制

6.5　工业机器人现代控制方法

工业机器人是一类高度非线性、强耦合性、时变性的动力学系统，很难建立其准确的动力学模型。目前大多数商业化工业机器人的控制策略基本上是独立关节 PID 伺服控制，在这种控制方法中，反馈增益是预先设计好的常量，它不能在有效载荷变化的情况下改变反馈增益，机器人高速运动时，其动力学效应十分显著，在速度和有效载荷变换情况下使用 PID 控制的性能难于满足高精度的要求。

为了满足对高精度运动控制的要求，提出了许多新的控制方法，如计算力矩法、自适应控制、变结构控制、迭代学习控制等。然而，一般情况下，复杂的工业对象（如工业机器人）不仅具有高度非线性特性，而且工作在不确定外部扰动环境中。因此，如何对具有不确定性的机器人系统进行有效的跟踪控制一直是当前机器人控制研究的热点。研究过程中取得了很多成果，下面做简单介绍。

1. 基于反馈线性化的鲁棒控制

早期的机器人控制，流行的方法是将机器人动力学的非线性在目标轨迹附近线性化（比如运用 Taylor 级数展开），或称为“局部”线性化方法。但由于机器人动力学的强时变、非线性特性，以及各关节的强耦合，局部线性化方法无法保证系统全局收敛。由此导致了对非线性机器人系统的“全局”线性化方法——反馈线性化方法。它主要是通过反馈线性化理论（如计算力矩方法）将机器人的非线性完全补偿，得到一个全员线性化和解耦的闭环方程，然后可以利用成熟的线性控制理论，如极点配量、小增益定理等补偿不确定性因素影响，使系统达到一定的鲁棒性能要求。有研究人员运用小增益定理设计了一类线性补偿，以保证系统的线性化 L_∞ 增益稳定以及 L_2 增益稳定，在此基础上，对系统非线性摄动部分做了一些合理的假设，通过少数几个常数参量以及对跟踪误差的范数等来描述系统的不确定。但要保证系统具有稳定的 L_2 增益，必须给出更多的前提条件，如忽略哥氏力、离心力以及摩擦力发生摄动的影响。

基于反馈线性化的鲁棒控制的主要优点是可以利用成熟的线性控制理论，当了解系统线性性能特征（如超调量、阻尼比等）的时候，该方法是比较有效的。在不完全了解机器人动力学的情况下，难免导致补偿不彻底、解耦不完全。通常采用高增益的方法来保证系统的鲁棒性，但高增益可能会带来过大的控制作用，而导致执行器饱和。

2. 变结构控制方法

变结构控制方法的主要思想在于利用高速的开关控制律，驱动非线性系统的状态轨迹渐近地到达一个预先设计的状态空间曲面上，该表面称为滑动成开关表面，并且在以后的时间，状态轨迹将保持在该滑动表面上，系统处于滑动模状态。在滑动模状态时，理论上系统状态可以指数滑动（收敛）到零，并且此时系统的动力学完全由滑动系统的矢量场决定，而与被控对象无关，因此对系统的模型不确定性和外部扰动是鲁棒和不敏感的。第一个用于机器人控制的变结构控制器通过迫使系统进入滑动模态，消除了关节间的非线性耦合，它有效地处理了机器人的定点调节问题。随后对机器人变结构控制的研究成为热点。

由于变结构控制本身的不连续性，容易引起抖振现象。它轻则会引起执行部件的机械磨损，重则会激励未建模的高频动态响应，特别是考虑到连杆柔性的时候，而使得控制失效。国内外学者已经提出了一些解决办法，其中常用的是在滑动流形附近引入一边界层，采用饱和函数代替开关函数，这种方法可以有效地抑制抖振，利用变结构的思想强迫状态轨迹趋于边界层，而在时变的边界层内，保持控制的平滑。这实际上达到了控制带宽和控制精度的最优折中，这样就消除了控制的抖振，增加了系统对未建模动力学的不敏感性，但是由于边界层内采用连续控制，因此鲁棒性变差，跟踪精度变低。

3. H_∞ 控制

H_∞ 控制理论经过近 20 年的发展，不仅在线性控制系统领域得到了充分的研究，对非线性时变系统的研究成果也不断涌现，成为分析和设计不确定性系统的强有力的工具。

H_∞ 控制最初是一种基于传递函数的设计方法，后来利用传递函数的 H_∞ 范数同时是 L_2 空间的导出范数这一性质，将这一理论推广到非线性系统，但实现时变非线性系统的 H_∞ 控制是比较困难的，难点主要在求解非线性偏微分方程，且其解的全局性很难保证，所以往往针对某一类非线性或结合系统某些优良特性，如机器人系统的斜对称特性等将问题简化后求解。具有代表性的不确定性机器人非线性 H_∞ 控制，给出了一种包含干扰衰减度的跟踪控制性能指标，通过结合非线性 H_∞ 优化理论与 H_∞ 优化控制成果，使 H_∞ 干扰衰减问题转化为一个非线性极大极小代价控制问题。采用微分对策以及结合机器人本身的斜对称特性，非线性极大极小问题最终归为求解一类似 Riccati 方程的代数矩阵方程得到控制器。

我们注意到加权矩阵的选择将影响干扰衰减度 r，进而影响控制器的设计，比如 $r\to 0$ 将会引起高增益控制或者使系统不稳定，故如何选取加权矩阵实现控制能量与控制性能的最佳匹配将是其要面临的问题之一。有关人员对非线性 H_∞ 控制理论在机器人轨迹跟踪控制中的应用做了一些新的探索，运用 H_∞ 设计框架，以闭环系统的 L_2 范数作为性能指标，通过机器人 Hamiltonian 运动方程设计出最优控制器。

4. 鲁棒自适应控制方法

鲁棒自适应控制方法结合了自适应与鲁棒控制方法两者的优点。有人提出三种变结构自适应控制（VSA）算法，它们在抗干扰能力以及克服抖振现象等方面都要比单独的自适应控制方法和变结构控制方法强。鲁棒自适应方法一般以自适应控制补偿参数不确定性、以鲁棒控制补偿非参数不确定性。它主要包括两部分：

1）自适应控制律的鲁棒性增强方法，比如自适应律的 σ 参数修改，是考虑到自适应律会因为外部扰动或未建模动态的影响，产生参数漂移或积分缠绕，最终导致控制发散，而采取鲁棒增强措施，其结果是牺牲了系统的渐近稳定性，却在干扰存在条件下，保证了系统的实际稳定性，即跟踪误差和所有闭环信号均保持一致有界。

2）不确定性上界参数的辨识方法是利用了机器人集中不确定使上界的包络函数确定的结构，提出的一种鲁棒自适应控制方法。它不需要对机器人的每一个物理参数进行辨识，而只需要对该包络函数的标量参数进行估计。通常上界包络函数的标量参数只有几个，并且不会因为机器人的自由度数变化而变化，这与通常的机器人自适应控制律中所需要辨识的物理参数个数相比，显然要少得多。对于多自由度的机器人而言，这种方法显然要简单很多，并且大大地节省了计算量，其结果是可以保证系统在外界扰动或未建模动态存在的情况下，全局渐近收敛。

事实上，目前多数的鲁棒自适应控制方法往往结合了这两部分的特点，但鲁棒自适应控制对控制器实时性能的要求比较严格，它更适用于那些具有反复性的、持续时间较长的操作任务。

5. 其他的鲁棒控制方法

1）基于无源性理论的鲁棒控制方法是在机器人参数存在不确定性时保持闭环系统的无源性，比如有关研究人员提出的反馈系统输入输出理论，结合机器人本身的斜对称特性，可定义一个复合状态变量和输出力矩的无源映射，则该复合变量是渐近收敛的。并证明某些基于反馈线性化的控制器不具有无源性，其不确定性将可能导致系统不稳定，它的解决办法是用基于无源网络的计算力矩方法设计 PD 控制器，即使惯性矩阵存在不确定性，闭环系统依旧可以保持其稳定性，其主要缺点是需要计算惯性矩阵的奇异值，计算量较大。

2）鲁棒饱和控制方法主要提出了一种非线性连续开关型补偿控制策略，利用 Lyapunov 稳定性理论，补偿机器人的不确定性影响。机器人的饱和控制方法的鲁棒性，体现在只需要了解其不确定界，而不是精确的参数值，但饱和控制一般是不能保证全局渐近或指数稳定的，它只能达到一个系统状态的球域，但设计的控制器在饱和控制方法中仍具有一定代表性，其设计建立在线性高增益理论的基础上，实现对跟踪误差的最终有界控制。

3）智能控制方法在不确定性机器人控制上也日益得到广泛的应用，模糊算法及神经网络本身具有的学习非线性映射能力，为解决机器人控制问题提供了新的手段。有关研究人员曾提出一种运用模糊推理的鲁棒自适应控制方法，运用模糊推理方法配合自适应方法来辨识不确定性的上界，并提出一种结合神经网络与变结构控制的新型控制方法，它通过神经网络改变控制增益和滑动面，减少趋近模态的时间，增加滑动模态时间，同时在达到滑动模态的时候，改变控制增益避免或尽量减少抖动现象，具有一定应用价值。

科学家精神

“两弹一星”功勋科学家：
钱学森

第7章 Chapter 工业机器人控制系统设计

为了能够顺利地完成控制系统的设计，必须具备与控制系统相关的各方面知识和一定的设计经验。本章首先讨论在设计一套控制系统的产生过程中的任务，同时介绍目前常用的设计方法。在设计控制系统时，必须掌握控制对象的数学模型，这个过程叫作建模。这里介绍两种主要的建模方法。在此基础上学习控制系统的设计。本章将以关节工业机器人为例，分析其从模型建立到控制器设计的过程。

7.1 控制系统设计的预备知识

7.1.1 设计步骤

本章以关节型机械手为例来说明工业机器人控制系统的设计步骤。这种机械手的总体结构和系统设计在前面章节已经学过，所以假设机械手的机械部分已经构成，执行装置和传感器也都已经配齐。下面是综合上述内容，进行机械手的控制系统设计阶段。

对于这样的设计，一般都是按图 7-1 所示的步骤进行。现在以单关节机械手为例加以说明。

在设计之前，要做的工作有：

1）进一步明确这一系统的任务，比如，对于一台机械手要完成的任务是什么。是只在装配线上将某一特定的操作对象从一个位置搬运到另一个位置，还是要在机械手的末端安装上砂轮，将砂轮压在操作对象上，并使之沿着特定部位移动进行加工等。

2）确定完成上述任务的具体参数。比如，对于上述的例子，机械手要抓起的最大重量是多少？要搬送的距离有多远？要在几秒内完成？要求多高的位置精度？手的移动轨迹是途中没有任何障碍物的自由轨迹，还是途中必须躲避一定障碍物的特定轨迹等。在这一步要考虑这些条件，给出控制系统的具体设计参数。

3）按照上一步给出的具体参数来确定控制方式。比如，在搬运机械手的例子中，要具体确定关节上安装什么类型、什么规格的执行装置，以及要使机械手实现规定的运动轨迹，各关节需要安装什么样的角度传感器等。在砂轮加工机械手的例子中，既要实现对接触位置的控制，还要实现对接触力的控制，因此机械手上需要安装力传感器，同时要确定力传感器的性能指标。

4）确定控制系统的数学模型。当控制系统可以用比较简单的力学方程和与执行装置相关的电路方程表达时，可以推导出状态方程式。对于关节型机械手，这种力学方程式一般都是非线性的。当采用反馈控制对这种非线性系统进行线性化处理时，可以利用线性状态方程设计控制算法。在安装执行装置时，原来结构的力学系统会受到执行装置的影响，很难准确预测整个系统的力学特性。这时必须采用系统标定的方法来确定系统的特性。这种系统特性可以采用由大量输入输出实验得到的传递函数来表达。

5）在建立控制系统的数学模型之后，要进行控制算法设计。控制系统可以按系统内的信号流分为前馈控制和反馈控制。机械手的位置控制有的采用前馈控制，这种算法比较简单。但有的机械手力的控制要采用反馈控制。一般，在控制精度要求较高的控制系统中，必须采用反馈控制。其中，最常见的一种是输出反馈控制的 PID 调节控制。现在已经提出了状态控制等许多种控制算法。在控制算法设计过程中，既要选定控制方式还要进行增益设置和自检功能等控制算法的设计。

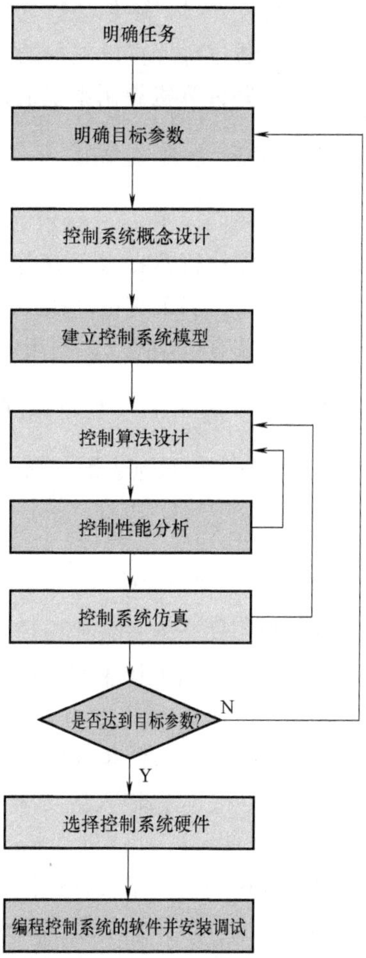

图 7-1 控制系统设计的步骤

6）对所设计的闭环控制系统的性能进行分析。控制系统的稳定性是其重要特性之一。在负反馈控制系统的电路中，为了实现精确的位置和轨迹控制而增大增益时，可能导致系统的不稳定性。这时可以通过计算闭环电路的特征根来确认系统的稳定性，也可以利用控制系统的复平面增益特性和波特图来分析控制系统的频域特性，从而确认系统的稳定性。经过这样的分析讨论后，有时还需要返回到第 5）步对控制算法进行修正。

7）要了解控制系统的脉冲响应和阶跃响应等时域特性，通过这些特性可以知道过调量和调整时间。以从与第 6）步不同的侧面来分析控制系统的控制性能。至此，就可以检验是否达到了第 2）步确定的设计参数要求。若经检验认为没有达到设计参数要求，就要返回到第 5）步对控制算法进行修正。

8）如果控制系统达到了设计目标就可以进行下一步。若是没有达到，返回到第 2）步重新进行上述步骤。

9）确定包括传感器和执行装置在内的控制系统的所有硬件。对于机器人来说，控制系统的核心是计算机，硬件的选定也一定包括计算机的选定。近年来，用计算机作为控制器的越来越多，通过对计算机硬件的选择，就可以知道控制算法的计算时间和循环时间。

10）编制计算机控制系统的运行程序及各种软件的安装调试。

7.1.2 现代控制系统简介

现在，我们以图 7-2a 所示的双关节机械手为例进行分析。在这种控制系统中，必须同时实现对末端执行器在水平方向上位置 x_c 的控制和在垂直方向上与工件表面接触力 f_a 的控制。在关节 1 上安装有电动机 1，利用装在电动机上的编码器来检测关节转角 θ_1。同样，在关节 2 上安装有电动机 2，利用装在电动机上的编码器来检测关节转角 θ_2。对于这个双关节机械手，已知 θ_1 和 θ_2，就可以利用运动学知识求得末端执行器的位置 $\tilde{x}_e(t)$。

$\tilde{x}_e(t)$ 与目标轨迹上的位置 $x_t(t)$ 进行比较，生成控制电压 u_{1p} 和 u_{2p} 输入到功率放大器 1 和功率放大器 2，使位置误差 $e_p(t)=x_t(t)-\tilde{x}_e(t)$ 趋于 0。由于关节机构的不完备（比如间隙等），可能导致不可忽视的推断误差。这时可以利用摄像机对末端执行器的位置 x_e 进行检测，利用这个信号来代替信号 $\tilde{x}_e(t)$。

另一方面，用力传感器来检测末端执行器对工件的垂直作用力 f_n，并将信号输入到控制器上。在控制器内对 f_n 和力的参考信号 f_t 进行比较，根据误差 $e_f(t)=f_t(t)-f_n(t)$ 计算电动机 1 和电动机 2 应该产生的转矩 τ_1 和 τ_2。将 τ_1 和 τ_2 分别转换为电动机 1 和电动机 2 的控制输入信号 u_{1f} 和 u_{2f}，输入给功率放大器 1 和功率放大器 2。过电动机 1 和电动机 2 的电流 i_1 和 i_2 分别为 $u_1=u_{1p}+u_{1f}$ 和 $u_2=u_{2p}+u_{2f}$ 输入到功率放大器 1 和功率放大器 2 而产生的电流。

这种控制系统的信号流程图如图 7-2b 所示。从图中可以看出，为了实现目标位置 $x_t(t)$ 和目标信号 $f_n(t)$ 分别采用了两个反馈电路。将这两个反馈电路所产生的控制输入量 u_{1p} 和 u_{1f} 进行叠加得到 $u_1(t)$。同样，将 u_{2p} 和 u_{2f} 进行叠加得到 $u_2(t)$。

以上述例子为基础，对其控制系统进行分类，并分别进行以下说明。

1. 线性控制与非线性控制

在上述例子中，两关节机械手的表达方程式含有非线性参数。一般的机电一体化系统的控制状态都是由非线性方程式表示的。但是，在原有自动控制理论的表达方程式和控制算法中，都是假设输入量、输出量和状态变量等各种变量之间具有线性关系。为了在非线性系统中能够利用这些自动控制理论，在多数情况下，都是通过将非线性方程式或非线性函数在特定的状态点附近作近似的线性展开来进行线性化处理。由这种线性方程式或线性函数构成的系统称为线性控制系统。对于近似的线性控制系统，离特定的状态点越远，控制算法反映物理规律的近似程度就越低，有效性也就越差。

因此，有时可以采用严密的线性化方程组，而在控制算法上，采用包含非线性关系的算法。这种控制系统因为含有非线性关系，所以称为非线性控制系统。对于线性化的方程组可以利用线性控制理论。所谓的非线性控制系统，也包括只有开关切换的控制系统、最大正（或负）输出控制系统及平滑模型控制系统等。

2. 前馈控制和反馈控制

在图 7-2a 中，如果用功率放大器 1 和功率放大器 2 的输入信号 u_1 和 u_2 直接控制关节转

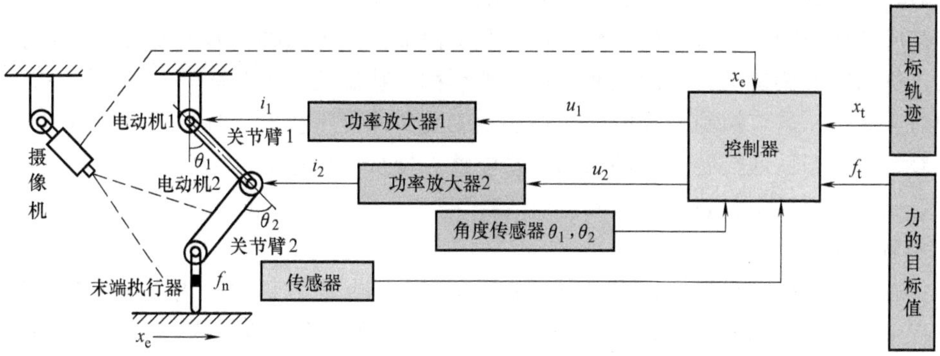

a) 双关节机械手的位置/力混合控制系统

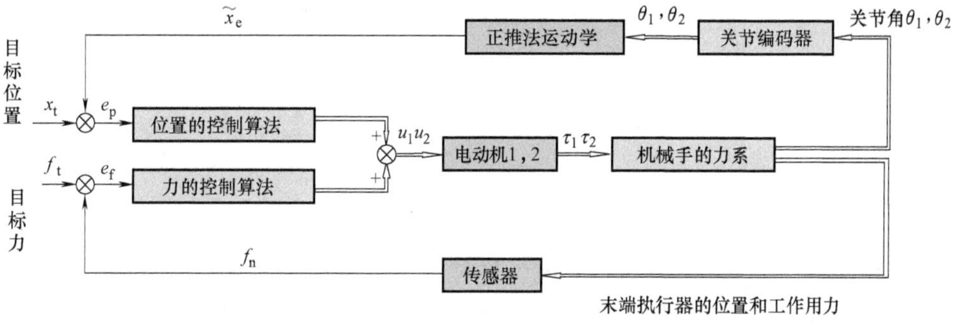

b) 双关节位置/力混合控制系统框图

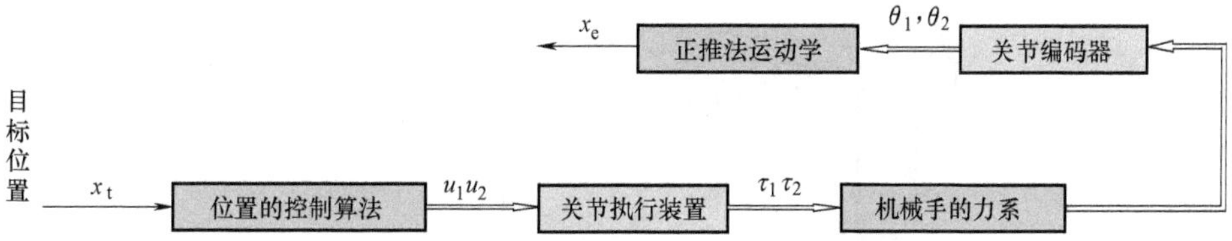

c) 双关节位置反馈控制系统

图 7-2　双关节机械手控制系统

角 θ_1 和 θ_2 就能够实现预期的控制目标，那么只要有图 7-2c 所示的从 x_t 到 x_e 一个方向的信号流就足够了。这种系统叫作前馈控制系统。实际上，由于有各种噪声和外界干扰的存在，可能出现预想不到的现象，所以在前馈控制中，不可能实现高精度的目标控制。在这种情况下，可采取如图 7-2b 所示的根据位置误差信号 e_p 对误差进行补偿的控制算法。这时，系统成为闭环控制系统。这种系统叫作反馈控制系统，在一般的自动控制系统中最常采用这种控制。

3. 输出反馈控制

控制系统必须安装检测控制对象状态的传感器，这种传感器信号叫作输出信号。这种利用输出信号直接建立控制输入信号的方法叫输出反馈控制，其是一种最典型的反馈控制。

4. 状态反馈控制

对于控制系统，传感器的输出信号就是反映系统外部状态的信号。此外，系统中还有表示系统动态变化的状态变量。状态变量所反映的状态称为内部状态。可以用状态变量的线性组合来构成输出信号，并将这种信号作用于系统内部。因为这种信号可以直接影响系统的动态变化，所以能够实现更精确的控制。这种控制称为状态反馈控制。

如前文所述，调节控制系统的作用是在系统受到外界干扰时，使状态的变化趋于 0，这是一种典型的状态反馈控制。内部状态变量能够直接从外部检测的情况很少，所以，要把握内部状态变量必须采用状态变量观测器。

5. 鲁棒控制

在状态控制系统的设计中，需要对控制对象以动态状态方程的形式建立数学模型。这种状态方程中包含一些与实际物理现象不相符的成分。这种现象叫做模型的不确定性。近年来，能够克服模型不确定性，保证系统的稳定，并且在一定的范围内保证系统的控制性能的控制系统理论体系已经完善。这种控制系统对模型的不确定性具有很强的矫正能力，所以称为鲁棒控制系统。

7.2 数学模型的建立

7.2.1 状态方程的推导

要设计控制系统必须掌握系统的动态特性模型。图 7-3a 所示的是最简单的机械手的模型——单关节机械手的控制系统。关节直接与直流电动机连接，关节的转角用一个旋转编码器来检测。试推导表达从控制电动机的输入电压 u 到关节转角 θ 的动态状态方程式。

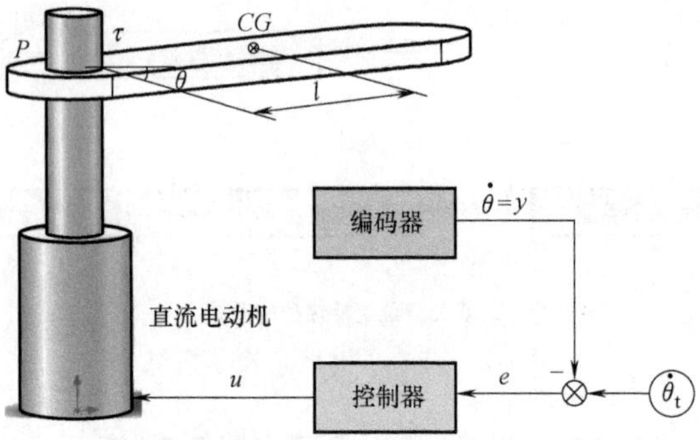

a) 单关节机械手控制系统

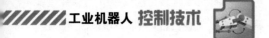

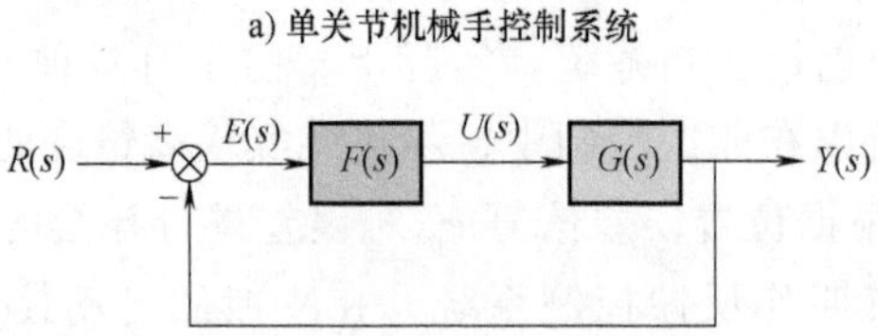

b) 闭环控制系统

图 7-3 单关节机械手控制系统

假设臂杆绕旋转中心 P 的惯性矩为 I_p（$I_p=I_z+ml^2$）I_z 为在旋转轴方向上绕重心的惯性矩，l 为从 P 点到重心的距离)，直流电动机的驱动转矩为 τ，则关节的旋转运动方程可以表示为

$$I_{\mathrm{p}}\ddot{\theta}=\tau-d_{\mathrm{m}}\dot{\theta} \tag{7-1}$$

式中，d_{m} 为关节旋转轴的轴承上的黏性摩擦系数。

驱动 τ 转矩用直流电动机的驱动电流 i 表示为

$$\tau=k_{\mathrm{t}}i \tag{7-2}$$

另外，根据直流电动机控制电路可知，驱动电流 i 与控制输入电压 u 具有如下关系：

$$L\dot{i}+Ri+d_{\mathrm{e}}\dot{\theta}=u \tag{7-3}$$

式中，L 为直流电动机绕组的电感；R 为直流电动机绕组的电阻，d_{e} 为反电动势常数。若在上述三个方程式中消去驱动转矩，以 u 为输入变量，则关于 θ、$\dot{\boldsymbol{\theta}}$、$i$ 的状态方程式可以表示为

$$\dot{\boldsymbol{x}}=\boldsymbol{A}\boldsymbol{x}+\boldsymbol{b}u \quad \boldsymbol{x}=\begin{pmatrix}\theta\\ \dot{\theta}\\ i\end{pmatrix} \tag{7-4}$$

$$\boldsymbol{A}=\begin{pmatrix}0 & 1 & 0\\ 0 & -d_{\mathrm{m}}/I_{\mathrm{p}} & k_{\mathrm{t}}/I_{\mathrm{p}}\\ 0 & -d_{\mathrm{e}}/L & -R/L\end{pmatrix} \quad \boldsymbol{b}=\begin{pmatrix}0\\ 0\\ 1/L\end{pmatrix}$$

此外，如果利用旋转编码器检测到的角速度信号为 $\dot{\theta}$，则表示输出量 $\boldsymbol{y}$ 的方程式为

$$\boldsymbol{y}=\boldsymbol{C}x \quad \boldsymbol{C}=(0 \quad 1 \quad 0) \tag{7-5}$$

7.2.2 传递函数

控制系统的内部状态与输入输出的关系如图 7-4 所示。上一节所介绍的表示内部状态的状态方程有时未必能够完全表达这种关系。因为在复杂的控制系统中，常常很难得到确切的力学方程。在这种情况下，如果给出已知的输入 u，并能够检测输出 y，就可以得到输入与输出之间的关系，即系统的外部关系。

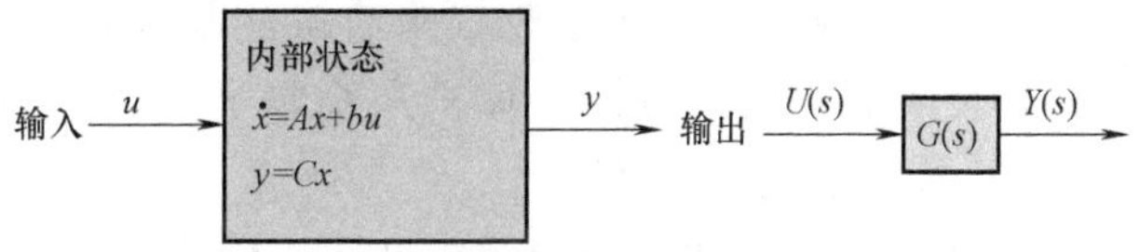

图 7-4 内部状态与输入输出的关系

通常如果将输入 u 及输出 y 用其拉普拉斯变换形式 $U(s)$、$Y(s)$ 来表示，那么，$Y(s)$ 与 $U(s)$ 的比称为传递函数 $G(s)$，即

$$G(s)=\frac{Y(s)}{U(s)} \tag{7-6}$$

如果以谱强度为 1 的白色噪声信号为输入信号 $U(s)$，并且得到输出信号的拉普拉斯变换形式 $Y(s)$，那么，$G(s)=Y(s)$。另一方面，从某种意义上还有与此相似的方法。当输入信号为阶跃函数 $\delta(t)$ 时，若得到的时序输出信号为 $Y(t)$，则 $Y(t)$ 就是阶跃信号的响应信号，用 $g(t)$ 来表示。$g(t)$ 的拉普拉斯变换就是 $G(s)$。

近来，为了满足自适应控制的需要，提出了许多种获得传递函数的系统辨识方法。实际应用中，为了信号处理方便，都是将这些系统作为离散系统来表达的。本书限于篇幅，不涉及系统辨识方法的内容。这里只介绍通过实验得到传递函数 $G(s)$ 的方法。传递函数 $G(s)$ 也可以由状态方程的拉普拉斯变换形式求得。从式（7-4）和式（7-5）的拉普拉斯变换形式中消去 $x(t)$ 的拉普拉斯变换 $X(s)$，可以得到

$$G(s)=\frac{Y(s)}{U(s)}=\boldsymbol{C}(s\boldsymbol{I}-\boldsymbol{A})^{-1}b \tag{7-7}$$

式中，$\boldsymbol{I}$ 为 n 阶单位矩阵，$[sI-A]^{-1}$ 表示矩阵 $[sI-A]$ 的逆矩阵。

例 7.1 求图 7-3 所示的单关节机械手控制系统的传递函数。

解： 首先，可以得到下面的关系式

$$(s\boldsymbol{I}-\boldsymbol{A})^{-1}=\frac{1}{s\left[s^2+\left(\frac{d_m}{I_p}+\frac{R}{L}\right)s+\left(\frac{d_mR}{I_pL}+\frac{d_ek_t}{LI_p}\right)\right]}\begin{bmatrix} * & * & k_t/I_p \\ * & * & k_ts/I_p \\ * & * & s\left(s+\frac{d_m}{I_p}\right)\end{bmatrix}$$

利用这一关系式可以得到如下传递函数

$$G(s)=\frac{1}{I_pLs^2+(d_mL+I_pR)s+(d_mR+k_td_e)} \tag{7-8}$$

因为传递函数是输入与输出关系的表达式，所以不一定都是由状态方程式得出，只要能够得到表示输入函数 u 与输出函数 y 关系的式子即可。对于单关节机械手控制系统，由式（7-5）可以得到 $y=\dot{\theta}$。因此，只要从式（7-1），式（7-2），式（7-3）的拉普拉斯变换形式中消去 $I(s)=L[i(t)]$ 和 $\theta(s)=L[\theta(t)]$，再由 $Y(s)/U(s)=\theta(s)U(s)$ 就可以直接得到式（7-8）。

用图形来表示传递函数的典型方法是 Bode 图。令 $s=\mathrm{j}\omega$ 得到复函数 $G(s)=G(j\omega)$，线图的纵坐标表示 $20\log|G(j\omega)|$，横坐标表示角频率 $\omega=2\pi f$(rad/s)（f 为圆周频率（Hz）），整个线图表示 $G(j\omega)$ 在频域内的变化规律。此外，再用纵坐标表示相位角 $\phi=\angle[G(j\omega)]$，横坐标表示 ω 或 f 制成另一线图。这样，将表示 $20\log|G(\mathrm{j}\omega)|$ 和 $\angle[G(j\omega)]$ 与 ω 或 f 之间关系的两个线图合在一起，构成的图形称为 Bode 图。

以前，根据 $G(s)$ 的函数形式来简略绘制 Bode 图。现在随着计算机在控制系统设计中的应用环境不断完善，应用计算机来绘制 Bode 图越来越普遍。这里介绍应用 MATLAB 的 SIMULINK 模块绘制 Bode 图。

在 MATLAB 中，关于控制系统设计、信号处理和系统辨识等方面的模块安装在“Toolbox”目录下。下面介绍应用“Control System Toolbox”计算的例子。

例 7.2 绘制例 7.1 中的单关节机械手控制系统的 Bode 图。已知

$$G(s)=\frac{K_1}{s^2+2\zeta\omega_0+\omega_0^2}\quad K_1=100\mathrm{rad}^3/\mathrm{V}\cdot\mathrm{S}^3$$

$$\zeta=0.3,\omega_0=10\mathrm{rad/s}$$

解： 在 MATLAB 中先定义传递函数 $G(s)$。方法是对传递函数的函数“*tf*”进行如下定义：

G=tf([100],[1　6　100])

这个命令是将传递函数 $G(s)=100/(s^2+6s+100)$ 定义为“G”。接着是绘制 Bode 图的命令，在较新版本的 MATLAB 中，只需要一个“bode(G)”命令就可以了。其结果如图 7-5 所示。

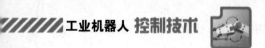

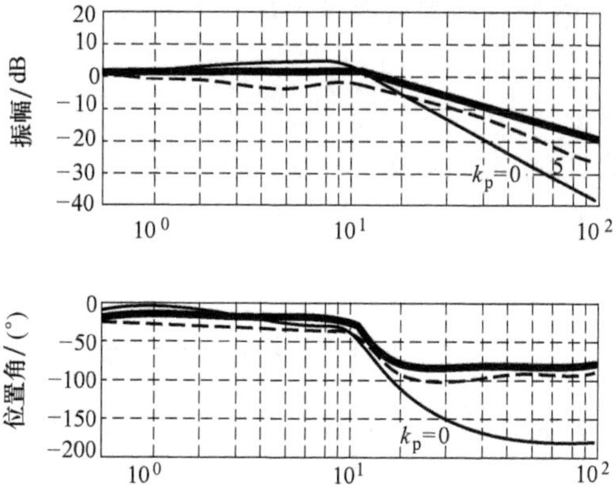

图 7-5 关节机械手控制系统的 Bode 图

7.3 控制系统的设计

7.3.1 控制系统的设计目标

在设计反馈控制系统之前，先根据控制目的对系统进行分类。控制系统的目的就是使系统能够尽快地达到稳定的平衡状态，使状态矢量回到 0 状态。这种控制系统称为调节器。在其他情况下，如双关节机械手控制系统的主要目的是使机械手能够沿着指定的轨迹实现运动。时刻跟踪指定目标的控制系统称为伺服系统。下面讨论这两种控制系统的设计问题。

在设计控制系统时，调节器与伺服系统的性能指标有明显的差别，调节器要求系统受到激励时，能够快速回到稳定状态；而伺服系统则要求系统能够精确地跟踪目标运动轨迹。要达到伺服系统此性能指标，必须在数值化的基础上设计控制算法，同时还要构成闭环控制系统。此外，在闭环系统中，有时稳定性不易保证，因此，保证系统的稳定性成为设计指标的另一个重要课题。

下面，分别以伺服问题中的单关节和双关节机械手为例，来说明解决控制系统设计问题的方法。

7.3.2 单关节机械手控制系统设计

单关节机械手控制系统从输入变量 $U(s)$ 到输出变量 $Y(s)$ 的传递函数 $G(s)$ 如式（7-8）所示。假设已有一个能够实现目标信号 $R(s)=L[\dot{\theta}_t(t)]=s\Theta(s)$ 的闭环控制系统，其中控制器的传递函数为 $F(s)=U(s)/E(s)$，$E(s)=L[e(t)]$。因为其中的输出信号 $Y(s)$（即为角速度信号 $s\Theta(s)$）可以由传感器信号得到，将其与目标信号 $R(s)$ 相比就得到 $E(s)=R(s)-Y(s)$，再用 $U(s)=F(s)E(s)$ 作用于控制对象就可以实现闭环控制。

因为在这种控制系统中利用输出信号作为反馈信号，所以将这种系统称为输出反馈控制系统。此时，从 $R(s)$ 到 $E(s)$ 的传递函数可以表示为

$$\frac{E(s)}{R(s)}=\frac{1}{1+F(s)G(s)} \tag{7-9}$$

在这些准备工作中，最根本的是确定控制器的传递函数，$F(s)$ 的最早应用形式为

$$F(s)=k_p+k_d s+\frac{k_i}{s}$$

其中，k_p，k_d，k_i 分别称为比例增益、微分增益和积分增益。

由式（7-9）可以得到 $E(s)=R(s)/(1+F(s)G(s))$，利用拉普拉斯变换的终值定理可以求出 $e(t)$ 的终值，即

$$e(t=\infty)=\lim_{s\to 0}E(s)=\lim_{s\to 0}\frac{sR(s)}{1+F(s)G(s)} \tag{7-10}$$

目标函数 $r(t)$ 拉普拉斯函数形式为 $R(s)=1/s$。从 $G(s)$ 的一般形式可以得到 $G(s)=K_1/(as^2+bs+c)$。再利用这两个式子可以得到

$$e(t=\infty)\begin{cases}=0 & (k_i\neq 0)\\ \neq 0 & (k_i=0)\end{cases} \tag{7-11}$$

也就是说，在输出反馈控制系统没有积分项（即 $k_i=0$）的情况下，当目标值以阶跃函数给出时，误差不可能收敛为 0。所以，在输出反馈控制系统中，要准确实现目标值必须有积分项存在。

接着，我们来讨论为了保证系统的稳定性，应该如何确定 k_p、k_d 和 k_i。

闭环系统的传递函数为 $G_e(s)=Y(s)/R(s)=G(s)F(s)/(1+G(s)F(s))$，系统的稳定性可以用传递函数的特征根来判别。对于式（7-9）的情况，其特征方程为

$$1+G(s)F(s)=0 \tag{7-12}$$

换句话说，这个问题就是“确定 k_p、k_d 和 k_i 使特征方程具有稳定根的问题”。在这种情况下，由于有三个参数都要确定，所以无法直接从特征方程中得到。现在，我们来适当选择共同的时间常数 T_c，使

$$F(s)=k_p+k_d+\frac{k_i}{s}=k_p\left(1+T_c s+\frac{1}{T_c s}\right) \tag{7-13}$$

建立起 k_p、k_d、k_i 之间的关系，这时应该确定的参数只剩下 k_p。在 $G(s)$ 已知的情况下，改变 k_p 可以得到不同的复数根，从而可做出复数根的轨迹。利用根轨迹法可以确定具有稳定根的 k_p 值。

例 7.3 设计 PID 控制算法，使作为输出反馈控制系统的控制器能够保证单关节机械手的控制系统稳定。

解： 取 $T_c=0.1s$，构成 $F(s)$，再利用 MATLAB 的根轨迹功能“rloucs”进行分析。从式（7-13）中提取 k_p 定义 $F(s)=k_p(T_c^2S^2+T_cs+1)/T_cs$。这样，只有 k_p 成为控制变量。利用已经定义过的 $G(s)$，再定义：

$$F=tf([0.01\ 0.1\ 1],[0.1\ 0])$$

$$GC=G*FF(s)$$

利用命令“rlocus（GC）”可以得到闭环控制系统的根轨迹图如图 7-6 所示。

在根轨迹中，令 $G(s)F(s)=N(s)/D(s)$，则单环传递函数可以用分子 $N(s)$ 和分母 $D(s)$ 的代数式来表示，此时，求出方程：

$$D(s)+k_pN(s)=0 \tag{7-14}$$

的根并在复平面上表示出来。$k_p=0$ 时，式（7-14）的根就是 $D(s)=0$ 的根。因为 $D(s)$ 为 s 的 3 次式，所以有 $s=0$ 一个实数根和两个复数根（在图 7-6 中用“×”表示）。$k_p=\infty$ 时，式（7-14）的根就是 $N(s)=0$ 的根。同样道理，也有两个复数根（在图 7-6 中用“○”表示）和趋于负无穷大的一个实数根。$k_p=10$ 时，式（7-14）有一个实数根和两个复数根（在图 7-6 中用“□”表示）。$k_p=5$ 时，式（7-14）也有一个实数根和两个复数根（在图 7-6 中用“△”表示）。

在图 7-5 中，用细实线表示开环系统的 bode 图，用虚线表示闭环系统 $k_p=5$ 时的 bode 图，用粗实画线表示 $k_p=10$ 时的 bode 图。比较这三个 bode 图可以看出，实现闭环系统可以使 $\omega>10$ 时的相位角接近于 0°，稳定性大幅度提高。

利用 MATLAB，对于单输入单输出系统只要给出传递函数就可以画出阶跃响应。用 $U(s)\to Y(s)$ 的传递函数作为开环系统 $R(s)\to Y(s)$ 的传递函数，将这个传递函数定义为“G”。“GC1”定义为 $k_p=5$ 时的闭环系统的传递函数，“GC2”定义为 $k_p=10$ 时的闭环系统的传递函数。这时阶跃响应可以用如下命令完成

```
step(G,'r',GC1,'y','GC2,'gx')
```

G 形成的传递函数用实线表示，GC1 的传递函数用虚线表示，GC2 传递函数用点画线表示，分别画出各自的曲线，其结果如图 7-7 所示，从这个线图可以看出，由 $k_p=0$ 的开环系统变为 $k_p=5$ 和 $k_p=10$ 的闭环系统时，响应特性的超调量和调节时间都会大大改善。

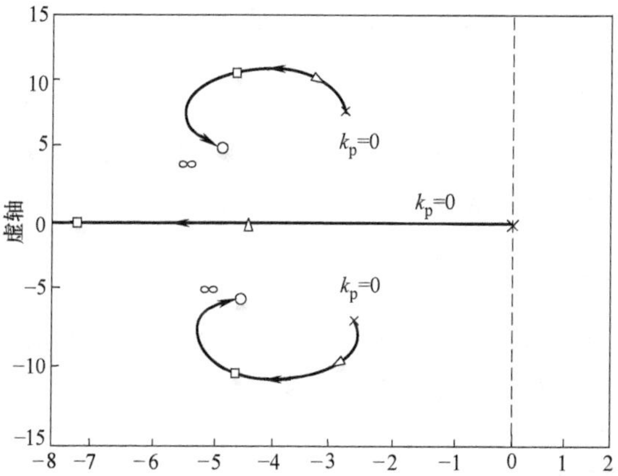

图 7-6　单关节机械手控制系统输出反馈的根轨迹

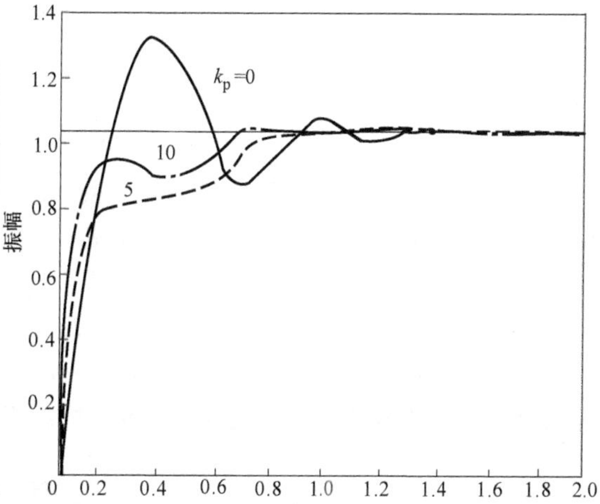

图 7-7　单关节机械手控制系统输出反馈的响应曲线

7.3.3　双关节机械手控制系统设计

下面以图 7-2 所示的双关节机械手为例介绍位置/力混合控制的设计。这里为简化起见，假设机械手只在水平面内运动。该控制系统的目的是当末端执行器压住工件运动时，使末端位置 x_e 与末端执行器内的力传感器信号 f_n 能够实现目标值。这里位置目标和力目标都是矢量，所以用 $\boldsymbol{x}_t(t)$ 和 $\boldsymbol{f}_t(t)$ 给出。另外，假设这时的 $\boldsymbol{x}_t(t)$ 和 $\boldsymbol{f}_t(t)$ 为正交矢量，即 $\boldsymbol{x}_t\boldsymbol{f}_t^{\mathrm{T}}=0$。这样的控制目标可以根据下面的控制原则来实现，即

$$f_P = K_P J^{-1}(x_t - x^0) + K_I J^{-1}\int_0^t (x_t - x^0)\,dt + K_D J^{-1}(\dot{x}_x - \dot{x}^0) \tag{7-15}$$

$$f_F = K_F J^T(f_t - f^0) \tag{7-16}$$

$$f = f_P + f_F \tag{7-17}$$

式中，x^0 为在作业平面坐标系内表示末端执行器位置 x_e 的位置矢量，f^0 为在同样坐标系内表示力传感器信号 f_n 的力矢量。f_P 和 f_F 分别为实现目标位置矢量和目标力矢量所需要的控制矢量，其元素都是加到电动机 1 和电动机 2 上的转矩（τ_1、τ_2）。因此在混合控制中，这两个控制矢量同时作用，得到输入控制矢量 $f=(\tau_1、\tau_2)T$。为由关节坐标系向作业平面坐标系的变换矩阵，称为雅可比矩阵。K_P、K_I、K_D、K_F 为控制增益矩阵。在实际安装调试过程中，采用先适当确定 K_F，再考虑 K_I、K_D、K_F 的设计方法。

一般的关节型机械手的运动方程式以关节角矢量 $\theta=(\theta_1, \theta_2)^T$ 为状态函数，表示为

$$M\ddot{\theta} + \Phi(\dot{\theta}, \theta) = f + J^{-1}f_c \tag{7-18}$$

其中，M 称为质量矩阵，由关节臂 1、关节臂 2，末端执行器的质量和惯性矩及关节角度来确定。Φ 为臂 1，关节臂 2，末端执行器的旋转运动所产生的非线性惯性力矢量。f_c 为末端执行器与工件接触时的接触力在作业坐标平面内的矢量，因为 f_c 只与力控制有关，所以与位置控制相关的控制规则中不含有该矢量，为了确定 K_P、K_I、K_D 增益矩阵，令 $f=f_P$，对 f 利用非线性控制规则得到

$$f = Mf_1 + \Phi(\dot{\theta}, \theta) \tag{7-19}$$

将式（7-19）代入式（7-18），因为没有 f_c 项，所以得到如下线性方程：

$$\ddot{\theta} = f_1 (f_1 \text{ 为线性补偿力矢量}) \tag{7-20}$$

为了简化分析，引入时间常数 T，用 K_P 来表示 K_I 和 K_D，令 $K_I = K_P(1/T)$，$K_D = K_P T$，并假设 K_P 为对角矩阵。此时，关于 $\theta(t)$ 的拉普拉斯变换 $\theta(s)$ 可以表示为

$$s^2\theta(s) = \left(1 + \frac{1}{Ts} + Ts\right)K_P[\theta_t(s) - \theta(s)] \tag{7-21}$$

在上式中利用了 $J^{-1}(x_t - x^0) = \theta_t(t) - \theta(t)$ 的关系式。因为式（7-21）为线性关系式，所以可以采用根轨迹法来确定 K_P，使该控制系统具有稳定性。图 7-8 表示 $T=1.0s$，$K_P = k_P I$

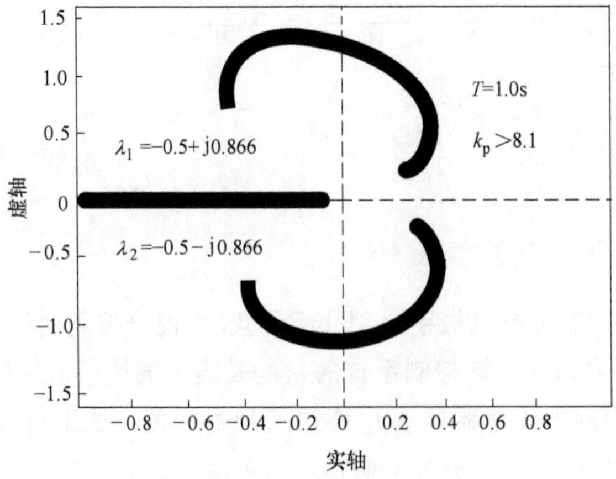

图 7-8　根轨迹

时的根轨迹。图 7-9 所示是令 $k_{\mathrm{p}}=0.01$，$\boldsymbol{K}_{\mathrm{p}}=0.01\boldsymbol{I}$ 时，双关节机械手的位置/力混合控制系统性能的数字仿真结果。这里末端执行器的位置在 $0 \leqslant t \leqslant 10\mathrm{s}$ 以一定的速度移动 0.5m，其中，末端执行器的接触力按照目标值 1.0N 给出。

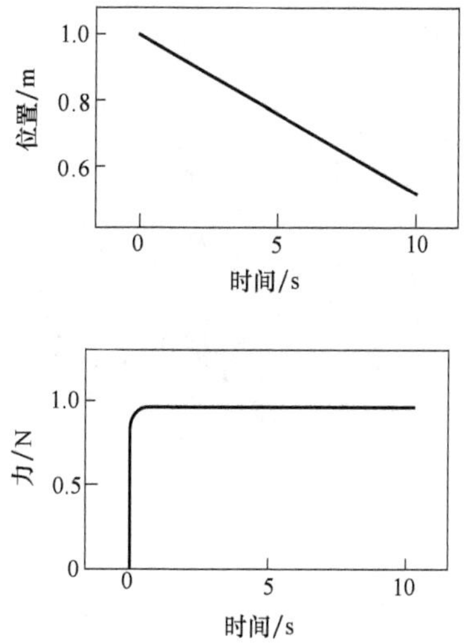

图 7-9　双关节机械手的位置/力混合控制系统性能的数字仿真结果

科学家精神

“两弹一星”功勋科学家：

屠守锷

第8章 Chapter

工业机器人传感器

工业机器人传感器是机器人对内部状态信息采集和对外部环境信息感知的重要测量装置。一般传感器由敏感元件和转换电路组成，敏感元件是传感器的核心，它可以利用各种物理、化学、生物效应，将被测量转换成电学参数，而转换电路（调理电路）是将这种电学参数的微量变化信息经过滤波、整形及放大，转换成与控制器输入接口相匹配的电量输出。

根据输入信息源是位于机器人的内部还是外部，工业机器人的传感器可以分为两大类。一类是为了感知机器人内部状态信息的传感器，即内部传感器，它是在机器人本身的控制中不可缺少的部分；另一类是为了感知外部环境信息的传感器，即外部传感器，它是机器人适应外部环境所必需的传感器。目前，使用较多的工业机器人传感器有光电编码器、精密电位器、力传感器和视觉传感器等。

8.1 工业机器人传感器的选择

工业机器人传感器的选择包括三个方面：一是传感器类型的选择；二是传感器性能指标的确定；三是传感器物理特征的选择。

工业机器人对传感器的一般要求：

1）工作精度：传感器精度直接影响机器人的工作质量，需要根据实际情况选择恰当精度的传感器。

2）稳定性和可靠性：传感器的稳定性、可靠性是保证机器人长期稳定工作的必要条件之一。

3）抗干扰能力：工业机器人传感器的工作环境往往比较恶劣，应能承受强电磁干扰、强机械振动，并可以在一定的高温、高压、重污染环境中正常工作。

4）重量轻、体积小，安装方便可靠：对于安装在工业机器人手臂等部件上的传感器来说，重量要轻，否则会加大部件的惯性，影响工业机器人的运动性能。

5）价格便宜：工业机器人控制需要检测机器人关节和末端的位置、速度、加速度。除了较简单的开环控制外，多数机器人都采用了位置传感器作为闭环反馈元件，对机器人的运动误差进行补偿。不少机器人还安装有速度、加速度传感器，其中加速度传感器可以检测机器人构件受到的惯性力，使控制器能够补偿惯性力造成的误差。

工厂生产过程中，需要将零件分类，并分放在不同料盘中，工业机器人分别把它们从料盘中捡出。这就需要机器人能够寻找和识别相应的零件，并对它们定位，即要求从事辅助工作的机器人具有一定的视觉能力。

传感器的选择需要确定其性能指标：

1）灵敏度：指传感器的输出信号达到稳态时，输出信号变化与传感器输入信号变化的比值。标定后传感器的输出和输入是线性关系，其灵敏度可表示为

$$S = \Delta y / \Delta x \tag{8-1}$$

式中，S 为传感器的灵敏度；Δy 为传感器输出信号的增量；Δx 为输入信号的增量。

传感器输出的量纲和输入的量纲不一定相同，若输出和输入具有相同的量纲，则传感器的灵敏度也称为放大倍数。一般来说，传感器灵敏度越高，输出信号精确度越高，但是过高的灵敏度有时会导致输出的稳定性下降，所以应该根据工业现场要求选择适中的灵敏度。

2）线性度：衡量传感器的输出信号和输入信号呈线性关系的程度。传感器的理想输入—输出特性应该是线性的，但传感器的实际输入—输出特性都具有一定程度的非线性，如果传感器的非线性项的方次不高，在输入量变化范围不大的条件下，可以用切线或者割线拟合、过零旋转拟合、端点平移拟合等来近似地代表实际曲线的一段，这就是传感器非线性特性的线性化。

所采用的直线称为拟合直线，实际曲线与拟合直线间的偏差称为传感器的非线性误差，取其最大值与输出满刻度值（即满量程）之比作为评价非线性误差（或线性度）的指标，即

$$\gamma_L = \pm \frac{\Delta L_{max}}{Y_{FS}} \times 100\% \tag{8-2}$$

式中，γ_L 表示线性度指标；ΔL_{max} 表示最大非线性绝对误差；Y_{FS} 为输出满量程。

3）测量范围：指传感器被测量的最大允许值和最小允许值之差。一般要求传感器的测量范围（即量程）与机器人工作范围相对应。

4）迟滞：也叫回程误差，是指在相同测量条件下，对应于同一大小的输入信号，传感器正（输入量由小增大）、反（输入量由大减小）行程的输出信号大小不相等的情况。迟滞特性表明传感器正、反行程期间输出—输入特性曲线不重合的程度。迟滞的大小一般由实验方法确定。用正、反行程间的最大输出差值 ΔH_{max} 对满量程输出 Y_{FS} 的百分比来表示，即

$$\gamma_H = \pm \frac{\Delta H_{max}}{Y_{FS}} \times 100\%$$

5）重复性：指传感器在其输入信号按同一方向进行全量程连续多次测量时，其相应测试结果的变化程度。测试结果的变化越小，传感器的测量误差就越小，重复性越好。重复性指标一般采用输出最大不重复误差 ΔR_{max} 与满量程输出 Y_{FS} 的百分比表示，即

$$\gamma_R = \pm\frac{\Delta R_{max}}{Y_{FS}}\times 100\% \tag{8-3}$$

6）分辨率：传感器在整个测量范围内所能辨别的被测量的最小变化量。如果它辨别的被测量最小变化量越小，则它的分辨率越高。反之，其分辨率越低。分辨率可以用增量的绝对值，或者增量与满量程的百分比来表示。一般需要根据工业机器人的工作任务规定传感器分辨率的最低限度要求。

7）漂移：指传感器在输入量不变的情况下，输出量随时间变化的现象。漂移将影响传感器的稳定性。产生漂移的原因主要有两个：一是传感器自身结构参数发生老化，如零点漂移，它是在规定条件下，一个恒定的输入在规定的时间内的输出在标称范围最低值处（即零点）的变化；二是在测试过程中周围环境（如温度、湿度、压力等）发生变化，这种情况最常见的是温度漂移，它是由周围环境温度变化引起的输出变化。温度漂移通常用传感器工作环境温度偏离标准环境温度（一般为 20℃）时的输出值的变化量与温度变化量之比来表示。

8）响应时间：是动态特性指标，指传感器的输入信号起作用之后，其输出信号变化到稳态值所需要的时间。

8.2 工业机器人的位置、位移传感器

机器人的位置、位移传感器是对机器人进行伺服控制的必备检测器件。通过对位置进行一阶或二阶微分（或差分）也可得到速度（角速度）或加速度（角加速度）的数据。

1. 精密电位器

基本电位器（potentiometer）由环状或棒状的电阻丝和滑动片（或称为电刷）组成，滑动片接触或靠近电阻丝取出电信号，电刷与驱动器连成一体，将它的直线位移或转角位移转换成电阻的变化，在电路中以电压或电流变化的形式输出。电位器可以分为滑片（接触）式和非接触式两大类，前者如导电塑料、线绕式、混合式等，后者如磁阻式、光标式等。滑片式电位器以导电塑料电位器（conductive plastic potentiometer）为主，这种电位器将炭黑粉末和热硬化树脂涂抹在塑料的表面，并和接线端子制成一体，滑动部分加工得像镜面一样光滑，因此几乎没有磨损，寿命很长。炭黑颗粒大小为 0.01μm 数量级，因此它的分辨率极高。导电塑料的电阻温度系数是负值，但是由于整个电阻都是同一种材料制成的，因此输出电压仅由电阻的分压比决定，而无须担心温度的影响。线绕电位器（wire-wound potentiometer）的结构有所不同，它的线性度和稳定性最好，不过它的输出电压是离散值。旋转型电位器基本结构如图 8-1 所示，其基本原理是在环状电阻两端加上电压 E，通过电刷的滑动，可以得到与电刷存在角度（位置）相对应的电压 V。

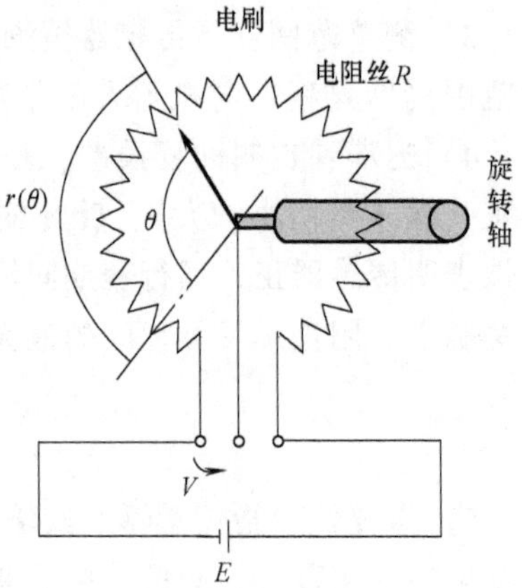

图 8-1　旋转型电位器

若电阻的总阻值为 R，那么当转轴（电刷）转过 θ 角时，通过电刷的滑动部分阻值 $r(\theta)$ 为

$$r(\theta)=\frac{\theta}{360}R \tag{8-4}$$

因此，输入电压 V 可以用下面的式子来表示：

$$V=\frac{r(\theta)}{R}E=\frac{\theta}{360}E \tag{8-5}$$

从式（8-5）可以看出，由于输出电压与阻值无关，所以，由于温度变化而导致的阻值变化对输出电压没有影响。机器人上所用的精密电位器在结构形式上分旋转型精密电位器和线性精密电位器两种，其工作原理基本相同。

2. 直线位移传感器（LVDT）

LVDT 是 Linear Variable Differential Transformer（线性差动变压器）的缩写，为机电转换器的一种。LVDT 可以将一个对象的直线运动的机械变化量转换成相对应的电子信号。由于 LVDT 位移传感器本身操作的基本物理原理或本身结构所采用的材料及技术，因而具备某些特性和优点。

1）无摩擦操作：LVDT 最重要的特性之一就是无摩擦操作。在一般操作时，LVDT 的铁心和线圈组件结构之间没有机械式的接触，如摩擦、拖曳或其他可造成摩擦的因素。

2）分辨率无限大：因为 LVDT 是利用无摩擦结构的电磁耦合原理方式操作的，所以能够测量极微小的铁心位置的变化量。此近乎无限解析的能力，只受限于 LVDT 信号放大器的分辨率和输出显示器的位数。因而，LVDT 具有极佳的重复性。

3）零点重复性：LVDT 本身的零点位置是非常稳定的，而且重复性高，即使超出其适用的操作温度范围，亦是如此。此特性使得 LVDT 在闭环回路控制系统以及高性能伺服平衡仪器方面应用广泛，是一个很好的零点位置传感器。

4）快速动态反应：在一般的操作情况下，其无摩擦的特性，使得 LVDT 能够很快地反应出铁心位置的变化量。LVDT 本身的动态反应，仅受限于铁心的微小质量的惯性效应。通常，LVDT 感应系统的反应速度取决于放大器的特性。

5）绝对值输出：LVDT 是一个绝对值输出组件，不同于增量型的输出组件。这意味着，即使电源关闭时，LVDT 送出的位置数据也不会消失。当测量系统重新起动时，LVDT 的输出值会和电源关闭之前一样，其原理如图 8-2 所示。

在非接触式电位器中，利用磁阻效应制成的磁阻式电位器（magneto resistive potentiometer），在元件电流的垂直方向上施加外磁场，元件在电流方向上的电阻值将发生变化，如图 8-3 所示，两个磁阻元件 MR_1、MR_2 串联，两端加上电压。滑动永久磁铁材质的电刷，使磁场方向和磁阻元件的电流方向保持垂直。这时，磁阻元件的电阻值的变化正比于磁铁相对于元件位置的变化。非接触式电位器具有寿命长、分辨率高、转矩小、响应快等优点。但磁阻元件的电阻温度系数比其他电阻大两个数量级，若将其直接用在电路中，输出电压的温度漂移会相当大。为此，一般在磁阻元件上串联固定电阻，通过电阻平衡来实现温度补偿。

3. 光电编码器

首先来解释脉冲发生器（pulse generator）和编码器（encoder）的区别。脉冲发生器只能检测单方向的位移或角速度，它输出与位移增量相对应的串行脉冲序列，而编码器则输出表示位移增量的编码脉冲信号，并带有符号。

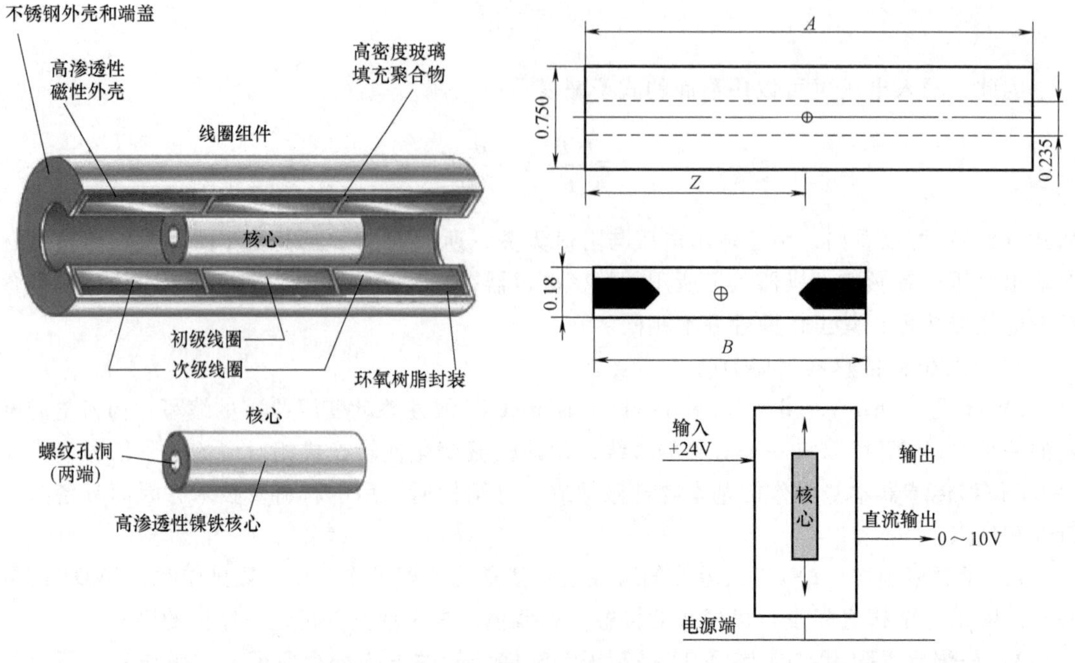

图 8-2　LVDT 原理图

根据刻度的形状，编码器分为测量直线位移的直线编码器（linear encoder）和测量旋转位移的旋转编码器（rotary encoder）。根据信号的输出形式它们还可以分为增量式（incremental）编码器和绝对式（absolute）编码器，图 8-4 是光学式旋转编码器结构图。根据检测原理，编码器可以分为光学式、磁式、感应式和电容式。

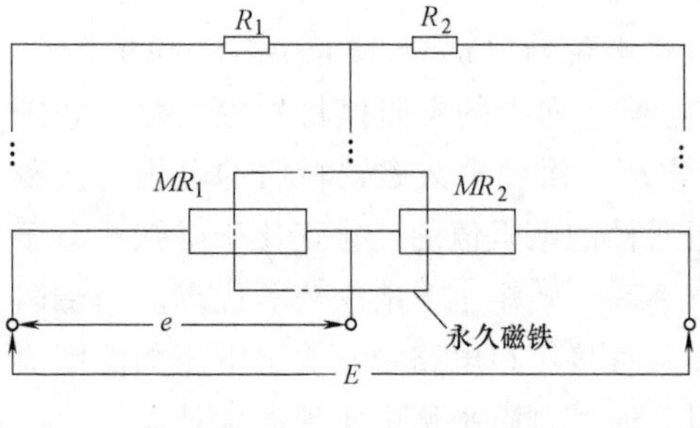

图 8-3　非接触式电位器

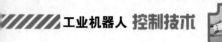

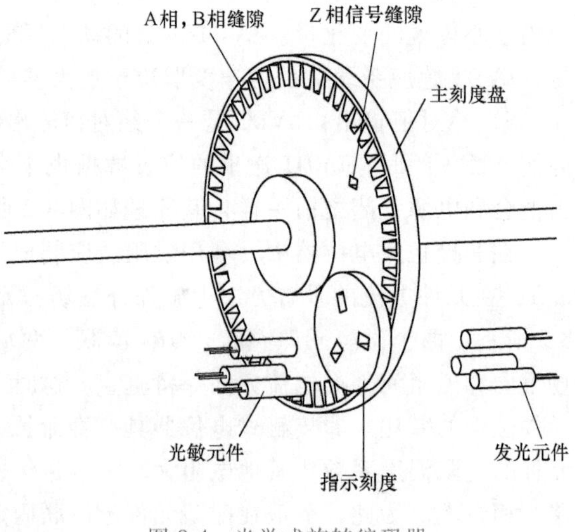

图 8-4　光学式旋转编码器

在发光二极管和光电二极管之间由旋转码盘隔开，在码盘上刻有栅缝。当旋转码盘转动时，光电二极管断续地接受发光二极管发出的光，输出方波信号。

增量编码器通过对产生的方波脉冲进行计数来检测旋转角度，而绝对编码器则通过与位数相对应的发光二极管和光电二极管，对输出的二进制码进行检测获得旋转角度。增量编码器如图 8-5 所示，有 A 相、B 相、Z 相三条光栅，A 相与 B 相的相位差为 90°。利用 B 相的上升沿触发检测 A 相的状态，以此判断旋转方向。例如，若按图 8-5 中所示的顺时针方向旋转，则 B 相上升沿对应 A 相的通状态；若按逆时针方向旋转，则 B 相上升沿对应 A 相的断状态。Z 相为原点信号。与增量编码器原理相同，用于测量直线位移的传感器是光栅尺。用 *FV*（频率—电压）转换器将脉冲频率转换成直流电压，也可以用增量编码器或光栅尺来检测速度。一般来说，增量式光电编码器输出 A、B 两相互差 90°电度角的脉冲信号（即所谓的两组正交输出信号），从而可方便地判断出旋转方向。同时还有用作参考零位的 Z 相标志（指示）脉冲信号，码盘每旋转一周，只发出一个标志信号。

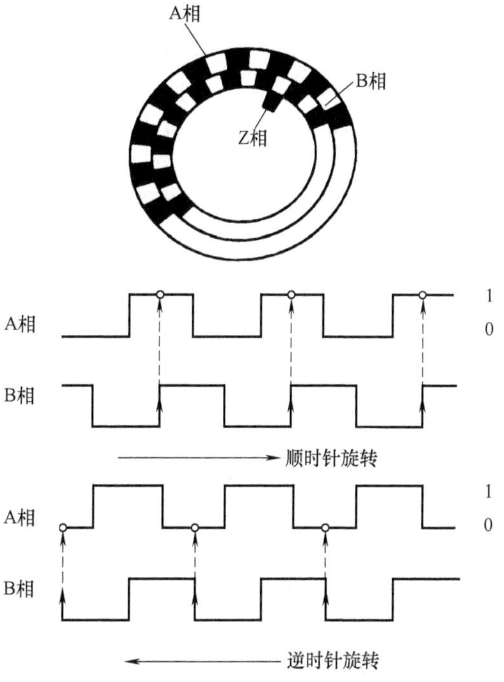

图 8-5 增量编码器原理

增量式光电编码器的特点是每产生一个输出脉冲信号就对应于一个增量位移，但是不能通过输出脉冲区别出在哪个位置上的增量。它能够产生与位移增量等值的脉冲信号，其作用是提供一种对连续位移量离散化或增量化以及位移变化（速度）的传感方法，它是相对于某个基准点的相对位置增量，不能够直接检测出轴的绝对位置信息。标志脉冲通常用来指示机械位置或对积累量清零。增量式光电编码器主要由光源、码盘、检测光栅、光电检测器件和转换电路组成。码盘上刻有节距相等的辐射状透光缝隙，相邻两个透光缝隙之间代表一个增量周期；检测光栅上刻有 A、B 两组与码盘相对应的透光缝隙，用以通过或阻挡光源和光电检测器件之间的光线。它们的节距和码盘上的节距相等，并且两组透光缝隙错开 1/4 节距，使得光电检测器件输出的信号在相位上相差 90°电度角。当码盘随着被测转轴转动时，检测光栅不动，光线透过码盘和检测光栅上的透光缝隙照射到光电检测器件上，光电检测器件就输出两组相位相差 90°电度角的近似于正弦波的电信号，电信号经过转换电路的信号处理，可以得到被测轴的转角或速度信息。

增量式光电编码器的优点是：原理构造简单、易于实现；机械平均寿命长，可达到几万小时以上；分辨率高；抗干扰能力较强，信号传输距离较长，可靠性较高。其缺点是无法直接读出转动轴的绝对位置信息。

在大多数情况下，直接从增量式编码器的光电检测器件获取的信号电平较低，波形也不规则，还不能适应于控制、信号处理和远距离传输的要求。所以，在增量式编码器外还要将此信号放大、整形。经过处理的输出信号一般近似于正弦波或矩形波。增量式光电编码器的信号输出形式有：集电极开路输出（Open Collector）、电压输出（Voltage Output）、线驱动输出（Line Driver）、互补型输出（Complemental Output）和推挽式输出（Totem Pole）。

工业机器人领域主要使用线驱动输出方式，常用集成芯片完成信号的调理输出输入。比较常见的是专用芯片 AM26LS31、AM26LS32，由于其具有高速响应和良好的抗噪声性能，使得线驱动输出适宜长距离传输。输出电路如图 8-6 所示。

绝对编码器光栅盘如图 8-7 所示，用光电二极管输出的二进制码可以检测转动的绝对角度。

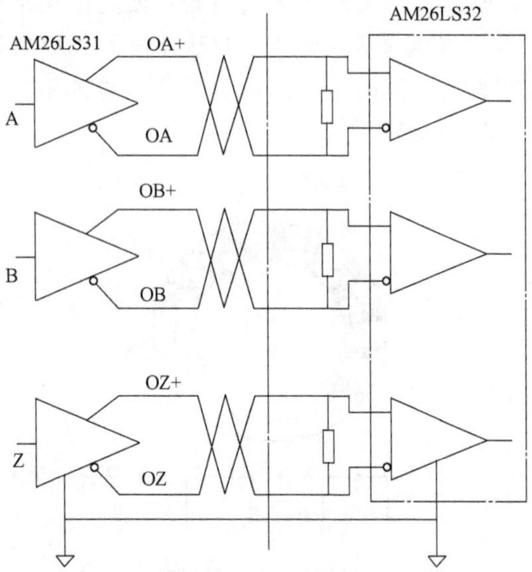

图 8-6 增量式编码器的线驱动接口电路

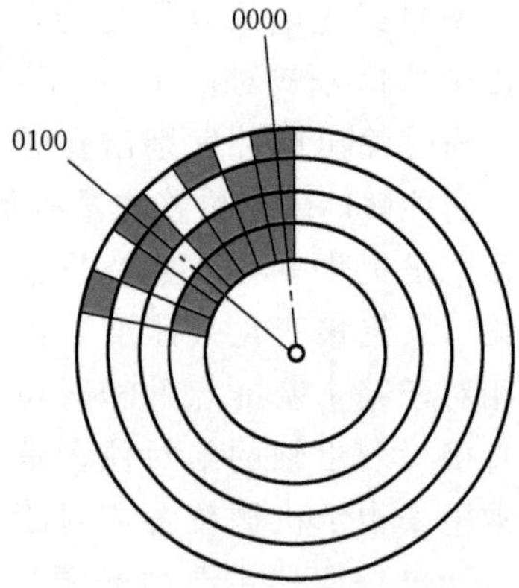

图 8-7 绝对编码器编码

8.3 工业机器人的力传感器

力传感器是最基本的机器人传感器之一，用于机器人与操作对象之间的作用力以及夹持力的检测等。当作用力发生时，力敏感元件发生弹性体形变，从而实现力信号到光电信号的转换。

工业机器人力传感器具有以下几个特点：

1）无滑动摩擦部分，较小迟滞现象。

2）变形应力不超出材料弹性范围。

3）可以获得多个通道独立应变信息。

4）测量耦合小。

8.3.1 腕力传感器

典型的腕力传感器基本结构通常包括：环式、垂直水平梁式、四根梁式、平行平板式、应变块组合式、光学式等，如图 8-8~图 8-13 所示。

常用的六轴力传感器如图 8-14 所示，是四根梁式力传感器，采集端的应变信号经放大、A-D 转换后送入控制器，再由结合传感系数矩阵来计算力、力矩，最后以并行或串行形式输出，目前常用在装配和研磨等作业中。

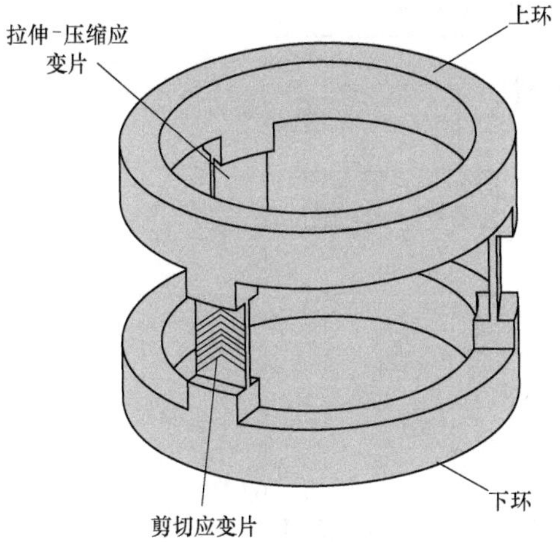

图 8-8 环式应变式传感器

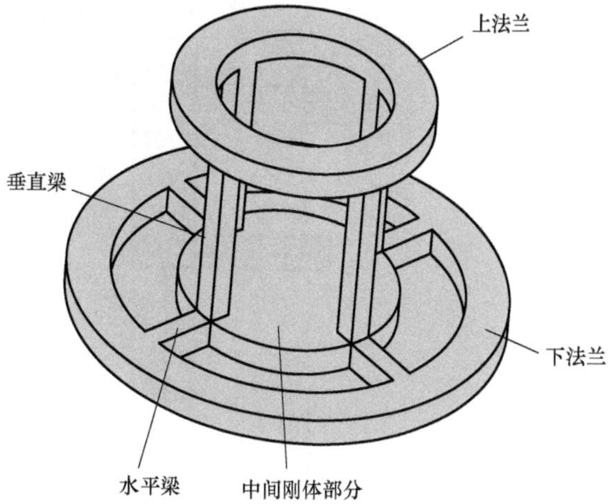

图 8-9 垂直水平梁式应变式传感器

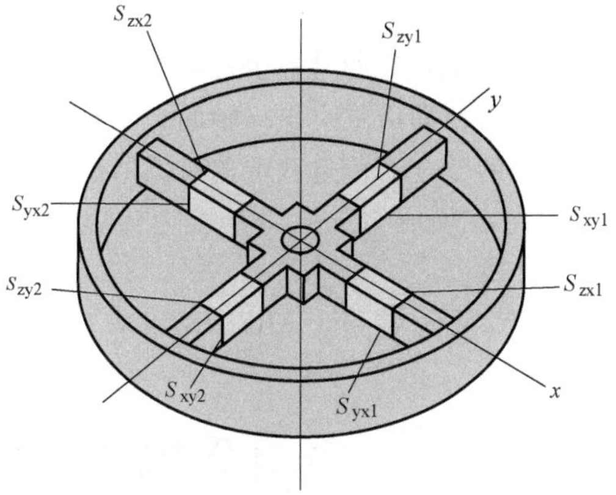

图 8-10 四根梁式应变式传感器

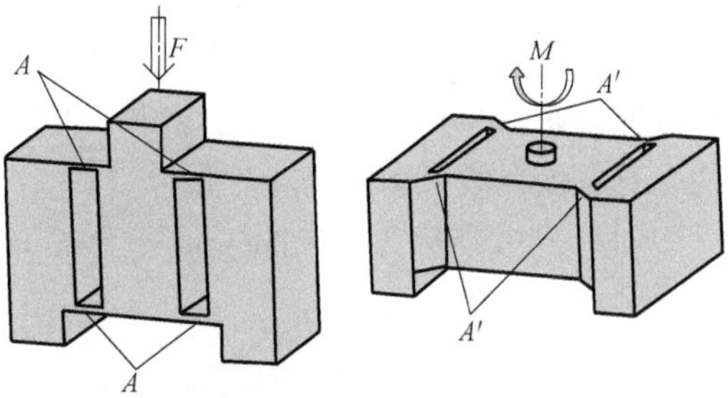

a) 平行平板结构　　b) 辐射平板结构

图 8-11 平行平板式应变式传感器

M—力矩　*A*—薄平板　*F*—力　*A′*—薄平板

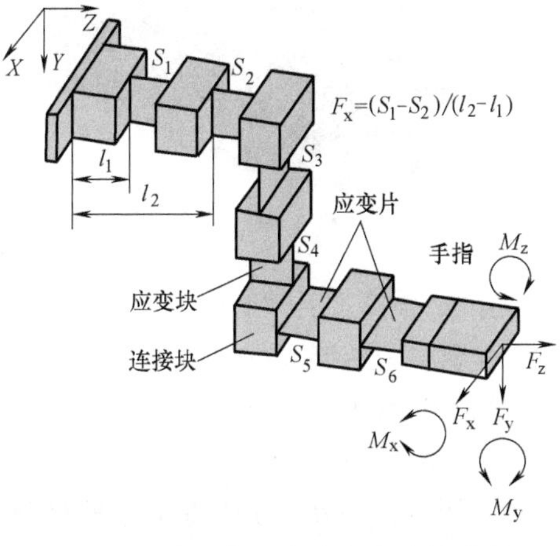

图 8-12 应变块组合式应变式传感器

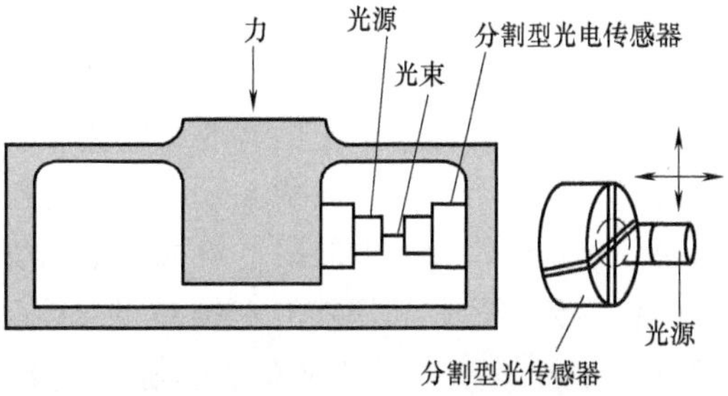

图 8-13 光学式应变式传感器

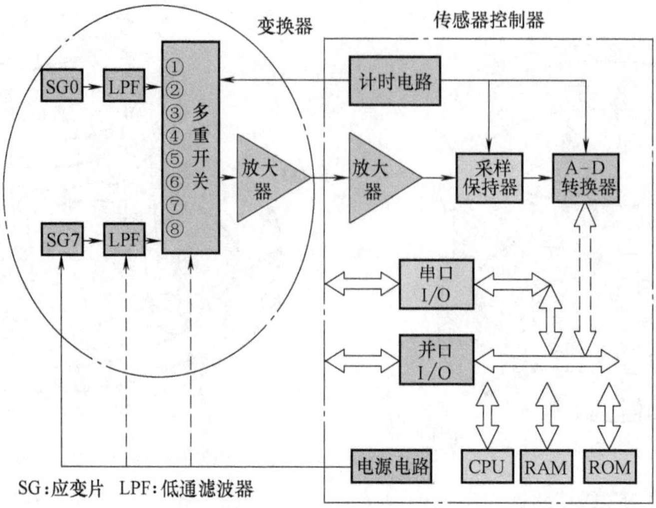

图 8-14　常用力传感器示意图

工业机器人六轴腕力传感器通常装在机器人的腕部，其主要目的是减少机器人连杆惯性对传感器输出的影响。在三维空间中，全力信息有六个分量，即沿三个坐标轴的力分量和绕三个坐标轴的力矩分量，所以机器人腕力传感器应是多维的，全力信息获取的传感器至少是六维的。如图 8-15 所示为一种常用的基于 Stewart 平台的有预应力的六分量腕力传感器机构，具有优良的力学性能。

如图 8-16 所示为基于 Stewart 平台的 HEX-E 六维力传感器，常用于 ABB、KUKA 等机器人中，使用简单方便。

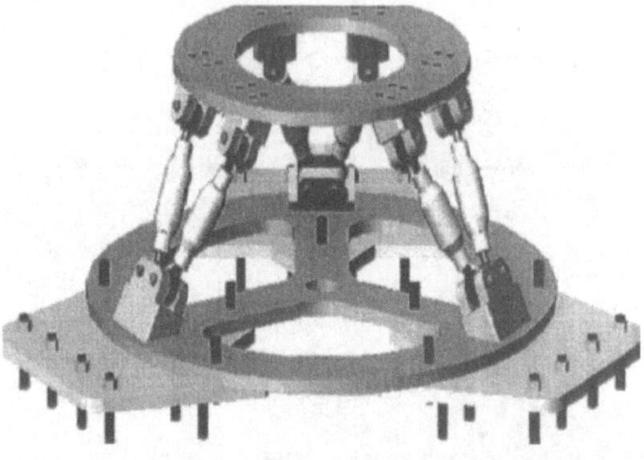

图 8-15　Stewart 结构示意图

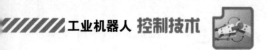

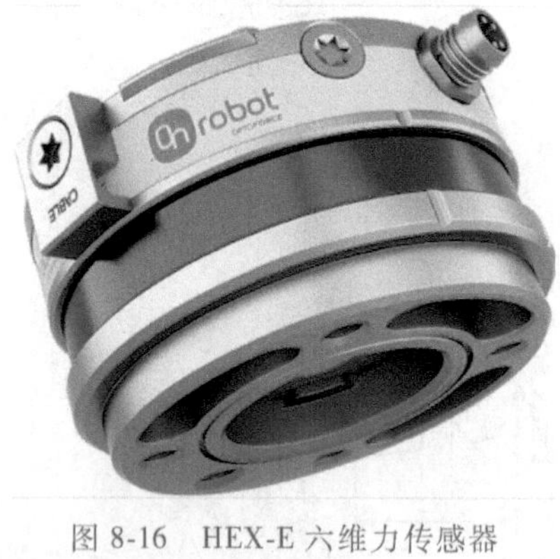

图 8-16　HEX-E 六维力传感器

其每个弹性体主梁上贴有 8 个应变片，四个主梁上共有 32 个应变片可以组成 8 个电桥，也可以组成 6 个电桥。组成 8 个电桥时是用于间接输出的六维腕力传感器，其六维分量的输出必须经过解耦后才能获得。组成 6 个电桥时是用于直接输出的六维腕力传感器，其六维分量的输出无须经过解耦就能直接获得，即每个电桥对应一个输出分量。图 8-17 所示给出了 32 个应变片 $R_1 \sim R_{32}$ 组成 6 个电桥，其中 E 为桥路供电电压，$R'_1 \sim R'_{32}$为平衡桥路的微调电阻。

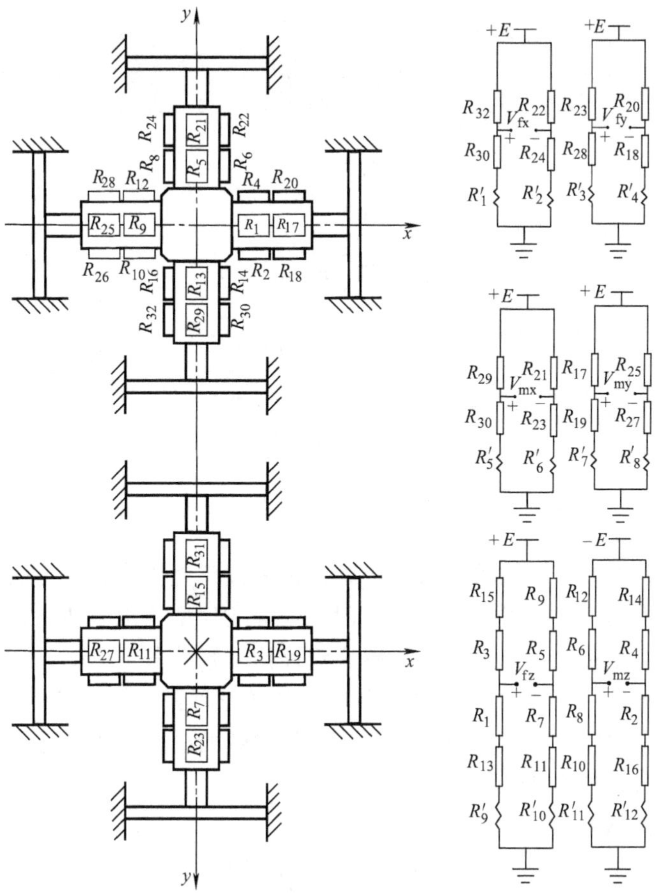

图 8-17 四主梁应变桥电路

当传感器受到力和力矩作用后，根据应变片在梁上分布的对称性，在参考坐标系 o-xyz 各坐标轴的正方向受力或力矩作用时，可以得到如下的公式：

$$
\begin{cases}
R_1=R_0+R'_{\mathrm{fz}}-R'_{\mathrm{my}} & R_2=R_0-R'_{\mathrm{fy}}-R'_{\mathrm{mz}} & R_3=R_0-R'_{\mathrm{fz}}+R'_{\mathrm{my}} & R_4=R_0+R'_{\mathrm{fy}}+R'_{\mathrm{mz}} \\
R_5=R_0+R'_{\mathrm{fz}}+R'_{\mathrm{mx}} & R_6=R_0+R'_{\mathrm{fx}}-R'_{\mathrm{mz}} & R_7=R_0-R'_{\mathrm{fz}}+R'_{\mathrm{mx}} & R_8=R_0-R'_{\mathrm{fx}}+R'_{\mathrm{mz}} \\
R_9=R_0+R'_{\mathrm{fz}}+R'_{\mathrm{my}} & R_{10}=R_0-R'_{\mathrm{fy}}+R'_{\mathrm{mz}} & R_{11}=R_0-R'_{\mathrm{fz}}-R'_{\mathrm{my}} & R_{12}=R_0+R'_{\mathrm{fy}}-R'_{\mathrm{mz}} \\
R_{13}=R_0+R'_{\mathrm{fz}}-R'_{\mathrm{mx}} & R_{14}=R_0+R'_{\mathrm{fx}}-R'_{\mathrm{mz}} & R_{15}=R_0-R'_{\mathrm{fz}}+R'_{\mathrm{mx}} & R_{16}=R_0-R'_{\mathrm{fx}}-R'_{\mathrm{mz}} \\
R_{17}=R_0+R''_{\mathrm{fz}}-R''_{\mathrm{my}} & R_{18}=R_0-R''_{\mathrm{fy}}-R''_{\mathrm{mz}} & R_{19}=R_0-R''_{\mathrm{fz}}+R''_{\mathrm{my}} & R_{20}=R_0+R''_{\mathrm{fy}}+R''_{\mathrm{mz}} \\
R_{21}=R_0+R''_{\mathrm{fz}}+R''_{\mathrm{mx}} & R_{22}=R_0+R''_{\mathrm{fx}}-R''_{\mathrm{mz}} & R_{23}=R_0-R''_{\mathrm{fz}}-R''_{\mathrm{mx}} & R_{24}=R_0-R''_{\mathrm{fx}}+R''_{\mathrm{mz}} \\
R_{25}=R_0+R''_{\mathrm{fz}}+R''_{\mathrm{my}} & R_{26}=R_0-R''_{\mathrm{fy}}+R''_{\mathrm{mz}} & R_{27}=R_0-R''_{\mathrm{fz}}-R''_{\mathrm{my}} & R_{28}=R_0+R''_{\mathrm{fy}}-R''_{\mathrm{mz}} \\
R_{29}=R_0+R''_{\mathrm{fz}}-R''_{\mathrm{mx}} & R_{30}=R_0+R''_{\mathrm{fx}}+R''_{\mathrm{mz}} & R_{31}=R_0-R''_{\mathrm{fz}}+R''_{\mathrm{mx}} & R_{32}=R_0-R''_{\mathrm{fx}}-R''_{\mathrm{mz}}
\end{cases}
$$

六维分量的输出电压表达式为

$$\begin{cases} V_{fx}=\dfrac{E}{R_0}R''_{fx} \\ V_{fy}=\dfrac{E}{R_0}R''_{fy} \\ V_{fz}=\dfrac{E}{R_0}R'_{fz} \\ V_{mx}=\dfrac{E}{R_0}R''_{mx} \\ V_{my}=\dfrac{E}{R_0}R''_{my} \\ V_{mz}=\dfrac{E}{R_0}R''_{mz} \end{cases}$$

8.3.2 关节力矩传感器

装在工业机器人关节上测量关节力的传感器称为关节力传感器，工业机器人关节力矩传感器根据检测原理不同，目前可以分为以下四类：应变片型、磁弹性型、光电型和电容型。

应变片型关节力矩传感器是通过在传感器弹性体上粘贴若干应变片，然后把应变片组成惠斯通电桥电路，利用应变片的应变-电阻效应感知传感器弹性体在负载作用下产生的变形，将弹性体产生的微小的难以测量的应变转换为容易测量的电桥电压变化，再经过一系列信号处理，实现扭矩测量，如图 8-18 所示。

应变片型力矩传感器是目前研究最多，技术最成熟，应用最广泛的一种力矩传感器，广泛应用在静态扭矩和低速动态扭矩的测量上。

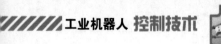

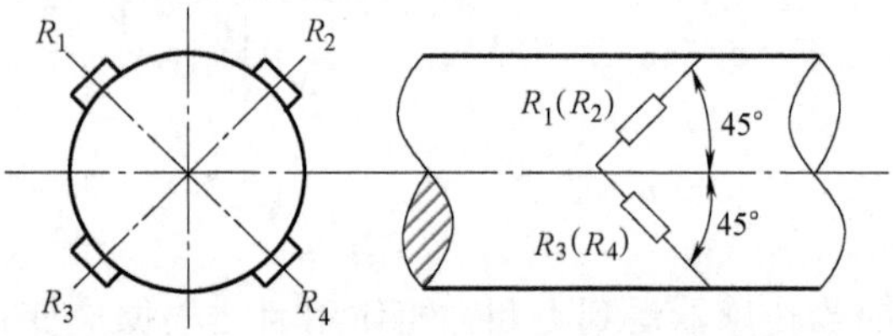

图 8-18　应变片型关节力矩传感器结构图

磁弹性型力矩传感器主要是根据铁磁材料的磁致伸缩效应检测扭矩。磁弹性型扭矩传感器具有线性度高、实时性好、超载能力强等优点，广泛应用在大量程的测量环境中；但其也有比较明显的缺点：容易受外界强磁环境的干扰，不具有普适性；测量精度和分辨力不高，在小量程扭矩加载情况下应用很受限制；结构复杂，体积庞大，不适用对空间有限制的应用场景。

光电型力矩传感器是根据弹性体变形导致光路变化，进而通过建立起光路变化量与扭矩输入量的对应关系，从而实现扭矩测量。基于该方法的力矩传感器结构简单，测量精度高，可用于精密扭矩测量；但对使用环境要求较高，在打磨、抛光等恶劣的工作环境中，空气中大量的粉尘会干扰光路的传播，影响精度；由于光电码盘结构的特殊性，该方法只能用于一维扭矩的测量，对于力矩的测量需求受环境限制。

电容型力矩传感器是通过感知传感器负载引起的内部电容值的改变测量力矩。电容型力矩传感器响应频率快，容易实现过载保护，且实现了非接触测量；但是测量精度较低，不适合高精度场合的使用。

8.3.3 基于SEA的力/力矩检测原理

串联弹性驱动器（Series Elastic Actuator，SEA）作为一种新型的关节驱动器，由于其高保真的力学性能和低阻抗特性，使得它在人机交互环境中具有良好的应用前景，在协作型机器人上已经得到了较多的应用。

SEA是一种柔顺驱动器。主要由驱动器通过机械传动系统串联一个弹性装置（弹簧）组成。典型的SEA的基本配置如图8-19所示，它包括驱动器，传动装置和弹性元件，弹性元件直接与负载连接。

与传统的刚性驱动相比，SEA驱动有很多优点。①串联弹性驱动器相当于一个低通滤波器，对负载的振动有滤波作用，使驱动更加平稳。②串联弹性驱动器把对力的控制问题变为位置控制问题，由于位置的测量比力的测量更容易实现，而且精度更高，改善了力控制的准确度。在串联弹性驱动器中，根据胡克定律，输出力与位置变化量乘以弹簧常量的积成正比。因为通过齿轮传动，位置比力更容易控制，通过降低接口刚度减小了通常由齿轮传动引起的力误差。③增加串联弹簧也更容易实现稳定的力控制。④SEA能储存弹性能量，必要时释放能量以推动负载，这种弹性储能可以显著增加运动效率。

SEA有直线型和旋转型两种。可在弹性元件两头放置精密线性电位器来检测弹性元件的变形量，从而检测负载受力情况，这样就可以完成精确的力控制。机器人关节一般用旋转型SEA，如图8-20所示。

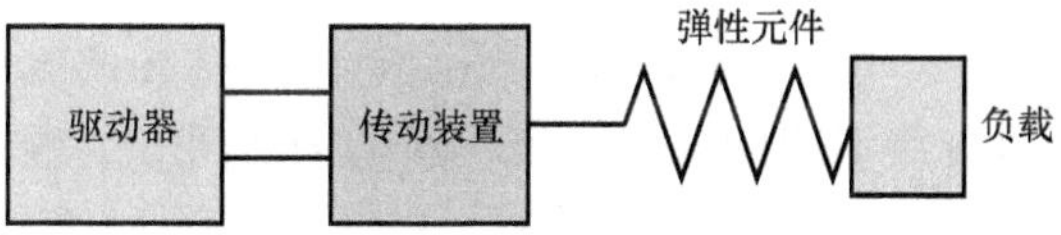

图8-19 SEA结构框图

图8-20 旋转型SEA结构图

8.3.4 力传感器性能指标和应用

1. 精度与分辨率

在工业机器人的力控制中，传感器分辨率非常重要，精密测力传感器已经实现了0.01%的精度，如果分辨率达到1/1000以上就可以用来实现微小的力控制。

2. 校正方法

为了进行高精度校正，需要研究能够正确地向任意两个以上的轴施加作用力的机构。此外，误差分析法和高精度算法正在研究之中。

3. 传感器安全

将力传感器实际安装在机器人上使用时，必须避免发生碰撞。进一步说，即使传感器带有保护机构，发生碰撞时，也存在损坏的可能性。

4. 力控制应用

机器人越来越广泛地应用于与人类协调作业或灵巧操作等任务。此时，混合控制、阻抗控制、双向控制等力控制方法不可缺少，如图 8-21 所示。

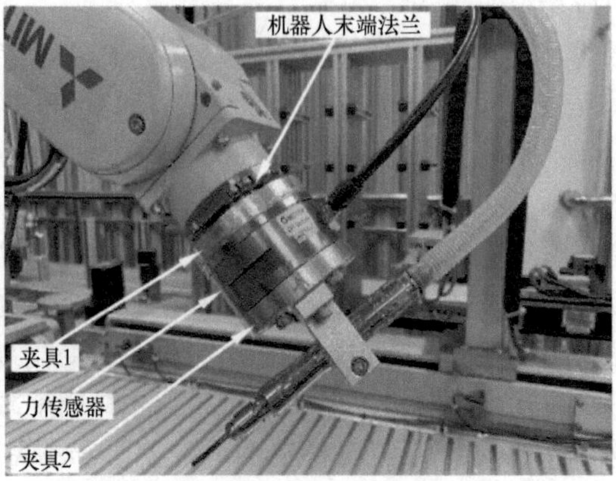

图 8-21 力传感器常用使用场景

8.4 工业机器人的图像传感器

图像视觉信息通过传感器转换成电信号，在空间采样和幅值化后，就形成了一幅数字图像。机器人视觉使用的主要部件是摄像管或固态成像传感器及相应的电子电路。固态成像传感器的关键部分有两种类型：一种是电荷耦合器件（CCD），另一种是电荷注入器件（CID）。与具有摄像管的摄像机相比，固态成像器件有若干优点，它质量轻、体积小、寿命长、功耗低。

电荷耦合图像传感器（Charge Coupled Device，CCD）是由多个光电二极管传输储存电荷的感应装置。它有多个 MOS（Metal-Oxide-Semiconductor，金属-氧化物-半导体）结构的电极，电荷传送的方式是通过向其中一个电极上施加与众不同的电压，产生所谓的势阱，并顺序变更势阱来实现的。

CCD 图像传感器有一维形式的，是将发光二极管和电荷传送部分一维排列制成的。此外还有二维形式的，它可以代替传统的摄像管。二维传感器属于水平和垂直传递电荷的传感器，传送方式有行间传送（interline transfer）、帧行间传送（frame interline transfer）、帧传送（frame transfer）和全帧传送（full frame transfer）四种方式。图 8-22 所示为行间传送的方式，采取二维摄像区域（接收部分）与传送区域平行布置的方法。接收部分多使用二极管。每帧曝

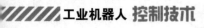

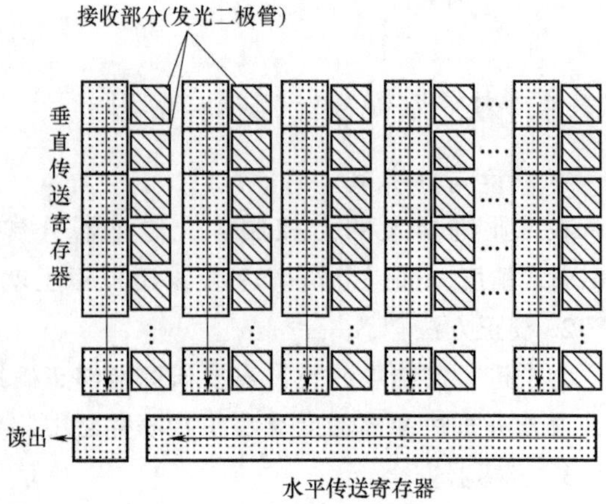

图 8-22 行间传送方式

光所储存的电荷分别被垂直或水平地传送，然后以图像信号的形式被取出。在 CCD 内部电荷传送的效率非常高，因此，其具有高的灵敏度。

CMOS：互补性氧化金属半导体 CMOS（Complementary Metal-Oxide-Semiconductor）和 CCD 一样同为在数码摄像设备中作为记录光线变化的半导体。CMOS 主要利用硅和锗半导体元素互补效应所产生的电流被相应敏感部件记录和形成影像。CMOS 的缺点就是容易出现杂点，从而产生过热的现象。

CCD 的优势在于成像质量好，但制造工艺复杂，导致制造成本较高，特别是大型精密 CCD，商用价格非常高昂。在相同分辨率下，CMOS（Complementary Metal-Oxide-Semiconductor，互补性氧化金属半导体）价格比 CCD 便宜。

工业机器人属于能绝对定位的工控设备，利用视觉对工业机器人进行引导控制属于机器视觉的应用范畴。传统的工业机器人是一个开环系统，编写机器人的运动程序后，机器人末端只能根据程序运行固定的轨迹。在工业机器人视觉分拣系统中，建立了各个坐标系在笛卡儿空间中的闭环。闭环中包括工业机器人工具坐标系、工业摄像机视觉坐标系、机器人机座坐标系。这三个坐标系中的空间点的位置可以互相转换。对于工业摄像头的固定安装方式，通过确定空间点在工业摄像机视觉坐标系中的位置，推导出工业机器人抓取的位姿，进而指导机器人运动。工业机器人视觉系统使用示意图如图 8-23 所示。

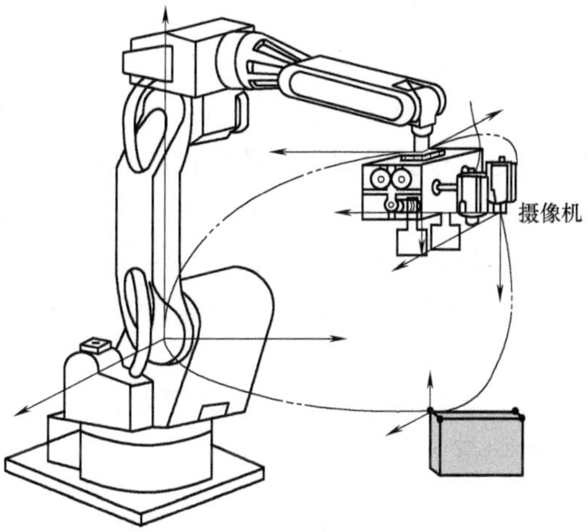

图 8-23　工业机器人视觉系统使用示意图

科学家精神

“两弹一星”功勋科学家：雷震海天

第9章 Chapter

工业机器人轨迹规划

在执行作业任务之前，应该规定机器人的动作步骤、操作顺序和作业进程。这种规划实际上就是一种问题求解技术。首先考虑运动学，已知输入环境和作业对象的模型，据此求解机器人回避障碍物并到达目的地的位置时间序列的过程就是轨迹规划。这就是利用装配作业规划和路径、动作规划，从机器人、障碍物、作业对象物的形状和机构中去掉不可能实现的路径、动作。然后进行动力学的控制，不仅决定位置，也决定速度和加速度的时间序列，并考虑摩擦和碰撞一类的不确定因素的控制，确保这些外力的关节力矩的时间序列来完成作业。

本章讨论机器人路径规划、动作规划和作业顺序规划，并基于 MATLAB 机器人工具箱建立机器人模型，进行轨迹规划与仿真。

9.1 工业机器人轨迹规划概述

机器人轨迹泛指工业机器人在运动过程中的运动轨迹，即运动点的位移、速度和加速度。机器人在作业空间要完成给定的任务，其手部运动必须按一定的轨迹（trajectory）进行。轨迹的生成一般是先给定轨迹上的若干个点，将其经运动学逆解映射到关节空间，对关节空间中的相应点建立运动方程，然后按这些运动方程对关节进行插值，从而实现作业空间的运动要求，这一过程通常称为轨迹规划。

通常将机械臂的运动看成是工具坐标系 $\{T\}$ 相对于工件坐标系 $\{S\}$ 的一系列运动。这种描述方法既适用于各种机械臂，也适用于同一机械臂上装夹的各种工具。对于移动工作台（例如传送带），这种方法同样适用。这时，工件坐标 $\{S\}$ 位姿随时间而变化。

例如，图 9-1 所示将销插入工件孔中的作业可以借助工具坐标系的一系列位姿 P_i 来描述。这种描述方法不仅符合机器人用户考虑问题的思路，而且有利于描述和生成机器人的运动轨迹。

用工具坐标系相对于工件坐标系的运动来描述作业路径是一种通用的作业描述方法。它把作业路径描述与具体的机器人、手爪或工具分离开来，形成了模型化的作业描述方法，从而使这种描述既适用于不同的机器人，也适用于在同一机器人上装夹不同规格的工具。

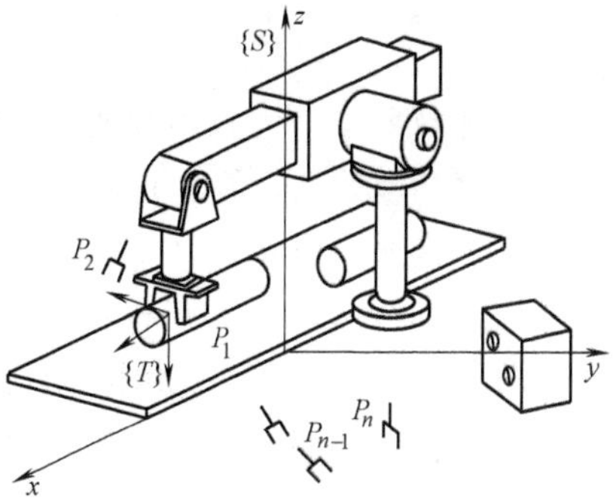

图 9-1 机器人将销插入工件孔中的作业描述

9.1.1 轨迹的生成方式

运动轨迹的描述或生成有以下几种方式：

1. 示教再现方式

这种运动由人手把手示教机器人，定时记录各关节变量，得到沿路径运动时各关节的位移时间函数 $q(t)$；再现时，按内存中记录的各点的值产生序列动作。

示教再现方式类似人们把录在磁带上的“音乐”进行再现，可以反复进行欣赏。首先，人（操作者）直接操作机器人使其完成作业。这时，把机器人的轨迹（位置、速度、加速度）记忆在计算机内。然后通过再现，可使机器人重复进行同一作业。

2. 关节空间方式

路径点（节点）通常用工具坐标系以相对于工件坐标系位姿来表示。为了求得在关节空间形成所要求的轨迹，首先用运动学逆解将路径点转换成关节矢量角度值，然后对每个关节拟合一个光滑函数，使之从起始点开始，依次通过所有路径点，最后到达目标点。

对于每一段路径，各个关节运动时间均相同，这样保证所有关节同时到达路径点和终止点，从而得到工具坐标系应有的位置和姿态。但是，尽管每个关节在同一段路径中的运动时间相同，各个关节函数之间却是相互独立的。

总之，关节空间方式是以关节角度的函数来描述机器人的轨迹的，关节空间方式不必在笛卡儿坐标系中描述两个路径点之间的路径形状，仅以关节角度的函数来描述机器人的轨迹即可，计算简单、省时。再者，由于关节空间与笛卡儿坐标空间之间并不是连续的对应关系，因而不会发生机构的奇异现象，从而可避免在笛卡儿空间规划时出现的关节速度失控问题。

3. 笛卡儿空间方式

在机器人笛卡儿空间规划系统中，作业是用末端位姿的齐次变换矩阵序列规定的。笛卡儿空间运动轨迹是在直角坐标空间中表示的，因此非常直观，人们也能很清晰地看到机器人末端执行器的轨迹。

轨迹规划既可在关节空间也可在直角空间中进行。但是所规划的轨迹函数都必须连续和平滑，使得机器人的运动平稳。轨迹规划在关节空间进行时，是将关节变量表示成时间的函数，并规划它的一阶和二阶时间导数；在直角空间进行规划时，是指将手部位姿、速度和加速度表示为时间的函数。而相应的关节位移、速度和加速度由手部的信息导出。通常通过运动学逆解得出关节位移，用逆雅可比矩阵求出关节速度，用逆雅可比矩阵及其导数求解关节加速度。

9.1.2 机器人轨迹控制方式

在轨迹规划中，为叙述方便，也常用点来表示机器人的状态，或用它来表示工具坐标系的位姿，例如起始点、终止点就分别表示工具坐标系的起始位姿及终止位姿。

对点位作业的机器人（如用于上、下料），需要描述它的起始状态和目标状态，即工具坐标系的起始值 $\{T_0\}$ 和目标值 $\{T_f\}$。在此，用“点”这个词表示工具坐标系的位置和姿态（简称位姿），例如起始点和目标点等。

对于另外一些作业，如弧焊和曲面加工等，不仅要规定机器人的起始点和终止点，而且要指明两点之间的若干中间点（称路径点），必须沿特定的路径运动（路径约束）。这类称为连续路径运动（continuous-path motion）或轮廓运动（contour motion）。

点位控制（PTP 控制）通常没有路径约束，多以关节坐标运动表示。点位控制只要求满足起终点位姿，在轨迹中间只有关节的几何限制、最大速度和加速度约束；为了保证运动的连续性，要求速度连续，各轴协调。连续轨迹控制（CP 控制）有路径约束，因此要对路径进行设计。路径控制与插补方式分类见表 9-1。

表 9-1 路径控制与插补方式分类

路径控制	不插补	关节插补(平滑)	空间插补
点位控制 PTP	(1)各轴独立快速到达 (2)各关节最大加速度限制	(1)各轴协调运动定时插补 (2)各关节最大加速度限制	
连续路径控制 CP		(1)在空间插补点间进行关节定时插补 (2)用关节的低阶多项式拟合空间直线使各轴协调运动 (3)各关节最大加速度限制	(1)直线、圆弧、曲线等距插补 (2)起停线速度、线加速度给定,各关节速度、加速度限制

给出各个路径节点后，轨迹规划的任务包含解变换方程，进行运动学反解和插值计算。大部分工业机器人内部轨迹发生器都只具有直线和圆弧两种插补方式，任何复杂的运动轨迹都可由直线和圆弧去逼近生成。比如用直线逼近，即是用许多一小段一小段直线来代替复杂曲线，也就是用多边形逼近。

比如在关节空间中进行轨迹规划，需要给定机器人在起始点、终止点手臂的形位。对关节进行插值时，应满足一系列约束条件，例如抓取物体时，手部运动方向（初始点），提升物体离开的方向（提升点），放下物体（下放点）和停止点等节点上的位姿、速度和加速度的要求；与此相应的各个关节位移、速度、加速度在整个时间间隔内的连续性要求；其极值必须在各个关节变量的容许范围之内等。在满足所要求的约束条件下，可以选取不同类型的关节插值函数，生成不同的轨迹。

插值函数有三次多项式，五次多项式，非均匀样条曲线等。用直线进行插补时，在两段直线交点的前后速度反向，会使机器人运动形成冲击，可以采用三次多项式进行插值，拟合成圆弧曲线，从而使机器人速度连续，减少冲击。如果要求机器人的加速度也连续，还可以采用五次多项式进行插值。

用直线或圆弧逼近轨迹曲线时，直线或圆弧与轨迹曲线间的最大差值称为插补误差，减小插补误差可以密化插补点，但这会增加数值计算和程序编制的工作量。因此，机器人轨迹曲线的插补点并不是越密越好，而是在满足精度的条件下，减少插补点，保证系统要求的插补误差即可。

连续路径的无障碍的轨迹规划通常采用轨迹生成器，可形象地将其看成为一个黑箱（图 9-2），其输入包括路径的“设定”和“约束”，输出的是机械臂末端执行器的“位姿序列”，表示手部在各离散时刻的中间形位。机械臂最常用的轨迹规划方法有两种：

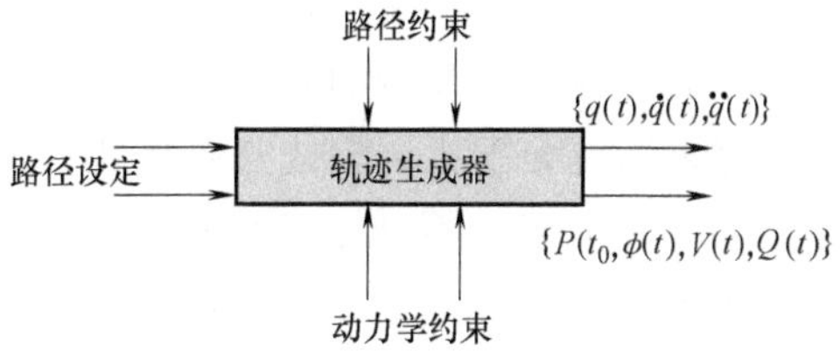

图 9-2 轨迹生成器

第一种方法要求用户对于选定的轨迹节点（插值点）上的位姿、速度和加速度给出一组显式约束（例如连续性和光滑程度等），轨迹生成器从一类函数（例如 n 次多项式）中选取参数化轨迹，对节点进行插值，并满足约束条件。

第二种方法要求用户给出运动路径的解析式，如直角坐标空间中的直线路径，轨迹生成器在关节空间或直角坐标空间中确定一条轨迹来逼近预定的路径。

在第一种方法中，约束的设定和轨迹规划均在关节空间进行。由于对机械臂手部（直角坐标形位）没有施加任何约束，用户很难弄清手部的实际路径，因此可能会发生与障碍物相碰。第二种方法的路径约束是在直角坐标空间中给定的、而关节驱动器是在关节空间中受控的。因此，为了得到与给定路径十分接近的轨迹，首先必须采用某种函数逼近的方法将直角坐标路径约束转化为关节坐标路径约束，然后确定满足关节路径约束的参数化路径。

为了描述一个完整的作业，通常涉及以下几方面的问题：

1）对工作对象及作业进行描述，用示教方法给出轨迹上的若干个节点。

2）用一条轨迹通过或逼近节点，此轨迹可按一定的原则优化，如加速度平滑得到直角空间的位移时间函数 $X(t)$ 或关节空间的位移时间函数 $q(t)$。在节点之间如何进行插补，即根据轨迹表达式在每一个采样周期实时计算轨迹上点的位姿和各关节变量值。

3）以上生成的轨迹是机器人位置控制的给定值，可以据此并根据机器人的动态参数设计一定的控制规律。

4）规划机器人的运动轨迹时，尚需明确其路径上是否存在障碍约束的组合。一般将机器人的规划与控制方式分为四种情况，见表 9-2。影响路径动作规划的是机器人的自由度数、路径约束的有无和有无障碍约束。

表 9-2 机器人的规划与控制方式

		障碍约束	
		有	无
路径约束	有	离线无碰撞路径规则+在线路径跟踪	离线路径规划+在线路径跟踪
	无	位置控制+在线障碍探测和避障	位置控制

9.2 机器人的路径规划

机器人的路径规划分为结构化环境（已知环境）与非结构化环境（未知环境）路径规划两种。结构化环境路径规划分为手工路径规划与计算机辅助路径规划两种。手工路径规划也称为在线示教再现的路径规划。计算机辅助路径规划主要是针对作业任务较复杂时，在离线编程仿真环境中通过计算机辅助进行路径规划设计。非结构化环境需要辅助传感器等进行智能化路径规划。

使用机器人代替工人进行自动化作业，必须预先赋予机器人完成作业所需的信息，即运动轨迹、作业条件和作业顺序。

运动轨迹是机器人为完成某一作业，工具中心点（TCP）所掠过的路径，它是机器人示教的重点。示教时，不可能将作业运动轨迹上所有的点都示教一遍，一是费时；二是占用大量的存储空间。实际上，对于有规律的轨迹，原则上仅需示教几个程序点。例如，直线轨迹示教 2 个程序点（直线起始点和直线结束点）；圆弧轨迹示教 3 个程序点（圆弧起始点、圆弧中间点和圆弧结束点）。

当再现图 9-3 所示的运动轨迹时，机器人按照程序点 1 输入的插补方式和再现速度移动到程序点 1 的位置。然后在程序点 1 和 2 之间，按照程序点 2 输入的插补方式和再现速度移动。同样，在程序点 2 和 3 之间，按照程序点 3 输入的插补方式和再现速度移动。依次类推，当机器人到达程序点 3 的位置后，按照程序点 4 输入的插补方式和再现速度移向程序点 4 的位置。

由此可见，机器人运动轨迹的示教主要是确认程序点的属性。一般来讲，每个程序点主要包含如下 4 部分信息。

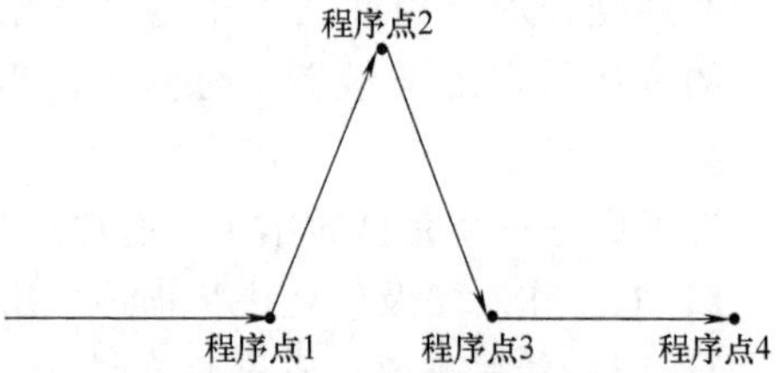

图 9-3 机器人运动轨迹

（1）位置坐标　描述机器人 TCP 的 6 个自由度（3 个平动自由度和 3 个转动自由度）。

（2）插补方式　机器人再现时，从前一程序点移动到当前程序点的动作类型。

（3）再现速度　机器人再现时，从前一程序点移动到当前程序点的速度。

（4）空走点/作业点　机器人再现时，决定从当前程序点移动到下一程序点是否实施作业。作业点则指从当前程序点移动到下一程序点的整个过程需要实施的作业，主要有作业开始点和作业中间点两种情况；空走点指从当前程序点移动到下一程序点的整个过程不需要实施作业，主要用于示教除作业开始点和作业中间点之外的程序点。

9.2.1 手工路径规划

在工业机器人应用系统中，机器人的作业示教是一个关键环节。其中，在线示教因简单直观、易于掌握，是工业机器人目前普遍采用的示教方式，也称为手工路径规划。

1. 特点

由操作人员手持示教器引导，控制机器人运动，记录机器人作业的程序点并插入所需的机器人命令来完成程序的编制。典型的示教过程是依靠操作者观察机器人及其末端夹持工具相对于作业对象的位姿，通过操作示教器对机器人进行操作，反复调整程序点处机器人的作业位姿、运动参数和工艺条件，然后将满足作业要求的这些数据记录下来。示教过程完成后，机器人自动运行（再现）示教时记录的数据，通过插补运算，就可重复再现在程序点上记录的机器人位姿。

在早期的机器人作业编程系统中，还有一种人工牵引示教（也称直接示教或手把手示教）。即由操作人员牵引装有力-力矩传感器的机器人末端执行器对工件实施作业，机器人实时记录整个示教轨迹与工艺参数，然后根据这些在线参数就能准确再现整个作业过程。该示教方式控制简单，但劳动强度大，操作技巧性高，精度不易保证。如果示教失误，修正路径的唯一方法就是重新示教。因此，通常所说的在线示教编程主要指前一种（示教器）方式。

综合而言，采用在线示教进行机器人作业任务编制具有如下特点：

1）利用机器人具有较高的重复定位精度的优点，降低了系统误差对机器人运动绝对精度的影响，这也是目前机器人普遍采用这种示教方式的主要原因。

2）要求操作者具有相当的专业知识和熟练的操作技能，并需要现场近距离示教操作，因而具有一定的危险性，安全性较差。对工作在有毒粉尘、辐射等环境下的机器人，这种编程方式有害操作者的健康。

3）示教过程烦琐、费时，需要根据作业任务反复调整末端执行器的位姿，占用了大量的机器人工作时间，时效性较差。

4）机器人在线示教的精度完全靠操作者的经验决定，对于复杂运动轨迹难以取得令人满意的示教效果。

5）出于安全考虑，机器人示教时要关闭与外围设备联系的功能。然而，对那些需要根据外部信息进行实时决策的应用就显得无能为力。

6）在柔性制造系统中。这种编程方式无法与 CAD 数据库相连接。这对工厂实现 CAD/CAM/Robotics 一体化造成困难。

基于上述特点，采用在线示教的方式可完成那些应用于大批量生产、工作任务简单且不变化的机器人作业任务编制。

2. 在线示教的基本步骤

下面，通过在线示教方式为机器人输入从工件 A 点到 B 点的加工程序（见图 9-4），此程序由编号 1~6 的 6 个程序点组成，每个程序点的用途说明见表 9-3。为提高工作效率，通常将程序点 6 和程序点 1 设在同一位置。

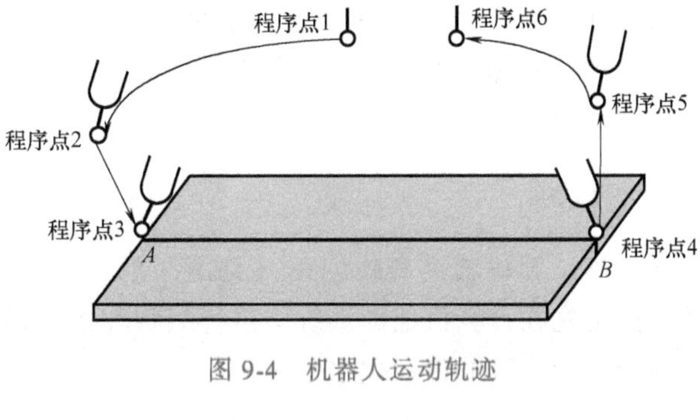

图 9-4 机器人运动轨迹

表 9-3 程序点说明

程序点	说明	程序点	说明	程序点	说明
程序点 1	机器人原点	程序点 3	作业开始点	程序点 5	作业规避点
程序点 2	作业临近点	程序点 4	作业结束点	程序点 6	机器人原点

以图 9-4 所示的运动轨迹为例，给机器人输入一段直线焊缝的作业程序。处于待机位置的程序点 1 和程序点 6，要处于与工件、夹具等互不干涉的位置。另外，机器人末端工具由程序点 5 向程序点 6 移动时，也要处于与工件、夹具等互不干涉的位置。具体示教方法请参照表 9-4。

表 9-4 运动轨迹示教方法

程序点	示教方法
程序点 1 （机器人原点）	①手动操纵机器人移动到原点 ②将程序点属性设定为“空走点”，插补方式选“PTP” ③确认保存程序点 1 为机器人原点
程序点 2 （作业临近点）	①手动操纵机器人移动到作业临近点 ②将程序点属性设定为“空走点”，插补方式选“PTP” ③确认保存程序点 2 为作业临近点
程序点 3 （作业开始点）	①手动操纵机器人移动到作业开始点 ②将程序点属性设定为“作业点/焊接点”，插补方式选“直线插补” ③确认保存程序点 3 为作业开始点 ④如有需要，手动插入焊接开始作业命令
程序点 4 （作业结束点）	①手动操纵机器人移动到作业结束点 ②将程序点属性设定为“空走点”，插补方式选“直线插补” ③确认保存程序点 4 为作业结束点 ④如有需要，手动插入焊接结束作业命令
程序点 5 （作业规避点）	①手动操纵机器人移动到作业规避点 ②将程序点属性设定为“空走点”，插补方式选“直线插补” ③确认保存程序点 5 为作业规避点
程序点 6 （机器人原点）	①手动操纵机器人到原点 ②将程序点属性设定为“空走点”，插补方式选“PTP” ③确认保存程序点 6 为机器人原点

通过上述基本操作不难看出，机器人在线示教方式存在占用机器人时间长、效率低等诸多缺点，这与当今市场的柔性化发展趋势（多品种、小批量）背道而驰，已无法满足企业对高效、简单的作业示教需求。计算机辅助离线编程正是在这种产品寿命周期缩短、生产任务更迭加快、任务复杂程度增加的背景下应运而生的。

9.2.2 计算机辅助路径规划

计算机辅助路径规划通过计算机辅助离线编程（见图 9-5），不需要操作者对实际作业的机器人直接进行示教，而是先在计算机辅助系统中进行编程和仿真，也称为离线编程，从而提高机器人的使用效率和生产过程的自动化水平。

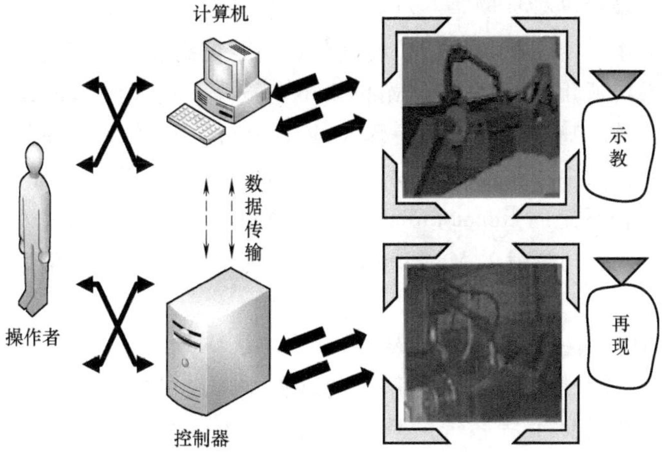

图 9-5　机器人的离线编程

1. 特点

计算机辅助路径规划是利用计算机图形学的成果，建立起机器人及其工作环境的几何模型，通过对图形的控制和操作，使用机器人编程语言描述机器人作业任务，然后对编程的结果进行三维图形动画仿真，仿真计算、规划和调试机器人程序的正确性，并生成机器人控制器可执行的代码，最后通过通信接口发送至机器人控制器。

近年来，随着机器人远距离操作、传感器信息处理技术等的进步，基于虚拟现实技术的机器人作业示教已成为机器人学中的热点研究方向。它将虚拟现实作为高端的人机接口，允许用户通过声、像、力等多种交互方式实时地与虚拟环境交互。根据用户的指挥或动作提示，示教或监控机器人进行复杂的作业，如图 9-6 所示。

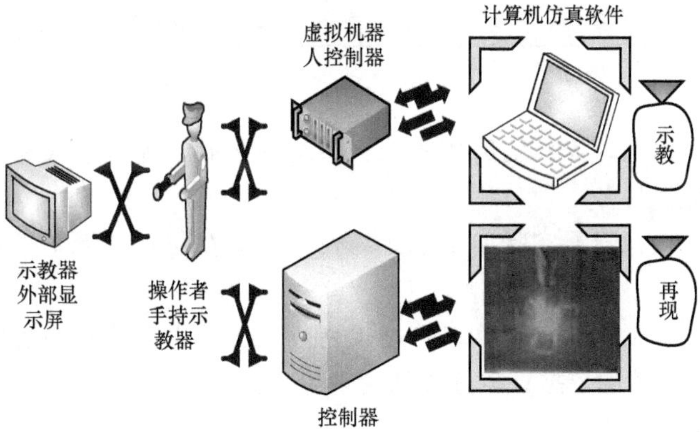

图 9-6　机器人的虚拟示教

与传统的在线示教相比，计算机辅助离线编程除克服在线示教的缺点外，还有以下优点：

1）程序易于修改，适合中、小批量的生产要求。

2）能够实现多台机器人和辅助外围设备的示教和协调。

3）能够实现基于传感器的自动规划功能。

计算机辅助离线编程已被证明是一种有效的示教方式，可以增加安全性，减少机器人不工作的时间和降低成本。由于机器人定位精度的提高、控制装置功能的完善、传感器应用的增多以及图形编程系统所用的 CAD 工作站价格不断下降，离线编程迅速普及，成为机器人编程的发展趋向。当然，离线编程要求编程人员有一定的预备知识，离线编程的软件也需要一定的投入，这些软件大多由机器人公司作为用户的选购附件出售，如 ABB 机器人公司开发的基于 Windows 操作系统的 RobotStudio 软件，FANUC 机器人公司开发的 ROBOGUIDE 软件，YASKAWA 机器人公司开发的 MotoSim EG-VRC 软件和 KUKA 机器人公司开发的 Sim Pro 软件等。

2. 计算机辅助离线编程系统的软件架构

计算机辅助离线编程是在离线编程系统的软件中通过鼠标和键盘操作机器人的三维图形。典型机器人计算机辅助编程系统的软件构架如图 9-7 所示，主要由建模模块、布局模块、编程模块、仿真模块、程序生成模块及通信模块组成。

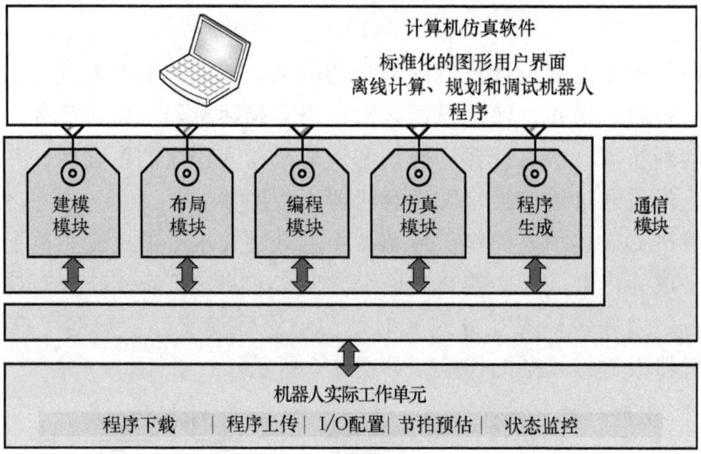

图 9-7　典型机器人离线编程系统的软件架构

（1）建模模块　这是计算机辅助离线编程系统的基础，为机器人和工件的编程与仿真提供可视的三维几何造型。

（2）布局模块　按机器人实际工作单元的安装格局在仿真环境下进行整个机器人系统模型的空间布局。

（3）编程模块　包括运动学计算、轨迹规划等，运动学计算是系统中控制图形运动的依据，即控制机器人运动的依据；轨迹规划用来生成机器人关节空间或直角空间的轨迹，以保证机器人完成既定的任务。

（4）仿真模块　用来检验编制的机器人程序是否正确、可靠，一般具有碰撞检查功能。

（5）程序生成　把仿真系统所生成的机器人运动程序转换成被加载机器人控制器可以接受的代码指令，以便命令真实机器人工作。

（6）通信模块　这是离线编程系统的重要部分，可分为用户接口和通信接口两部分：用户接口一般设计成交互式，可利用鼠标操作机器人的运动；通信接口负责连接离线编程系统与机器人控制器，通过它可把仿真系统生成的作业程序下载到控制器。

在计算机辅助离线编程软件中，机器人和设备模型均为三维显示，可直观设置、观察机器人的位置、动作与干涉情况。在实际购买机器人设备之前，通过预先分析机器人工作站的配置情况，可使选型更加准确。计算机辅助离线编程软件使用的力学、工程学等计算公式和实际机器人完全一致。因此，模拟精度很高，可准确无误地模拟机器人的动作。计算机辅助离线编程软件中的机器人设置、操作和实际机器人上的几乎完全相同，程序的编辑画面也与在线示教相同。计算机辅助利用离线编程软件做好的模拟动画可输出为视频格式，便于研究和交流。

无论采用在线示教还是离线编程，其主要目的是完成机器人运动轨迹、作业条件和作业顺序的示教，如图 9-8 所示。

因为计算机辅助离线编程是在模拟环境中实现的，坐标系与机器人实际工作的坐标系存在误差，所以其程序并不能直接下载到机器人上运行，需要进行在线标定。

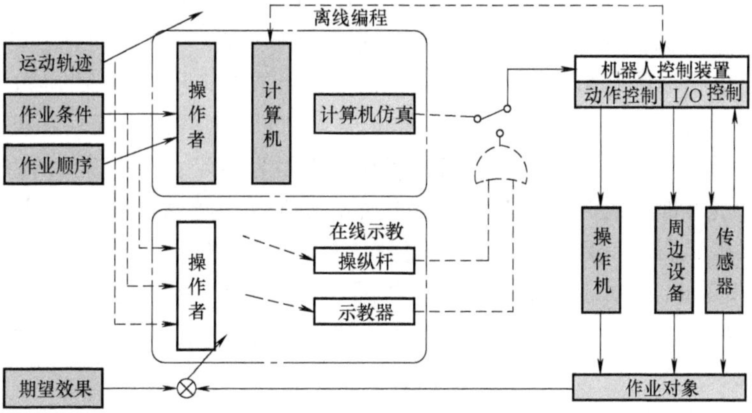

图 9-8 机器人示教的主要内容

9.2.3 机器人路径规划的智能化

机器人具有多个自由度，受复杂运动方程（动力学）的支配，存在摩擦等不确定因素。因此，巧妙地操纵机器人完成作业，对于操作者来说不仅要果断还要熟练。实际上，操作者要经受多次失败后才能用机器人完成作业。这时，操作人员完全能体会到动力学等机器人的动作特性，尤其是摩擦和碰撞等机器人同外界的相互作用。因此，通过这种熟练操作，可在短时间内选出不仅是位置而且也包括速度和加速度的“轨迹”，按照这个“轨迹”，特定的机器人可高效完成特定的作业。因此，工厂现场的焊接和涂装作业当中，此法即使到今天还被广泛使用。

可是，如果机器人和作业更换，操作员以前掌握的技能就变得没用了。而且技能还会慢慢忘却，所以操作员保持熟练程度也难。尤其是经过多次试操作选择的“轨迹”还不确定是否是最佳的，说不定还有更好的。由于这种原因，基于数学和物理学对机器人和作业进行分析，目的就在于使初学者也能够示教机器人的作业，选出最佳轨迹，并用程序把它存储起来，这就是机器人的智能化，着眼于人们从理论上理解机器人和作业，并用计算机语言来记述它。

机器人路径规划的智能化也指机器人在非结构化环境下通过环境感知进行推理、决策和学习等智能活动，实现在复杂未知环境中的路径规划。通过工况在线感知、工艺知识自主学习、自主规划执行大闭环过程，不断提升机器人性能、增强自适应能力，是高品质工业自动化的必然选择。

9.2.4 移动机器人路径规划

随着“中国制造 2025”的深入推进，制造业升级及工业化、信息化的发展，在现代化工厂中，智能导引车（AGV）等的大量应用，移动机器人的路径规划也越来越多。

为了说明简单，限定机器人为 2 自由度，并以此来说明机器人一面回避障碍物一面到达目的地的路径规划。通常机器人大致分为起到人腿作用的移动机器人（mobile robot）和起到手作用的机器人机械手（robotic manipulator）。这里，可以对移动机器人假定只考虑两个位置自由度（X，Y 轴上的位置），不考虑姿态方面的一个自由度（绕中心的回转），也可以对机械手假定有两个关节（电动机）。本节主要说明规划移动机器人到达目的地路径的方法和规划机器人手臂（机器人机械手）到达目的地路径的方法。

一般来讲，由于地图是由机器人和障碍物的模型组成的，所以有地图时的路径规划称为基于模型的路径规划（model based path planning）。基于模型的路径规划在机器人开始动作之前就完成了路径规划，机器人沿着其路径行动。正因为如此，基于模型的路径规划称为离线路径规划。另一方面，没有地图时的路径规划，机器人用外部传感器（视觉、超声波传感器、光传感器等）得到一面回避障碍一面到达目的地的路径，由此称为基于传感器的路径规划（sensor basedpath planning）。在基于传感器的路径规划中，若是发现未知的障碍物，就进行回避，从满足能够到达目的地条件的地方离开障碍物。由此，基于传感器的路径规划称为在线路径规划。

对于前者，首先说明为了快速选择最佳（最短）路径，应采用怎样的数据结构来表现地图。一般来讲，最佳（最短）路径由于接近障碍物，如果有位置误差，机器人与障碍物碰撞的可能性很高。下面要说明的是为防止碰撞除了最佳性以外更重视安全性的方法，即为了选择离障碍物足够远的安全路径，应采用怎样的数据结构来表现地图。这里由于采用一种 OR 表，所以选出路径的算法可用古典的算法。

另一方面，对于后者，这里就机器人用传感器一面检测障碍物一面进行回避，最终到达目的地的路径规划算法做些说明。如依据这种算法，即使存在位置误差，机器人也不会迷失确定的路径，而最终到达目的地附近。

移动机器人只考虑 2 自由度［例如位置（X，Y）］时，或机械手有 2 个自由度（例如两个关节）时，生成 2 自由度的点机器人。这里，取可全方位移动且用圆表示的移动机器人为例。首先，由于能全方位移动，所以可忽略移动机器人的方向（姿态的自由度）。其次，由于能用圆表示机器人，所以可把障碍物径向扩张，机械人缩成一个点（见图 9-9）。由此，在存在扩张了的障碍物的地图（X-Y 平面）上，可以规划成为点的机器人 R 的路径。

首先，说明基于模型的路径规划。为了快速选取路径，用所谓图的数据结构表示地图。所谓图就是用弧连接节点的数据结构，节点意味着机器人的位置，弧意味着两个位置间的移动（见图 9-10）。在图上给出距离、工作量或时间等，把希望的最佳值作为费用作用于弧上。弧记忆进入节点和输出节点，总是回到原来的地方（程序上称为指针返回）。而且，如果能在两个方向移动则用无向弧，只能单方向移动的用有向弧。例如图 9-10 所示，从节点 A 到节点 B 两个方向上用费用 7 移动，但从节点 C 到节点 D 只能一个方向移动，其费用是 3。

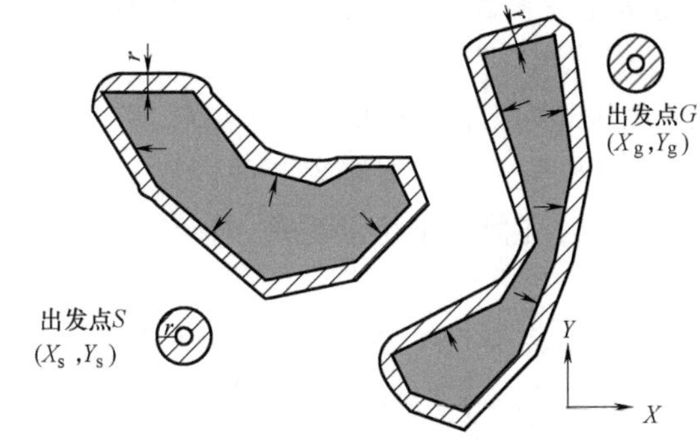

图 9-9　障碍物扩张法和只考虑位置的导航

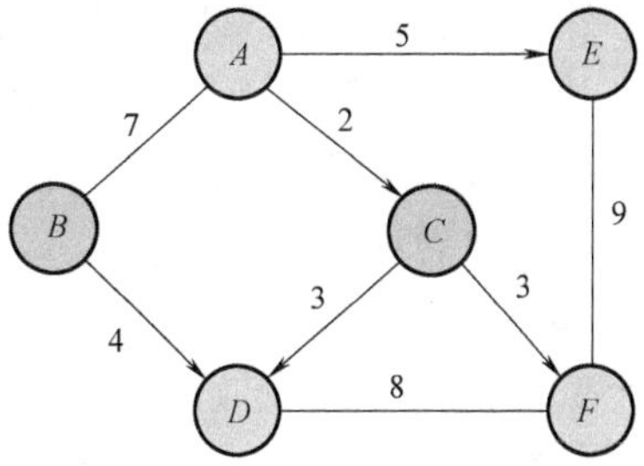

图 9-10　图（节点和弧）

1. 基于模型的路径规划

首先以基于模型的路径规划的一个典型例子，来说明一下重视用最短路径到达目的地的切线图（见图 9-11），以及重视安全回避障碍物的 Voronoi 图（见图 9-12）。

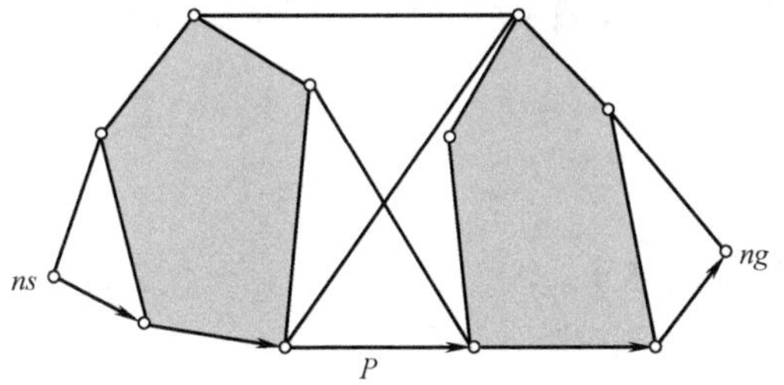

图 9-11　切线图

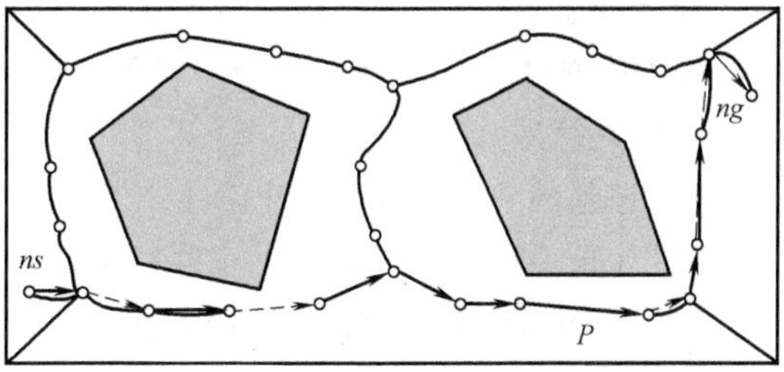

图 9-12　Voronoi 图

切线图用障碍物的切线表示弧。由此可选择从起始节点 *ns* 到目标节点 *ng* 的最佳（最短）路径。可是，若偏离了自己的位置而离开路径，移动机器人碰撞障碍物的可能性会很高。而 Voronoi 图用尽可能远离障碍物和墙壁的路径表示弧。由此，虽然从起始节点 *ns* 到目标节点 *ng* 的路径有些加长，但即便偏离了自己的位置规定的路径，也可避免碰撞障碍物的情况发生。

无论哪一种图都是由节点和弧构成的，用节点表示起始点、经过点、目标点；用无向弧表示其间的路径，其上附加有作为费用的欧几里得距离。最后，无论哪个图，都是用算法 A 选出任意路径，用算法 A^* 选出最短路径。

（1）切线图　在切线图上虽然可选择从起始节点 *ns* 到目标节点 *ng* 的最短路径，但移动机器人必须几乎接近障碍物行走（见图 9-11）。即切线图是把障碍物之间的切线图形化得到的。所以用节点表示切点，用弧表示连接两切点的路径。这时，弧上可附加两端点间的欧几里得距离作为费用。

这种路径规划首先把对应起始点 *S* 和目标点 *G* 的两个节点 *ns* 和 *ng* 标注在新的切线图上，然后用算法 A^* 选出最佳（最短）路径 *P*，最后，使点机器人 R 沿着路径 *P* 进行 PTP 控制和 CP（continuous path）控制，把移动机器人引导到目的地。如果在这种控制过程中产生位置误差，机器人碰撞障碍物的可能性会较高。

（2）Voronoi 图　Voronoi 图由于可选择从起始节点 *ns* 到目标节点 *ng* 的安全路径，所以移动机器人能够在离障碍物足够远的路径上行走（见图 9-12）。即 Voronni 图可用弧表示距两个以上障碍物和墙壁表面等距离的点阵，用节点表示它们的交叉位置。这时，弧的费用可用连接节点点阵的欧几里得距离给出。

这种路径规划首先把对应起始点 S 和目标点 G 的起始节点 ns 和目标节点 ng 标注在图上，然后用搜索算法 A^* 选出安全路径 P。最后，使点机器人 R 沿着路径 P 进行 PTP 控制和 CP 控制，把移动机器人引导到目的地。采用这种控制时即使产生位置误差，移动机器人也不会碰撞障碍物。

（3）搜索算法 A^*（A） 算法 A^*(A) 一面计算节点 n 的费用 $f(n)$，一面搜索图 G。这个费用 $f(n)$ 是从起始节点 ns 经由当前节点 n 到目标节点 ng 的最小费用（最短距离）的估价函数。可用 $f(n)=g(n)+h(n)$ 来计算。式中，$g(n)$ 是起始节点 ns 和当前节点 n 之间的现时点上的最小费用（最短距离）。而 $h(n)$ 是当前节点 n 和目标节点 ng 之间的最小费用 $h^*(n)$ 的估计值，称为启发式函值。

OPEN 是管理以后扩展节点的明细表，所有节点按费用 f 递增顺序排列，CLOSED 是管理已扩展节点的明细表。

通常搜索算法 A^*(A)，从节点 n 扩展的所有节点 n' 中，把必要的节点同费用 $f(n')$ 都标注在 OPEN 中，这个操作称为“扩展节点 n”。

下面是算法 A^*(A) 的程序：

1）把起始节点 ns 代入 OPEN。

2）如果 OPEN 是空表，由于路径不存在，所以算法终止。

3）从 OPEN 取出之前（费用 f 最小）的节点 n，并把它移到 CLOSED。

4）如果节点 n 是目标节点 ng，则顺次返回到原来的节点上（程序上是追寻指针）。然后，若是到达起始节点 ns，则终止算法，得到一个路径。

5）如果不是这样，扩展节点 n，把指针从其子节点 n' 返回到节点 n（记住从哪来的）。然后，对所有的子孙节点 n' 做以下工作：

如果节点 n' 不在 OPEN 或 CLOSED 表中，则它就是新的搜索节点。因此，首先计算估计值 $h(n')$（从节点 n' 到节点 ng 的最短距离的估计值），其次计算评价值 $f(n')=g(n')+h(n')$，式中，$g(n')=g(n)+c(n,n')$，$g(ns)=0$，$c(n, n')$ 是连接节点 n 和 n' 弧的费用。然后，把节点 n' 同估计值 $f(n')$ 都代入 OPEN。

若节点 n' 存在于 OPEN 或 CLOSED 表中，则它就是已被搜索的节点。于是，把指针指向带来最小值 $g(n')$ 的路径上（变更来自的地方）。然后，在这个指针发生替换时，若节点 n' 存在于 CLOSED 中，则把它返回到 OPEN 后，再计算 $f(n')=g(n')+h(n')$。

6）返回到2）。估计值 h 比真值 h^* 小或相等时，上述的算法变为 A^*，可选出从起始节点 ns 到目标节点 ng 的最佳路径（总计费用最小的路径）。如不是这样，算法变为 A，可选出从起始节点 ns 到目标节点 ng 的满足要求的路径（总计距离最短的路径）。

因此，机器人的路径规划多用从当前地点（x_p，y_p）或（θ_{1p}，θ_{2p}）到目的地（x_g，y_g）或（θ_{1g}，θ_{2g}）的平方范数 $\sqrt{(x_g-x_p)^2+(y_g-y_p)^2}$ 定义估计值。这个估计值 h 常常比 h^* 小，成为算法 A^*，用它可选择最佳路径。

图 9-13 的搜索图 G 存在估计值 h（在节点上用括号给出）比真值 h^* 大的节点。例如，

节点 A 和 H 的估计值 h 是 8 和 4，但到达目的地的最小真值是 7 和 2。由于这个费用评价过大，存在于最短路径上的节点 H 等可以忽略，算法错过了费用 8 的最佳路径，最终得到费用 9 的满足要求的路径。下面用图 9-14 说明这个过程。

首先，起始节点 S 被代入 OPEN（见图 9-14a），扩展后移到 CLOSED，节点 A 和 B 被代入 OPEN（见图 9-14b）。由于节点 A 和 B 的评价值分别为 10，8，所以扩展节点 B，节点 D，E，F 评价值分别为 9，8，10，全都代入 OPEN，节点 B 被移到 CLOSED（见图 9-14c）。然后扩展值 f 最小的节点 E，节点 H 同评价值 10 都代入 OPEN，节点 E 被移到 CLOSED。

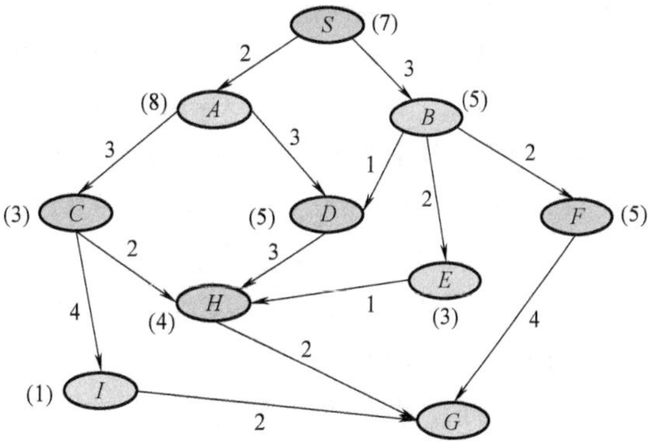

图 9-13 搜索图 G

（有的地方估计值比真值大）

其次，值 f 最小的节点 D 扩展后移到 CLOSED，节点 H 被再次搜索。这时，如果注意到节点 H 的值 g，由于过去的费用 6（经由节点 E，B 返回到节点 S）比新的费用 7（经由节点 D，B 返回到 S）小，所以不更换指针（见图 9-14d）。

由于 OPEN 上存在评价值 f 为 10 的三个节点 A，H，F，所以用中断连接扩展节点 A，节点 C 同评价值 8 都代入 OPEN，节点 A 被移到 CLOSED。然后，扩展值 f 最小的节点 C，被移到 CLOSED。而节点 I 同评价值 10 都代入 OPEN，再次搜索节点 H。这时，如果注意到节点 H 的值 g，由于过去的费用 6（经由节点 E、B 返回到节点 S）比新的费用 8（经由节点 C，A 返回到 S）小。所以不用更换指针。由于 OPEN 上存在评价值 f 为 10 的三个节点 F、H、I，所以用中断连接扩展节点 F，节点 G 连同评价值 9 都代入 OPEN，节点 F 被移到 CLOSED（见图 9-14e）。

最后，如果选择节点 G 作为值 f 最小的节点，将指针返回到节点 F、B、S，最终将得到

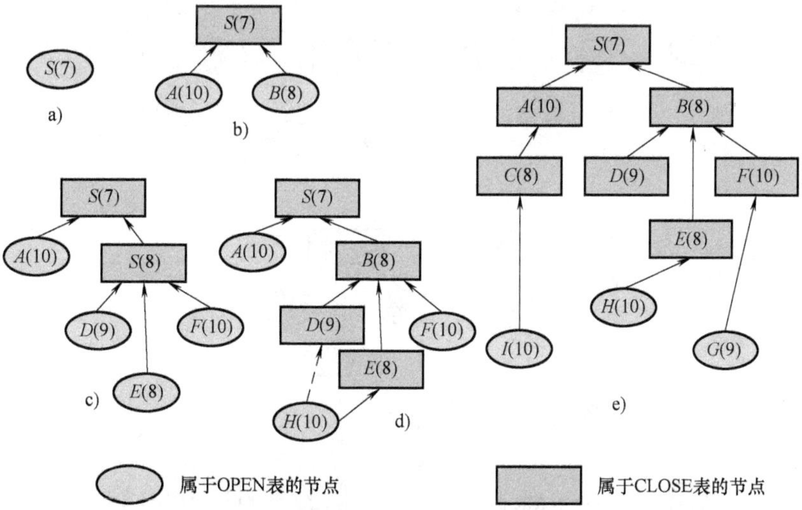

图 9-14 利用算法 A 选择满足路径

费用 9 的路径。

另外，在图 9-15 的搜索图 G 上，所有节点的估计值 h（在节点上用括号给出）常常比真值 h^* 小或相等。因此，一定要调整最短路径上的节点，以费用 8 的最短路径终止。图 9-16 可说明这一过程。

首先，初始节点 ns 被代入 OPEN，扩展后移到 CLOSED，节点 A 和 B 代入 OPEN。由于节点 A、B 的评价值 f 分别为 6、8，所以节点 A 扩展后移到 CLOSED，节点 B、C、D 连同各自的评价值 8、8、10 都代入 OPEN。这里用中断连接扩展节点 B 后代入 CLOSED，节点 E、F 同评价值 8、9 都代入 OPEN，再次搜索节点 D。

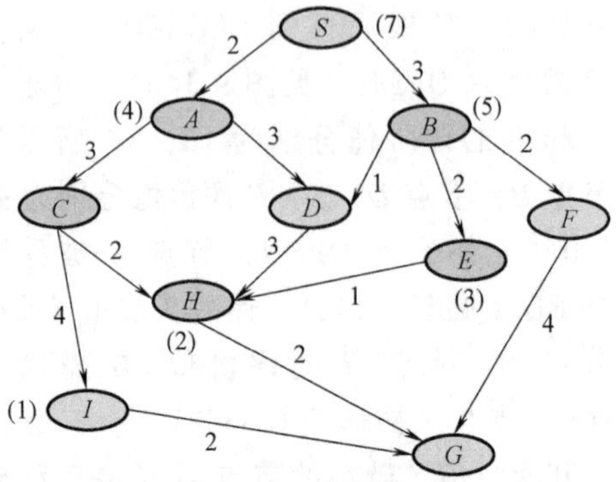

图 9-15 搜索图 G

（估计值 h 常比真值 h^* 小）

这时，如果注意到节点 D 的值 g，由于新的费用值 4（经由节点 B 返回到节点 S）比过去的费用 5（经由节点 A 返回到节点 S）小，所以要更换指针，重新计算的评价值 f 变为 9（见图 9-16a）。这里，仍然用中断连接扩展节点 C 后移到 CLOSED，节点 I、H 同新的评价值 10、9 都代入 OPEN（见图 9-16b）。然后，把扩展值 f 最小的节点 E 代入 CLOSED，再次搜索节点 H。

这时，注意到节点 H 的值 g，由于过去的费用 7（经由节点 C，A 返回节点 S）比新的费用 6（经由节点 E、B 返回到节点 S）要小，所以更换指针，重新计算的评价值 f 为 8（见图 9-16c），然后，把扩展值 f 最小的节点 H 代入 CLOSED，节点 G 以评价值 8 代入 OPEN。

最后，节点 G 如果选择作为值 f 最小的节点，则把指针返回到节点 H、E、B、S，最终得到费用 8 的最短路径。这里，由于节点 H 的估计值 h 与真值 h^* 相比过小，所以这个最佳

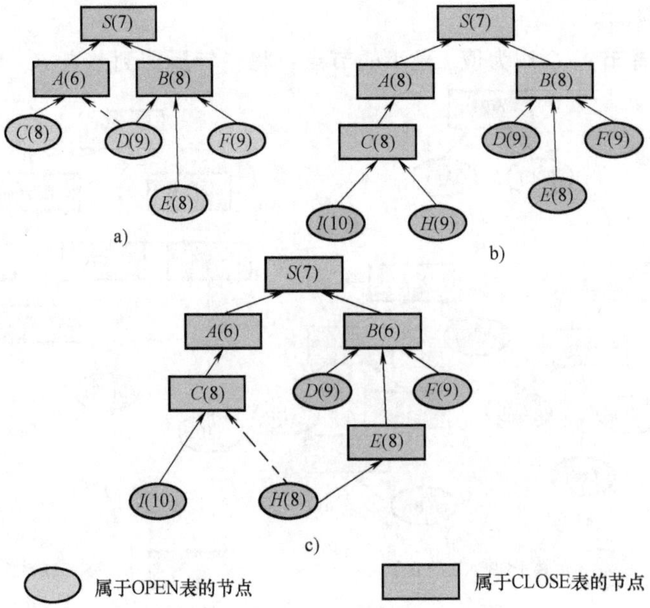

图 9-16 利用算法 A^* 选择最佳路径

路径上的节点必须调整。

2. 基于传感器的路径规划

其次以基于传感器的路径规划的典型例子，来说明另一种保证移动机器人到达目的地的算法 Class2。

Class2 算法首先移动机器人向目的地直线前进，若是机器人受到障碍物阻碍，移动机器人顺时针或逆时针转过障碍物。如果目的地的方向有空位，并且比碰撞地点更接近目的地，移动机器人就离开障碍物向目的地直线前进（见图 9-17）。按照这个程序，经过脱离点 L_i 和碰撞点 H_i，不断接近目的地 G，点机器人 R 可能与障碍物碰撞的领域 R_i 单调减少（领域 R_1-R_2-R_3-R_4）。由此，移动机器人最终到达目的地 G。

下面是算法 Class2 的程序。

1）初始设定 $L_0=S=R$，$i=0$。

2）在下述事件成立之前，点机器人 R 向目的地直线前进。

如果点机器人到达目的地，由于得到了解，算法终止。

如果矢量 $\boldsymbol{RG}$ 被障碍物妨碍，取 $i=i+1$，把当前地点作为碰撞点 H_i，进行 3）。

3）点机器人 R 顺时针或逆时针方向绕过障碍物进行追寻。

如果点机器人到达目的地 G，由于得到了解，所以算法终止。

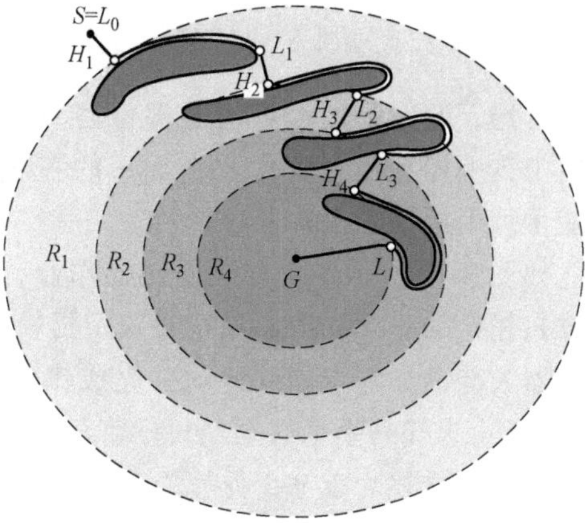

图 9-17 算法 Class2 示意图

如果欧几里得距离 $|RG|$ 比 $|H_iG|$ 小，并且矢量 $\boldsymbol{RG}$ 不受障碍物妨碍，把当前地点作为脱离 L_i 返回到 2）。

若点机器人 R 返回到碰撞点 H_i，由于不存在解，所以算法终止。

由于算法示例都是以 2 自由度机器人为对象，是可以不考虑姿态自由度（完整）的移动机器人，因此可直接适用于 2 自由度机械手。3 自由度以上的机械手，以及必须考虑姿态自由度（非完整）的移动机器人的路径规划将在下一节说明。

9.3 机器人的动作规划

一般来讲，移动机器人有 3 个自由度（2 个位置自由度 X、Y 和 1 个姿态自由度 α），机械手有 6 个自由度（3 个位置自由度 X、Y、Z 和 3 个姿态自由度 α，β，γ）。因此，机械手最好有六个关节（电动机），其搜索空间为六维。这样多于 3 自由度的动作规划，由于用点来表示机器人，搜索把各自的自由度作为坐标轴的空间，通常这个空间被称为关节角度空间或位姿空间。而且在实空间（$OXYZ$ 坐标系）机械手与障碍物发生碰撞的领域，在构形空间也形成障碍物，这种位姿空间的障碍物形状复杂，不能用简单的函数来表示。为此，把位姿空间进行细化（数字化）分割，多用单元的集合表示它。这时，单元具有两种属性（是否属于障碍物）。最后，由于这个关节角度空间是一种图表，所以可用古典的搜索算法（例如 Bent-First（BF）和 A^* 算法）选出满足要求的路径和最佳路径。

9.3.1 操作对象的描述

通常任一刚体相对参考系的位姿是用与它固接的坐标系来描述的。刚体上相对于固接坐标系的任一点用相应的位置矢量 $\boldsymbol{P}$ 表示；任一方向用方向余弦表示。给出刚体的几何图形及固接坐标系后，只要规定固接坐标系的位姿，便可重构该刚体在空间的位姿。

例如，如图 9-18 所示的螺栓，其轴线与固接坐标系的 z 轴重合。螺栓头部直径为 32mm，中心取为坐标原点，螺栓长 80mm，直径 20mm，则可根据固接坐标系的位姿重构螺栓在空间的位姿和几何形状。

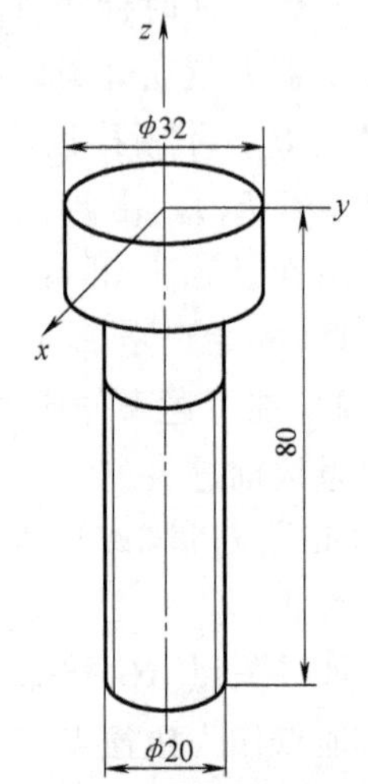

图 9-18 操作对象的描述

9.3.2 作业的描述

机器人的作业过程可用手部位姿节点序列来规定，每个节点可用工具坐标系相对于作业坐标系的齐次变换来描述。相应的关节变量可用运动学反解程序计算。

如图 9-19 所示的机器人插螺栓作业，要求把螺栓从槽中取出并放入托架的一个孔中，用符号表示沿轨迹运动的各节点的位姿，使机器人能沿细双点画线运动并完成作业。设定 P_i（$i=0$，1，2，3，4，5）为气动手爪必须经过的直角坐标节点。参照这些节点的位姿将作业描述为表 9-5 所示的手部的一连串运动和动作。

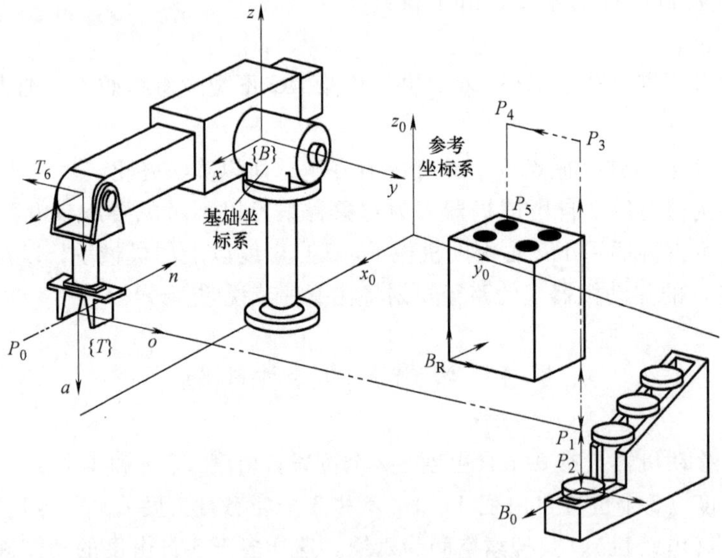

图 9-19 机器人插螺栓作业的轨迹

表 9-5 螺栓的抓紧和插入过程

节点	P_0	P_1	P_2	P_2	P_3	P_4	P_5	P_5	P_6
运动	INIT	MOVE	MOVE	GRASP	MOVE	MOVE	MOVE	RELEASE	MOVE
目标	原始位置	接近螺栓	到达	抓住	提升	接近托架	插入孔中	松夹	移开

机器人完成此项作业时气动手爪的位姿可用一系列节点来表示。在直角坐标空间中进行轨迹规划的首要问题是在节点 P_i 和 P_{i+1} 所定义路径的起点和终点之间，如何生成一系列中间点。两节点之间最简单的路径是空间的直线移动和绕某定轴的转动。运动时间给定之后，则可以产生一个使线速度和角速度受控的运动。如图 9-19 所示，要生成从节点原始位置 P_0 运动到接近螺栓的轨迹节点 P_1，更一般地，从任一节点 P_i 到下一节点 P_{i+1} 的运动可表示为

$$^{0}T_{6}\,^{6}T_{\mathrm{T}}={}^{0}T_{\mathrm{B}}\,^{\mathrm{B}}P_{i}$$

$$^{0}T_{6}={}^{0}T_{\mathrm{B}}\,^{\mathrm{B}}P_{i}\,^{6}T_{\mathrm{T}}^{-1}$$

$$^{0}T_{6}={}^{0}T_{\mathrm{B}}\,^{\mathrm{B}}P_{i+1}\,^{6}T_{\mathrm{T}}^{-1}$$

式中，$^{6}T_{\mathrm{T}}$ 为工具坐标系 $\{T\}$ 相对末端连杆坐标系 $\{6\}$ 的变换；$^{\mathrm{B}}P_i$ 和 $^{\mathrm{B}}P_{i+1}$ 分别为两节点 P_i 和 P_{i+1} 相对坐标系 $\{B\}$ 的齐次变换。

可将气动手爪从节点 P_i 到节点 P_{i+1} 的运动看成是与气动手爪固接的坐标系的运动，按前述运动学知识可求其解，此处从略。

9.3.3 基于避障的关节空间路径规划

例如，两自由度机器人除 2 个位置自由度（X，Y 轴上的位置）外，还有 1 个姿态自由度（绕中心的旋转）。因此，2 自由度机器人的动作规划，不是在 2 个位置自由度（X，Y）构成的 2 维空间，而是要搜索位置和姿态 3 个自由度（X，Y，α）构成的 3 维空间（图 9-20）。

这时，由于机器人和障碍物形状复杂，所以在关节角度空间的位姿障碍物不能用多面体及简单的函数表示。因此，具有多于 3 个自由度的机器人的动作规划，要把三维以上的关节角度空间数字化，把其单元的集合看作图。用古典的搜索算法（A＊等）搜索，以确定最佳动作时间序列。

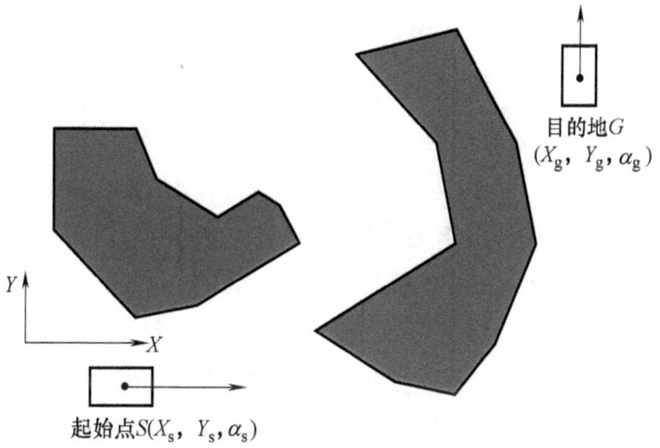

图 9-20 考虑位置和姿态的导航

首先，要把本来连续的位姿空间数字化，这就是采用把各关节的可动范围均等分割的方法（见图 9-21）。例如，三个关节的可动范围都是 -120° ~ 120° 时，若把它们用 1°刻度分割，可表示为 240×240×240 = 13824000 个单元集合的位姿空间。这时，若用 1bit 表示一个单元，则大约为 1.65MB，如果是 6 自由度操作机大约为 22247GB。

而且，单元是否属于位姿障碍物，应首先把其代表点（例如中心点）的关节角度代入正运动学，用实空间确定位姿形状。其次有必要用实空间检验它与障碍物的碰撞（见图 9-22）。如果发生碰撞，这个单元可能包含在位姿障碍物上，记作“1”，如果不包含就记作“0”。

因为需要检验每一个单元的碰撞，即使使用现代的计算机，检验机械手与障碍物的碰撞也需要不少的计算时间，因此，要完全构成位姿空间，无论从记忆容量的观点还是从计算时间的观点来看都很难。

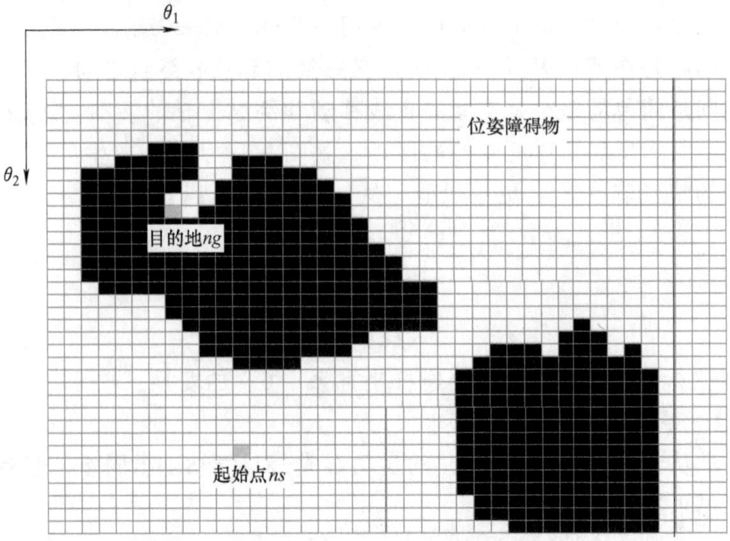

图 9-21　关节角度空间的离散化和位姿障碍物

为了避免这个问题，可采用只在需要搜索的部分作位姿空间的方法。用 9.2.4 节所说的算法 $A^*(A)$ 搜索位姿空间时，各个单元可默认为是节点和相邻节点间的双向弧。因此，考虑点机器人 R 回避障碍物，选出从起始节点 ns 到目标节点 ng 的动作次序。在这个过程中，算法 $A^*(A)$ 只就所调查的单元检查有没有碰撞，并把它作为图来考虑。

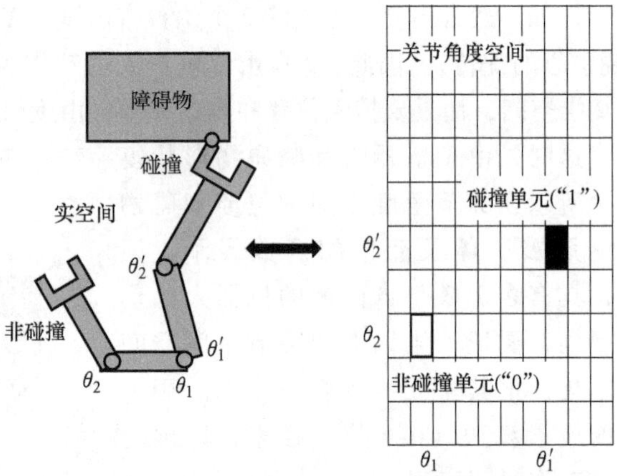

图 9-22　实空间和关节角度空间的关系

图 9-23 上，考虑 2 维位姿空间，把只检查有无碰撞的单元改变颜色。由此，可得到在关节角度空间位置的时间序列 P

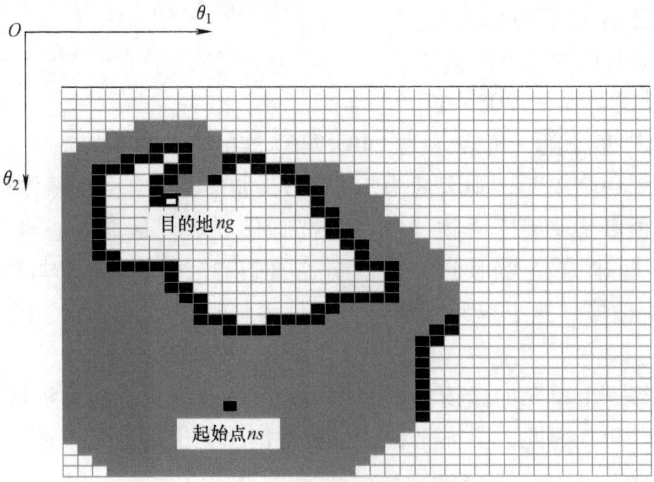

图 9-23　图的生成和动作搜索并存

（见图 9-24b），它与实空间中机械手动作的时间序列相对应。最后，点机器人 R 以时间序列 P 为目标进行 PTP 控制（见图 9-25a），机械手在实空间进行作业，但应注意的是，由于动力学及编码器的误差，其轨迹（目标位置，速度，加速度）离时间序列 P 多少会有一些偏差（见图 9-25b）。

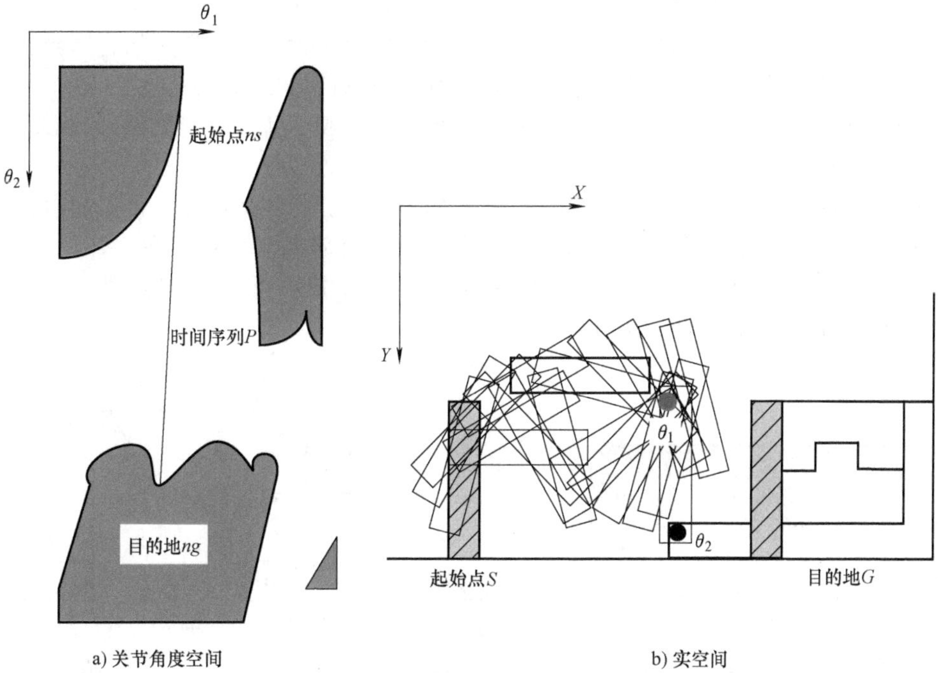

图 9-24　路径规划

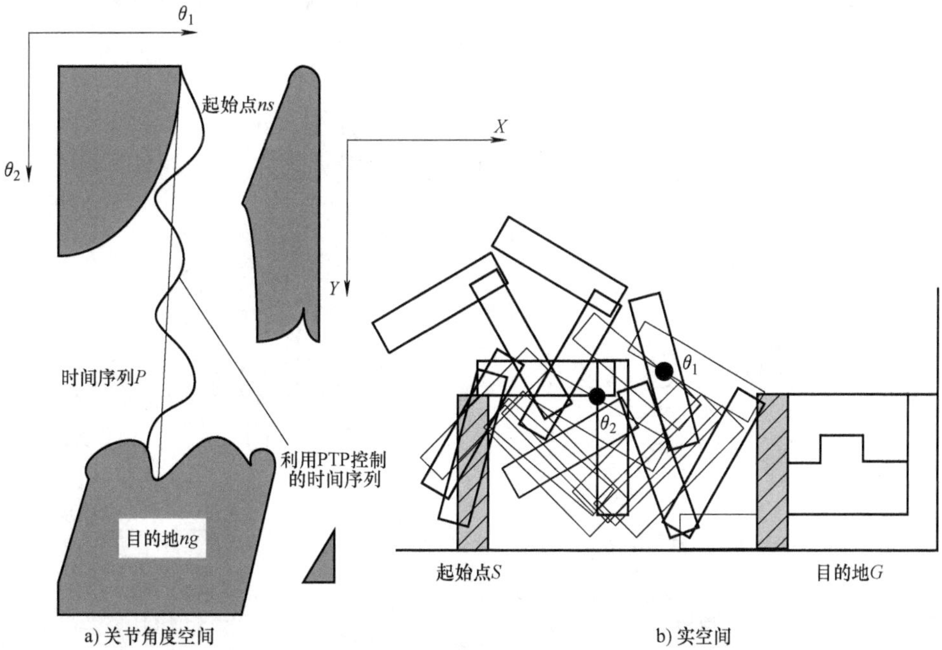

图 9-25　轨迹规划

9.4 机器人的作业顺序规划

一般所说的装配作业规划，是指把多个零件用怎样的顺序进行装配。如果这样的顺序有两个以上，最好选择动作规划和机器人控制均容易进行的顺序。但是，对于如何评价其优劣还存在意见分歧。例如，是用做功量还是作业时间作为评价标准，这要因场合而异。而且考虑动作规划和机器人控制的作业规划，即使现代计算机的能力也做不到。由于这个原因，目前多以装配作业规划，动作规划，机器人控制这样的顺序独立实施，最终得到机器人的轨迹（位置，速度，加速度的时间序列）。

规划作业顺序的最一般的方法是用 *AND-OR* 图表示所有的装配次序，再用搜索算法从其中选出最佳规划的方法。例如，图 9-26a 的装配作业的全部次序可标注在 9-26b 的 *AND-OR* 图 G 中。然后，用算法 GBF*（General Best-First Search）把解图 G_i 扩展到图 G 中，最终得到最佳装配次序图 G^*（见图 9-26c）。

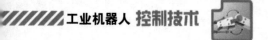

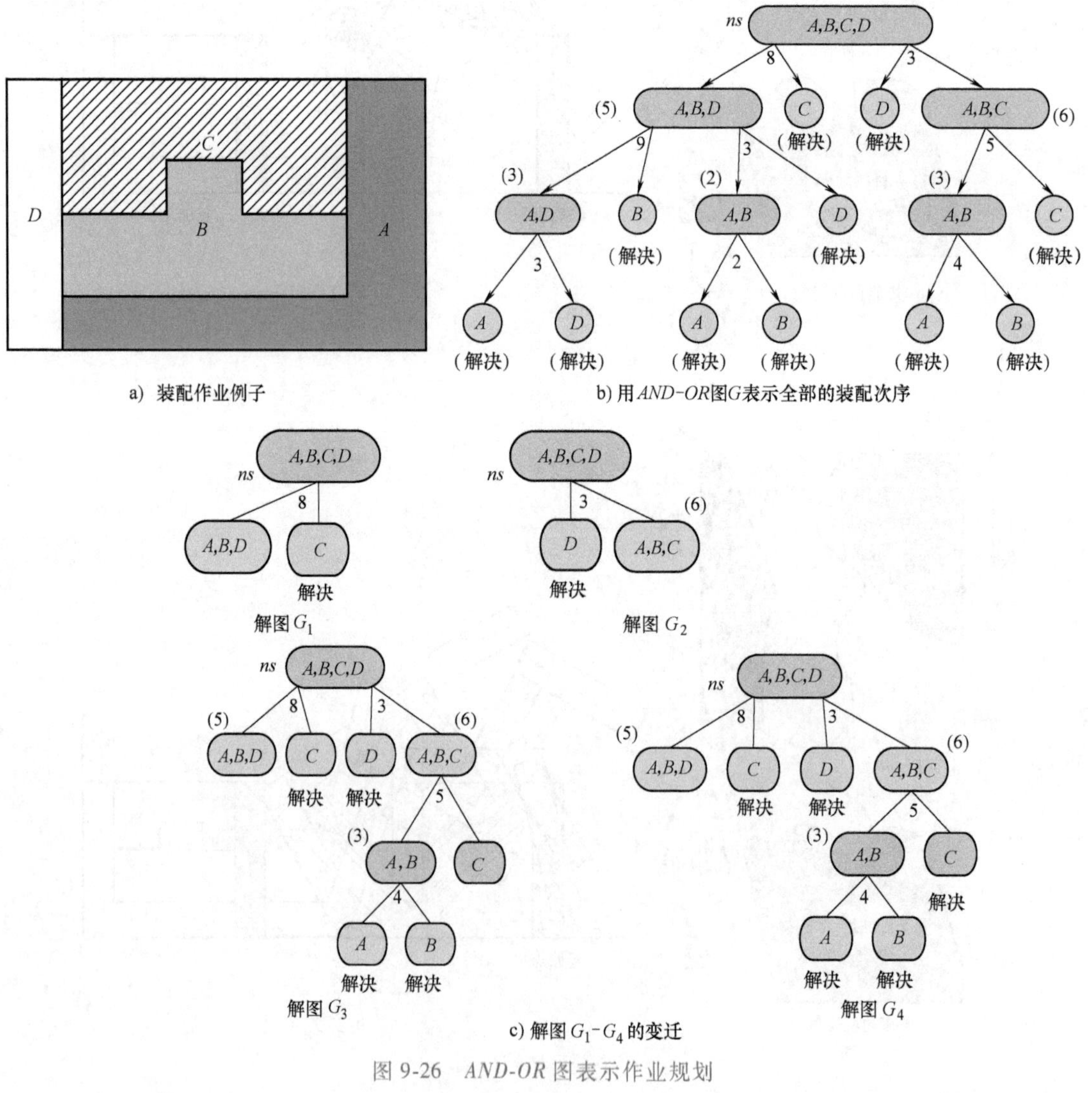

图 9-26　*AND-OR* 图表示作业规划

在一般 AND-OR 图 G 中，节点意味着零件（及其集合）的状态，弧意味其状态的变化。*AND* 节点表示下位节点（状态）没有全部终了就不能结束的状态；*OR* 节点表示下位节点即使有一个终了就能结束的状态。这里，*AND* 节点上可给出下位节点表示其状态的分解费用真值，而 *OR* 节点上可给出把现在状态完全分解终了的费用的估计值。若估计值比其真值小，则搜索算法 GBF * 得到最佳装配次序图 $G*$ 而结束。

9.4.1 AND-OR 图的生成算法

一般讲，从装配完成的状态卸下每一个零件（及其集合），可构成具有所有装配次序的 *AND-OR* 图 G（见图 9-26a，图 9-26b）。这时，把分解零件（及其集合）所需的距离、时间，或做功量等的费用加到 *AND* 节点上，把完全分解完现在状态所需的费用的估计值加在 *OR* 节点上。最后，生成 *AND-OR* 图，并可对现在被分解零件的集合（节点的候补）进行 OPEN 管理。

如图 9-26a，图 9-26b，从装配完成的状态（A，B，C，D）中，顺次进行二分割。首先，状态（A，B，C，D）被二分割成状态［（A，B，D）（C）］或［（A，B，C）（D）］。用 *OR* 表示这两种状态，用 *AND* 表示每个状态内的两种状态。

其次，状态（A，B，D）被二分割成状态［（A，D），（B）］或［（A，B）（D）］，用 *OR* 表示这两种状态，用 *AND* 表示每个状态内的两种状态。再进一步把状态（A，D）二分割成状态 A 和 D，状态（A，B）二分割成状态 A 和 B，用 *AND* 表示每个状态内的两种状态。而状态（A，B，C）只二分割成［（A，B），（C）］状态，状态（A，B）只二分割成状态 A 和 B。用 *AND* 表示每个状态内的两种状态。

把这样的二分割重复进行，可得到 *AND-OR* 图 G（见图 9-26b）。

9.4.2 搜索算法 GBF *

同前所述的算法 A *（A）类似，若是把当前状态完全分解完的真值 $h*$ 与估计值 h 相比，常常比较大或相等，则可以利用算法 GBF *，得到最佳装配次序图。

算法 GBF * 利用两个函数 f_1 和 f_2。函数 f_1 是从搜索图 G' 选出最有希望的解图，所以其总费用（*AND* 节点真值的总和）多。而函数 f_2 是从解图首先选择能够扩展的 *OR* 节点，所以估计值 h 多选最大的。这就是从难的状态（节点）先进行处理，为的是提高解图的评价值 f_1 的精度，快速确定最佳装配次序图 $G*$。

总之，算法 GBF * 用函数 f_1 选出最佳图，为了加快选出再利用函数 f_2。最后，装配次序图 $G*$ 是 *AND-OR* 图 G 的一部分，包括起始节点 ns，而且所有的终端节点都成为“解决”的图。若终端节点变成“解决”，估计值 h 变为 0。

下面是 GBF *（GBF）的程序。

1）把起始节点代入 OPEN。

2）用函数 f_1（包括估计值 h），从当前的搜索图 G'（起点为 ns）中选择最佳解图 G_i。这时，如果所有的终端节点变为“解决”，则起始节点 ns 也成为“解决”，把它作为最佳装配次序图 $G*$，算法终止。

3）用函数 f_2，选择在 OPEN 中和解图 G_i 上都存在的节点 n，把它从 OPEN 移到 CLOSED。

4）扩展节点 n，即把从那里起始的弧的子节点加到 OPEN 上，并且加到搜索图 G' 上，

记住从节点 n 来的弧（程序上把指针指向节点 n）。这时，OPEN 和搜索图 G' 上重复节点合并，然后，每个节点 n' 上加上估计值 h。估计值 h 是节点 n' 生成的最佳装配次序图的总费用的估计值。

5）如果子节点 n' 是终端节点，则实行下面的程序：

如果是一个零件，就记上“解决”，如果是两个以上零件的集合且不能分解，就记上“未解决”。

通过“加解决标记”，把父节点加注标记。

如果起始节点 ns 成为“未解决”，则不存在装配次序图，那么算法终止。

从搜索图 G' 上去掉不影响起始节点 ns 标记的节点。

6）返回到 2）。

GBF* 算法程序中所谓加解决标记，是指：

1）终端节点如果是一个零件，其标记为“解决”。若是两个以上不能分解的零件群，其标记为“未解决”。

2）非终端的 *AND* 节点上，其子节点中即使有一个记上了“未解决”仍记上“未解决”标记。若所有的子节点都记上了“解决”，则记上“解决”标记。

3）非终端点 *OR* 节点上，其子节点中即使有一个记上“解决”标记，仍记上“解决”标记。若所有的子节点记上“未解决”标记，则记上“未解决”标记。

在 AND-OR 图中，*AND* 节点给出分解零件所需的费用的真值，*OR* 节点给出分解完其状态所需费用的估计值。例如，在图 9-26b 的 *AND-OR* 图中，首先扩展起始节点 $ns=(A, B, C, D)$，得到从两个 *AND* 派生的两个解图 G_1 和 G_2。这时，各自的函数（包括估计值 h）值为 8+5=13 和 3+6=9，可选值小的解图 G_2。因为解图 G_2 只有一个不是“解决”的终端节点，所以没有必要用函数 f_2 扩展其节点（A, B, C）。如果有两个以上的不是“解决”的终端节点，要确定用函数 f_2 扩展哪个节点。一般多选用估计值 h 大的节点，这就是先处理复杂问题尽快获得最佳解图的原则，因此，产生新的解图 G_3。

其次，当前的解图 G_1 和 G_3 的函数值 f_1 为 8+5=13 和 3+5+3=11，可选值小的解图 G_3。因为解图 G_3 只有一个“未解决”的节点，所以也没有必要用函数 f_2 扩展节点（A, B），于是产生新的解图 G_4。而且，当前的解图 G_1 和 G_4 的函数值 f_1 是 8+5=13 和 3+5+4=12，可选这个值小的解图 G_4。解图 G_4 的终端节点都是“解决”，因此，解图 G_4 是最佳装配次序图 $G*$，算法终止（见图 9-26c）。最后，把这个图 $G*$ 进行指针回溯，可知最好用零件 A, B, C, D 顺序进行装配。

9.4.3 运送零件路径-动作规划

如图 9-27 所示，利用水平 2 自由度机械手组装零件 A、B、C、D 的路径规划。

通常把某个零件装到其他零件上时，沿着连接起始

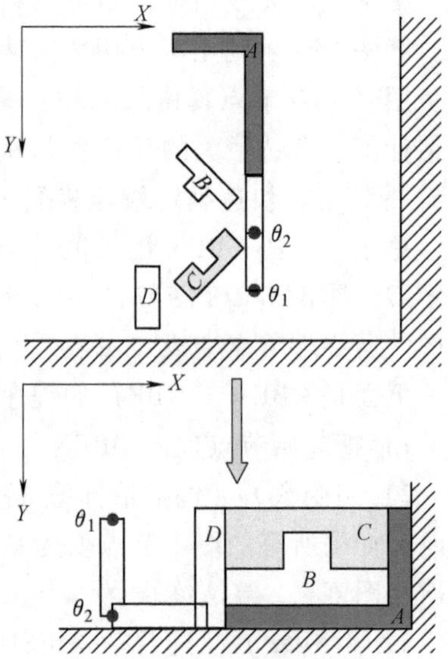

图 9-27 利用水平 2 自由度机械手的零件 A、B、C、D 的路径规划

点 S 与目的地 G 的线段对其零件只进行 CP 控制是不够的。原因是既要回避放置于其间的看作是障碍物的零件，又必须在目的地四周调整安装方向。为此，要做机械手的路径规划，如图 9-28 所示。

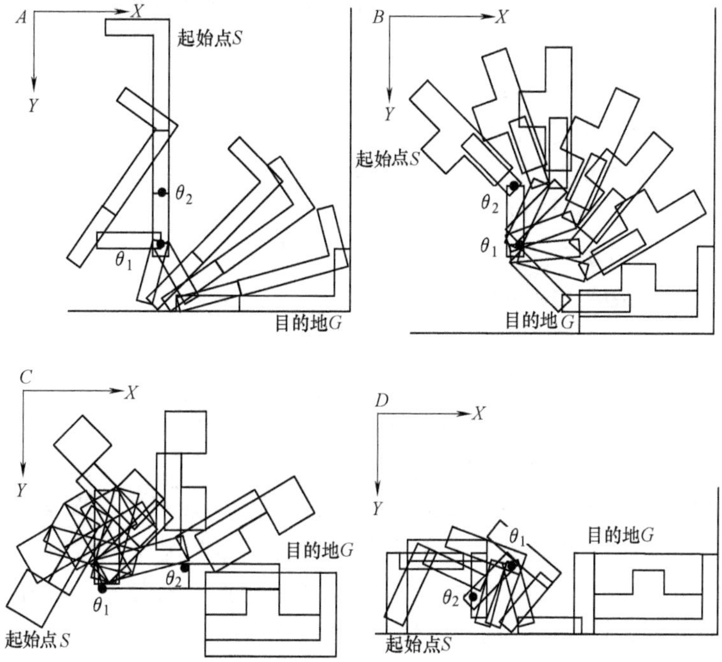

图 9-28 路径规划的结果

正如 9.3 节说明的那样，路径规划（不是实空间）可在关节角度空间实施。通常在关节角度空间机械手的起始点 S 和目的地 G 对应点机器人的起始点 ns 和目标点 ng，而且，点机器人 R 需要回避位姿障碍物。例如，规划把零件 D 装到零件 A，B，C 左面的路径（见图 9-24）。当所选择的次序机械手不能动作（路径规划找不到解）时，装配作业规划需要重新搜索别的次序。最后，沿着这个位置的时间序列对点机器人 R 进行 PTP 或 CP 控制，可得到机器人的轨迹（位置-速度-加速度的阵列）如图 9-25 所示。

由于动力学误差、不确定因素的影响，以及检测误差，有时按照图 9-24 的规划路径机械手并不能动作，会如图 9-25 所示实际为有一些偏差的路径。为此，机器人如不能到达目的地，则机器人控制将找不到解，直到装配作业规划返回来选择其他次序。

9.5 基于 MATLAB 的轨迹规划仿真

MATLAB 开放了 Robotics Toolbox，可以对各种机器人进行建模，进行机器人运动学分析、轨迹规划与仿真。MATLAB 中机器人工具箱 Robotics Toolbox 对工业机器人末端执行器运动的轨迹规划有关节空间运动和笛卡儿空间运动两种。

9.5.1 模型的建立

根据对机器人的运动学分析，已知机器人的 D-H 转换矩阵表示，首先使用机器人工具箱 Robotics Toolbox 对机器人的每个关节进行构建，关节的构建用“Link”函数，“L = Link（[alpha A theta D Sigma]）”。其中，“alpha”代替 α 为轴线扭转角，“A”代表杆件长度，“A2 = 0.6m，A3 = 0.5m”，“theta”代表 θ 为关节角，“D”代表横距，“Sigma”表示移动关节。“Sigma = 0”表示转动关节。用“Seria1Link”函数将每个关节连接起来，组成机器人结构模型，程序如下：

```
L(1)= Link([0 0 0-pi/2 0]);
L(2)= Link([0 0 0.6 0 0]);
L(3)= Link([0 0 0.5 0 0]);
L(4)= Link([0 0 0 pi/2 0]);
L(5)= Link([0 0 0 0 0]);
h=SerialLink(L,'name','fivelink');
qz=[0 0 0 0 0]
qn=[pi/2 -pi/12 pi/6 pi/12 0]
```

其中，“L（1）、L（2）、L（3）、L（4）、L（5）”为各个关节的模型构建，“h”为创建的机器人对象，“qz”为初始位置，“qn”为末端位置。

根据机器人模型的建立，用 MATLAB 软件中的“plot”图形，可以绘制出机械臂的结构模拟图。其中，当给定的末端位置“qn”与初始位置“qz”完全一致时，机械臂处于未转动状态，各个关节都为初始位置，得到的机械臂的结构图为机械臂的初始位置图。“qn = [pi/2 -pi/12 pi/6 pi/12 0]”时，为机械臂各个关节转动一定的角度的末端位置。如图 9-29 所示为建立出来的机械手臂的初始位置和终止位置图。

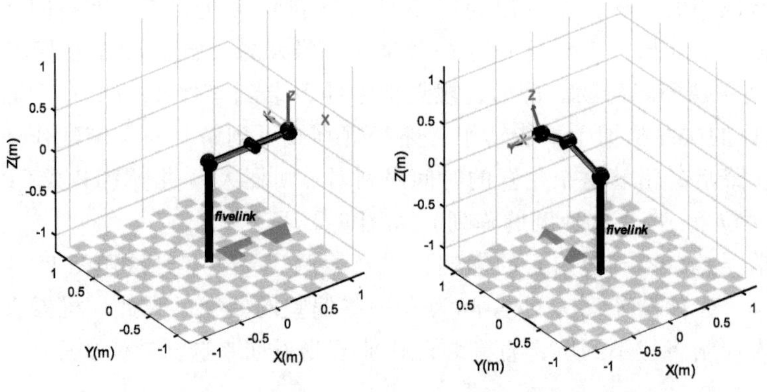

图 9-29　机械臂初始、终止位置图

9.5.2　关节空间运动规划

首先在关节空间中对机器人末端轨迹进行规划，关节空间运动轨迹规划用函数“jtraj”来表示，函数“jtraj”调用格式为“[q qd qdd] = jtraj（qz，qn，t）”，在“qz”到“qn”的两个位置之间进行平滑插值就可得到一个关节空间轨迹，“q、qd、qdd”分别为规划的位置、速度和加速度，“t”为时间。如图 9-30 所示为机器人末端位置运动的空间轨迹。

下面是绘制机械臂末端运动的空间轨迹的程序：

m=squeeze(T(:,4,4:)); %末端执行器坐标的变化曲线

plot(t,squeeze(T(:,4,:))); %绘制机械臂末端执行器空间轨迹

u=T(1,4,:);v=T(2,4,:);w=T(3,4,:);

x=squeeze(u);y=squeeze(v);z=squeeze(w);

plot3(x,y,z);

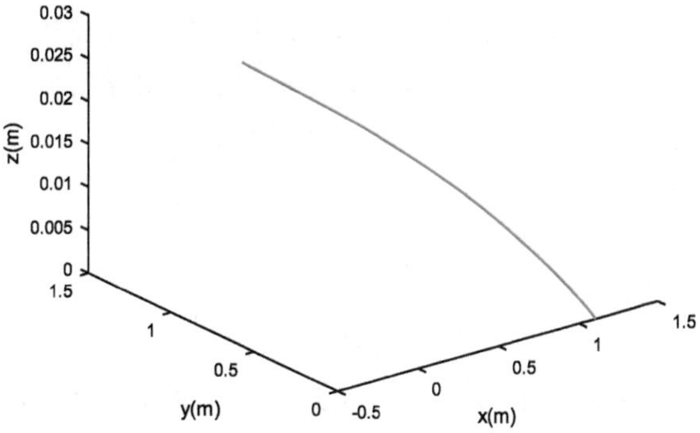

图 9-30 机器人末端执行器的关节空间轨迹

在对机器人的末端工具运动轨迹规划后，可得到机器人的各个关节位置、速度和加速度变化曲线。如图 9-31、图 9-32 和图 9-33 所示分别为关节 1 的位置、速度和加速度随时间的变化曲线。

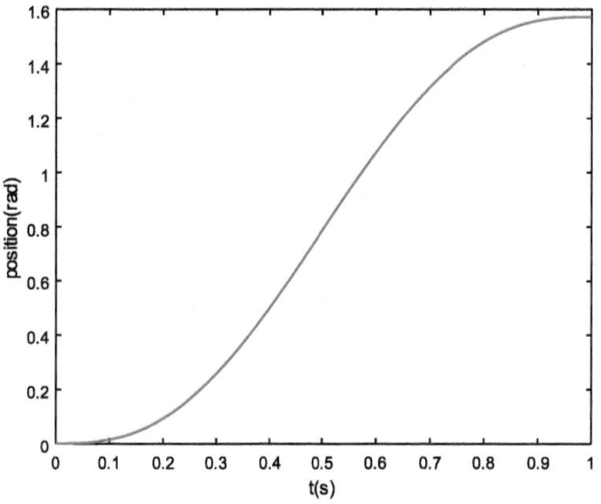

图 9-31 关节 1 的位置变化曲线

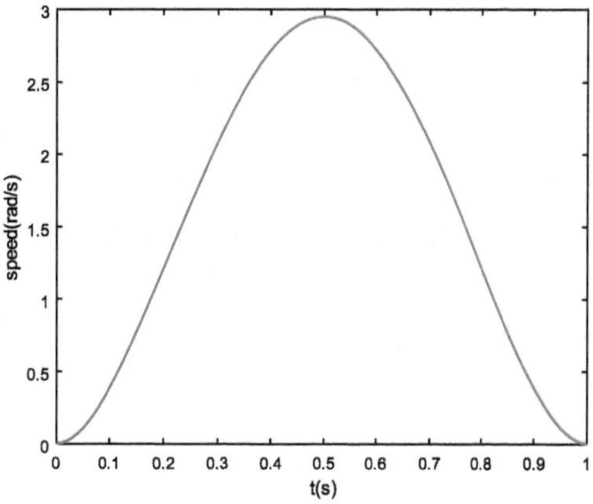

图 9-32 关节 1 的速度变化曲线

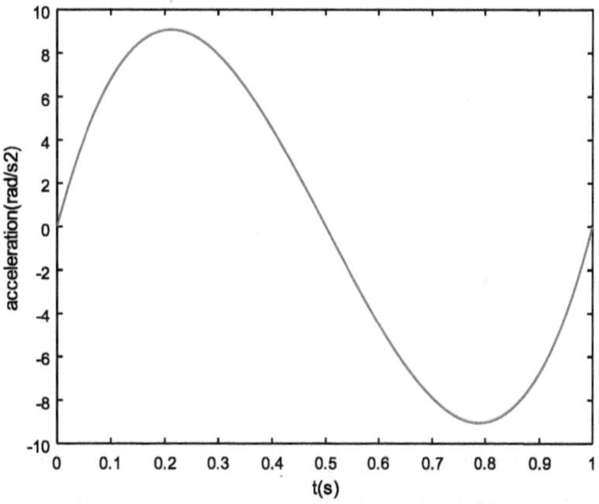

图 9-33 关节 1 的加速度变化曲线

9.5.3 笛卡儿空间运动规划

对机械臂末端轨迹规划有两种方法，前面用关节空间运动对机器人的末端轨迹进行了规划，下面用笛卡儿空间运动对机械臂的末端轨迹进行规划。笛卡儿空间运动轨迹规划用函数“ctraj”表示，函数“ctraj”的用法和函数“jtraj”很是相似，函数“ctraj”的调用格式：“T10=trans1(4,-0.5,0) * troty(pi/6);T11=transl(4,-0.5,-2) * troty(pi/6);Ts=ctraj(T10,T11,length(t))”，“transl”代表矩阵中的平移变量，“troty”代表矩阵中的旋转变量。“T10”和“T11”分别代表机械臂末端初始和目标点的位姿。

考虑机器人末端执行器在两个坐标系之间的移动，首先根据运动学的正解计算出机器人末端执行器的位姿，然后根据初始位姿和目标点位姿来对机器人的末端轨迹进行规划。下面是机器人末端的坐标变化：

T10=transl(4,-0.5,0) * troty(pi/6)

T11=transl(4,-0.5,-2) * troty(pi/6)

利用函数“ctraj”对机器人的末端轨迹进行图形绘制，调用方法为

Ts=ctraj(T10,T11,length(t))

plot(t,transl(Ts))%图形绘制

plot(t,tr2rpy(Ts))%图形绘制

第一个绘制的图形如图 9-34 所示，末端执行器从初始位置到目标点位置的坐标系进行平移变化。其中点画线代表的是坐标系中的 x 轴的变化，实线代表的是坐标系中的 y 轴的变化，虚线代表的是坐标系中 z 轴的变化。

第二个绘制的图形如图 9-35 所示，末端执行器从初始位置到目标点位置坐标系进行旋转变化。虚线和实线分别代表绕 y 轴和 z 轴的旋转变化。

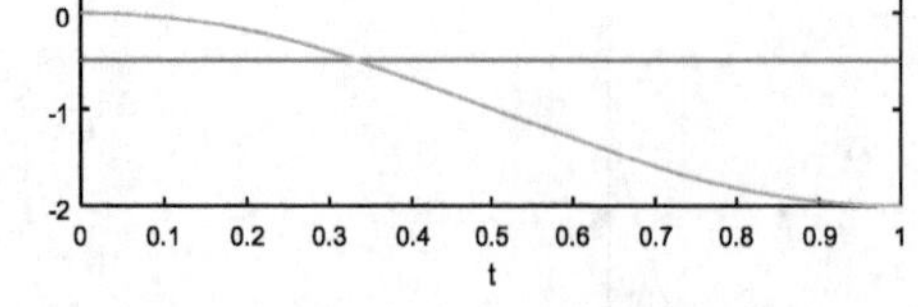

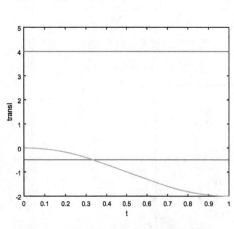

图 9-34 末端执行器坐标系平移变化

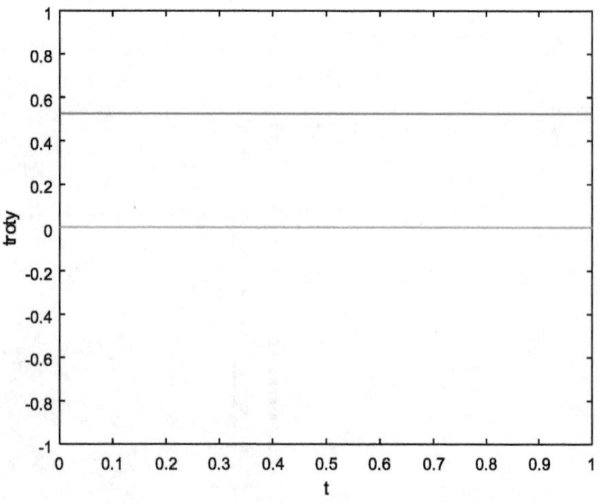

图 9-35 末端执行器坐标系旋转变化

如图 9-36 所示，可以得到机器人末端执行器从初始位置到目标点位置的空间轨迹的规划图形投影到 x、y、z 坐标轴内的变化，显示了末端执行器在 x、y、z 坐标内随时间的变化曲线。

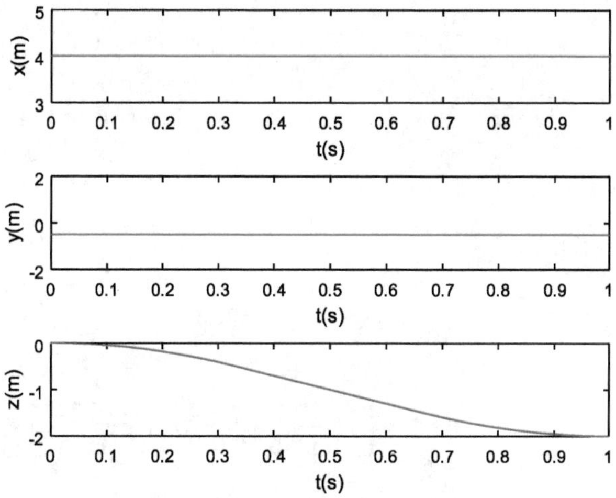

图 9-36　机器人末端执行器的空间轨迹

第10章 Chapter

机器人视觉伺服控制

在新一代工业机器人中，视觉系统已经由选配变为标配。在工业机器人领域，视觉主要用于目标对机器人末端位姿测量以及对机器人末端位姿的控制，其典型应用包括在焊接、涂装、装配、搬运等作业中对工件的视觉测量与定位。在移动机器人领域，视觉主要用于环境中的目标位姿测量，其典型应用有机器人视觉定位、目标跟踪、视觉避障等。

10.1 机器人视觉基础

10.1.1 系统组成

工业机器人视觉系统由光源、光学成像及处理系统、图像显示与存储单元、机器人控制器及机器人本体等部分构成。其工作原理如图10-1所示。

光源是影响视觉系统成像质量的重要因素之一，机器人视觉系统要获得质量好的图像才

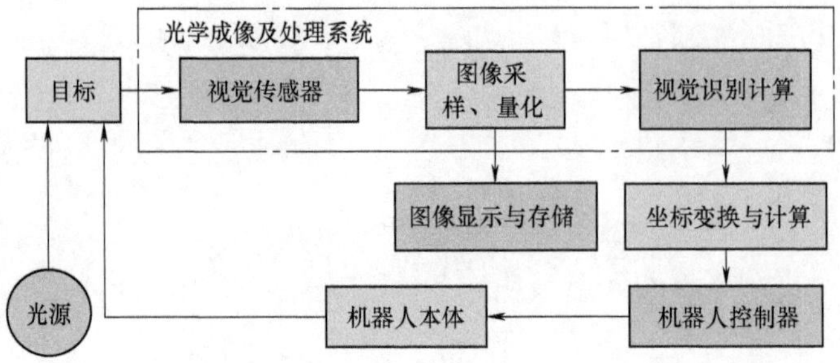

图10-1 机器人视觉系统工作原理

能进行准确测量和控制。光源可将被测目标与背景尽量明显区分，从而获得高品质、高对比度的图像，分离出图像中的背景信息和目标信息，有效地降低图像识别的难度，同时又可以提高整个系统的测量精度和定位。此外还可以作为测量工具或者参照物。所以说光源的选择直接影响系统的成败、处理精度和速度。

视觉传感器将目标成像在传感器的光敏面上，将光信号变换为电信号，经采样和量化转换成数字图像存储，视觉识别计算对得到的数字图像进行预处理、特征提取和匹配识别，再经坐标变换与计算后得到目标的位置、姿态及其他期望信息，机器人控制器依据这些信息控制机器人本体运动到期望的位姿。

此外，还有集视觉成像系统与视觉处理算法为一体的工业智能相机。内部集成高速微处理器、内存、程序存储、图像采集及图像处理算法，具有多功能、模块化的机器人视觉解决方案，应用 DSP、FPGA 及大容量存储技术，可以独立于 PC 运行。采集前端集中高像素的 CCD 或者 CMOS 传感器，具有 RS232、RS485、百兆网通信接口等，有完善的程序存储和 SD 卡文件存储。工业智能相机结构紧凑，尺寸小，易于安装且便于装卸和移动，可极大提高系统的开发速度。

10.1.2 机器人视觉控制系统分类

目前，机器人视觉控制系统主要有以下几种分类方式。

1. 根据摄像机数目分类

按照摄像机的数目的不同，可分为单目视觉系统、双目视觉系统以及多目视觉系统。单目视觉系统采用一台摄像机，只能得到二维平面图像，无法直接得到目标的深度信息；双目视觉系统采用两台摄像机，通过图像上的匹配点对，计算出目标的三维坐标信息；多目视觉系统可以获取目标多方向的图像。

2. 根据摄像机的固定位置分类

摄像机与机械手构成的机器人视觉系统称为手眼系统。根据摄像机放置的位置的不同，手眼系统分为 Eye-in-Hand 系统和 Eye-to-Hand 系统，如图 10-2 所示。Eye-in-Hand 系统的摄像机安装在机器人手部末端，机器人工作过程中随机器人一起运动。Eye-to-Hand 系统的摄像机安装在机器人本体外的固定位置，在机器人工作过程中不随机器人一起运动。

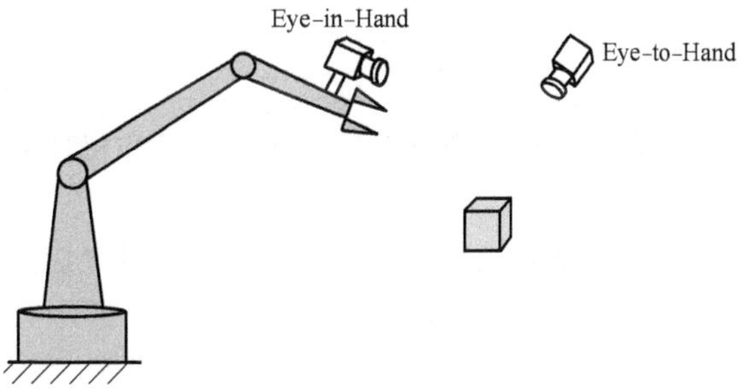

图 10-2　手眼系统示意图

3. 根据控制模型分类

按照机器人的空间位置或图像特征，机器人视觉系统分为基于位置的视觉控制系统和基于图像的视觉控制系统。在基于位置的视觉控制系统中，根据目标的几何模型和摄像机模型估计出目标相对于摄像机的位姿，得到机器人末端的当前位姿与估计的目标位姿之间的偏差，控制时将需要变化的位姿转化成机器人关节转动的角度，由关节控制器来控制机器人关节转动。基于图像的视觉控制系统中，控制误差信息来自于目标图像特征与期望图像特征之间的差异。对于这种控制方法，关键的问题是如何建立反映图像差异变化与机器人末端位姿速度变化之间关系的图像雅可比矩阵。

10.2　摄像机及视觉系统标定

10.2.1　摄像机标定基础

1. 基本的坐标系

1）绝对坐标系：(X_0，Y_0，Z_0)，用户自己定义的三维空间坐标系，表示物体在空间的实际位置，用来描述三维空间中物体与相机之间的坐标位置关系。

2）摄像机坐标系：(X_c，Y_c，Z_c)，以摄像机的光心为原点，Z 轴与光轴重合，垂直于成像平面。

3）成像平面坐标系：(x，y)，二维坐标系，x 轴和 y 轴分别与摄像机坐标系中的 X 轴和 Y 轴相平行。

4）像素坐标系：(u，v)，同样位于成像平面上，与成像平面坐标系的区别是坐标原点不同，度量值为像素。

摄像机标定是求取从绝对坐标系转换到像素坐标系的变换。如图 10-3 所示。

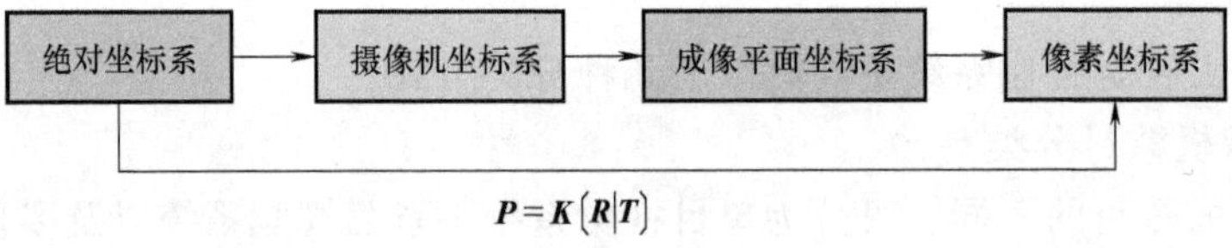

图 10-3　坐标系转换

第一步是从绝对坐标系转换到摄像机坐标系，这一步是三维点到三维点的转换，求取摄像机外参数，确定摄像机在绝对坐标系中的位置和朝向；第二步是从摄像机坐标系转为成像平面坐标系，这一步是三维点到二维点的转换，求取摄像机内参数，是对摄像机物理特性的近似；第三步是从成像平面坐标系到像素坐标系的转换，这一步是二维点到二维点的转换。$\boldsymbol{P}=\boldsymbol{K}(\boldsymbol{R}|\boldsymbol{T})$ 是一个 3×4 矩阵，为从绝对坐标系转变到像素坐标系的投影矩阵，混合了内参和外参而成。

视觉系统的标定则是对摄像机坐标系和机器人坐标系之间关系的求取。

2. 摄像机模型

景物通过摄像机光轴中心点投射到成像平面上的摄像机模型，称为小孔模型。摄像机光轴中心点，称为摄像机镜头的光心。

如图 10-4 所示，O_c 为摄像机的光轴中心点，Π'_2为摄像机的成像平面。成像平面上分布着感光器件，将照射到该平面的光信号转变为电信号，经过放大、采样和量化处理得到数字图像。由小孔成像原理可知，物体在成像平面 Π'_2上的像是倒实像。物体的像与原物体相比较，比例缩小，方向相

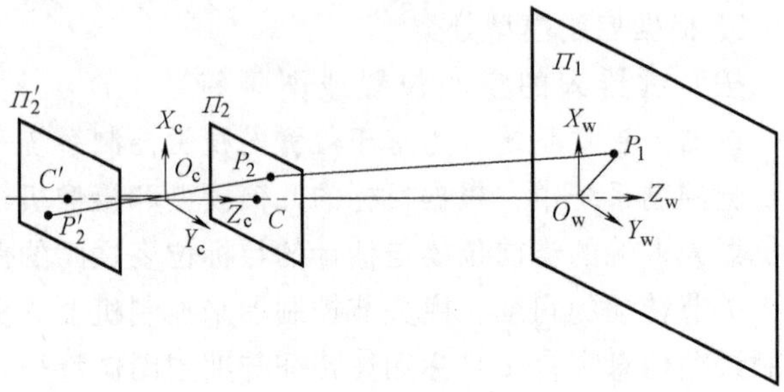

图 10-4　小孔成像原理

反。因此在将摄像机成像平面上的倒实像转换成数字图像时，需要对图像的大小和方向进行变换，使其与原物体的方向相同，将成像平面 Π_2' 等效为成像平面 Π_2。

10.2.2 摄像机标定过程

如图 10-4，在摄像机的光轴中心建立坐标系（摄像机坐标系 $O_cX_cY_cZ_c$），z 轴方向平行于摄像机光轴，从摄像机到景物的方向为正方向，x 轴方向取图像坐标沿水平增加的方向。在摄像机坐标系下，设景物点 P_1 的坐标为（x_{c1}，y_{c1}，z_{c1}），P_1 在成像平面 Π_2 的成像点 P_2 的坐标为（x_{c2}，y_{c2}，z_{c2}），则

$$\begin{cases} \dfrac{x_{c1}}{z_{c1}}=\dfrac{x_{c2}}{z_{c2}}=\dfrac{x_{c2}}{f} \\ \dfrac{y_{c1}}{z_{c1}}=\dfrac{y_{c2}}{z_{c2}}=\dfrac{y_{c2}}{f} \end{cases} \tag{10-1}$$

式中，$f=z_{c2}$，即光心与成像平面的距离，为摄像机的焦距。在成像平面上，考虑摄像机坐标系和成像平面坐标系的关系，成像点 P_2 对应的坐标记为（x_{c2}，y_{c2}）。

1. 摄像机内参数模型

摄像机内参数模型描述的是摄像机坐标系下景物点与图像点之间的关系。成像平面上的像经过放大处理得到数字图像，成像平面上的成像点（x_{c2}，y_{c2}）转换成为图像点（u，v）。将光轴中心线在图像平面的交点的图像坐标记为（u_0，v_0），则

$$\begin{cases} u-u_0=\alpha_x x_{c2} \\ v-v_0=\alpha_y y_{c2} \end{cases} \tag{10-2}$$

式中，α_x 和 α_y 分别为成像平面到图像平面在 X 轴和 Y 轴方向的放大系数。

将式（10-1）代入式（10-2），得

$$\begin{cases} u-u_0=\alpha_x f\dfrac{x_{c1}}{z_{c1}} \\ v-v_0=\alpha_y f\dfrac{y_{c1}}{z_{c1}} \end{cases} \tag{10-3}$$

改写成矩阵形式

$$\begin{pmatrix} u \\ v \\ 1 \end{pmatrix}=\begin{pmatrix} k_x & 0 & u_0 \\ 0 & k_y & v_0 \\ 0 & 0 & 1 \end{pmatrix}\begin{pmatrix} x_{c1}/z_{c1} \\ y_{c1}/z_{c1} \\ 1 \end{pmatrix}=\boldsymbol{M}_{in}\begin{pmatrix} x_{c1}/z_{c1} \\ y_{c1}/z_{c1} \\ 1 \end{pmatrix} \tag{10-4}$$

式中，$k_x=\alpha_x f$，$k_y=\alpha_y f$ 分别是 x 轴、y 轴方向的放大系数，$\boldsymbol{M}_{in}$ 称为内参数矩阵，（x_{c1}，y_{c1}，z_{c1}）是景物点 P_1 在摄像机坐标系下的坐标。

内参数矩阵 $\boldsymbol{M}_{in}$ 含有 4 个参数，因此式（10-4）模型被称为摄像机的四参数模型。若景物点在摄像机坐标系下的坐标用（x_c，y_c，z_c）表示，式（10-4）改写为

$$\begin{pmatrix} u \\ v \\ 1 \end{pmatrix}=\begin{pmatrix} k_x & 0 & u_0 \\ 0 & k_y & v_0 \\ 0 & 0 & 1 \end{pmatrix}\begin{pmatrix} x_c/z_c \\ y_c/z_c \\ 1 \end{pmatrix} \tag{10-5}$$

2. 摄像机外参数模型

摄像机外参数模型是绝对坐标系（坐标系 $O_0X_0X_0Z_0$）在摄像机坐标中的描述，如图 10-4 所示，坐标系 $O_0X_0Y_0Z_0$ 在坐标系 $O_cX_cY_cZ_c$ 中的表示构成了摄像机的外参数矩阵：

$$\begin{pmatrix} x_c \\ y_c \\ z_c \\ 1 \end{pmatrix} = \begin{pmatrix} n_x & o_x & a_x & p_x \\ n_y & o_y & a_y & p_y \\ n_z & o_z & a_z & p_z \\ 0 & 0 & 0 & 1 \end{pmatrix} \begin{pmatrix} x_0 \\ y_0 \\ z_0 \\ 1 \end{pmatrix} = \begin{pmatrix} \boldsymbol{R} & \boldsymbol{p} \\ 0 & 1 \end{pmatrix} \begin{pmatrix} x_0 \\ y_0 \\ z_0 \\ 1 \end{pmatrix} = {}^{c}\boldsymbol{M}_w \begin{pmatrix} x_0 \\ y_0 \\ z_0 \\ 1 \end{pmatrix} \tag{10-6}$$

式中，(x_c，y_c，z_c) 表示的是景物点在摄像机坐标系 $O_cX_cY_cZ_c$ 中的坐标；(x_0，y_0，z_0) 为景物点在坐标系 $O_0X_0Y_0Z_0$ 中的坐标；${}^{c}\boldsymbol{M}_0$ 为外参数矩阵；$\boldsymbol{n}=[n_x \quad n_y \quad n_z]^T$，为 X_0 轴在摄像机坐标系 $O_cX_cY_cZ_c$ 中的方向矢量；$\boldsymbol{o}=(o_x \quad o_y \quad o_z)^T$，为 Y_0 轴在摄像机坐标系 $O_cX_cY_cZ_c$ 中的方向矢量；$\boldsymbol{a}=(a_x \quad a_y \quad a_z)^T$，为 Z_0 轴在摄像机坐标系 $O_cX_cY_cZ_c$ 中的方向矢量；$\boldsymbol{p}=(p_x \quad p_y \quad p_z)^T$，为 $O_0X_0Y_0Z_0$ 的坐标原点在摄像机坐标系 $O_cX_cY_cZ_c$ 中的位置。

由式（10-5）和式（10-6），可得绝对坐标系转变到像素坐标系的转换矩阵：

$$\begin{pmatrix} u \\ v \\ 1 \end{pmatrix} = \begin{pmatrix} k_x & 0 & u_0 & 0 \\ 0 & k_y & v_0 & 0 \\ 0 & 0 & 1 & 0 \end{pmatrix} \begin{pmatrix} \boldsymbol{R} & \boldsymbol{p} \\ 0 & 1 \end{pmatrix} \begin{pmatrix} x_0 \\ y_0 \\ z_0 \\ 1 \end{pmatrix} \tag{10-7}$$

第一个矩阵中的 k_x、k_y、u_0、v_0 四个参数为摄像机的内部参数，与摄像机本身有关，与其他因素无关；第二个矩阵中的 $\boldsymbol{R}$、$\boldsymbol{p}$ 为摄像机的外部参数，只要绝对坐标系和摄像机坐标系的相对位置关系发生改变，这两个参数就会发生改变，每一张图片的 $\boldsymbol{R}$、$\boldsymbol{p}$ 是唯一的。

10.2.3 视觉系统标定

摄像机标定时，虽然可以获得摄像机的外参数，但在实际应用中，还需要获得摄像机与机器人的坐标系之间的关系。这种关系的标定，又称为机器人的手眼标定。

对于 Eye-to-Hand 系统，手眼标定时求取的是摄像机坐标系相对于机器人的机座坐标系的关系。Eye-to-Hand 系统先标定出摄像机相对于靶标的外参数，再标定机器人的机座坐标系与靶标坐标系之间的关系，利用矩阵变换获得摄像机坐标系相对于机器人的机座坐标系的关系。对于 Eye-in-Hand 系统，手眼标定时求取的是摄像机坐标系相对于机器人末端坐标系的关系。通常，Eye-in-Hand 系统在机器末端处于不同位置和姿态下，对摄像机相对于靶标的外参数进行标定，根据摄像机相对于靶标的外参数和机器人末端的位置和姿态，计算获得摄像机相对于机器人末端的外参数。Eye-in-Hand 系统在工业机器人中

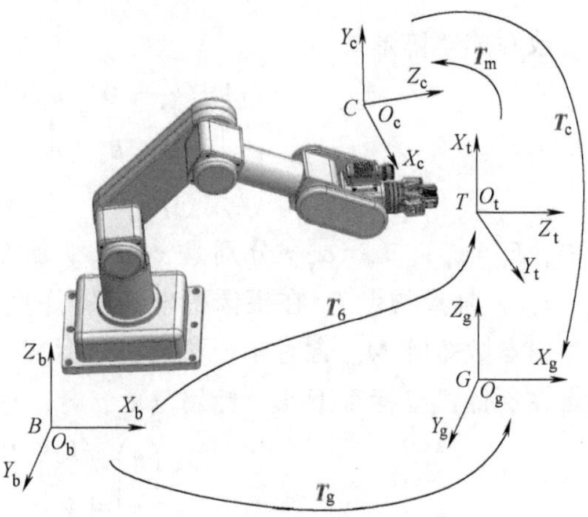

图 10-5 机器人坐标系示意图

应用比较广泛。因此，本节将重点介绍 Eye-in-Hand 系统的手眼标定方法。

机器人机座坐标系、摄像机坐标系和靶标坐标系之间的关系如图 10-5 所示。

B 为机器人的机座坐标系，T 为机器人工具坐标系，C 为摄像机坐标系，G 为靶标坐标系。$\boldsymbol{T}_6$ 表示坐标系 B 到 T 之间的变换，$\boldsymbol{T}_{\rm m}$ 表示坐标系 T 到 C 之间的变换，$\boldsymbol{T}_{\rm c}$ 表示坐标系 C 到 G 之间的变换，$\boldsymbol{T}_{\rm g}$ 表示坐标系 B 到 G 之间的变换。$\boldsymbol{T}_{\rm c}$ 是摄像机相对于靶标的外参数。$\boldsymbol{T}_{\rm m}$ 是摄像机相对于机器人工具的外参数，是手眼标定需要求取的参数。

由坐标系之间的变换关系，可得

$$\boldsymbol{T}_{\rm g}=\boldsymbol{T}_6\boldsymbol{T}_{\rm m}\boldsymbol{T}_{\rm c} \tag{10-8}$$

在靶标固定的情况下，改变机器人的末端位姿，标定摄像机相对靶标的外参数 $\boldsymbol{T}_{\rm c}$。对于第 i 次和第 $i-1$ 次标定，由于 $\boldsymbol{T}_{\rm g}$ 保持不变，由式（10-8）得

$$\boldsymbol{T}_{6i}\boldsymbol{T}_{\rm m}\boldsymbol{T}_{{\rm c}i}=\boldsymbol{T}_{6(i-1)}\boldsymbol{T}_{\rm m}\boldsymbol{T}_{{\rm c}(i-1)} \tag{10-9}$$

式中，$\boldsymbol{T}_{6i}$ 为第 i 次标定时的坐标系 W 到 E 之间的变换 $\boldsymbol{T}_6$；$\boldsymbol{T}_{{\rm c}i}$ 为第 i 次标定时的摄像机相对于靶标的外参数 $\boldsymbol{T}_{\rm c}$。

式（10-9）经过整理，可以改写为

$$\boldsymbol{T}_{{\rm L}i}=\boldsymbol{T}_{\rm m}\boldsymbol{T}_{{\rm R}i}\boldsymbol{T}_{\rm m}^{-1} \tag{10-10}$$

式中，$\boldsymbol{T}_{{\rm L}i}=\boldsymbol{T}_{6(i-1)}^{-1}\boldsymbol{T}_{6i}$，$\boldsymbol{T}_{{\rm R}i}=\boldsymbol{T}_{{\rm c}(i-1)}\boldsymbol{T}_{{\rm c}i}^{-1}$

将 $\boldsymbol{T}_{{\rm L}i}$、$\boldsymbol{T}_{{\rm R}i}$ 和 $\boldsymbol{T}_{\rm m}$ 表示为

$$\begin{cases}\boldsymbol{T}_{{\rm L}i}=\begin{pmatrix}\boldsymbol{R}_{{\rm L}i} & \boldsymbol{p}_{{\rm L}i}\\ 0 & 1\end{pmatrix}\\ \boldsymbol{T}_{{\rm R}i}=\begin{pmatrix}\boldsymbol{R}_{{\rm R}i} & \boldsymbol{p}_{{\rm R}i}\\ 0 & 1\end{pmatrix}\\ \boldsymbol{T}_{\rm m}=\begin{pmatrix}\boldsymbol{R}_{\rm m} & \boldsymbol{p}_{\rm m}\\ 0 & 1\end{pmatrix}\end{cases} \tag{10-11}$$

将式（10-11）代入式（10-10），得

$$\begin{cases}\boldsymbol{R}_{{\rm L}i}=\boldsymbol{R}_{\rm m}\boldsymbol{R}_{{\rm R}i}\boldsymbol{R}_{\rm m}^{\rm T}\\ -\boldsymbol{p}_{\rm m}\boldsymbol{R}_{{\rm L}i}+\boldsymbol{R}_{\rm m}\boldsymbol{p}_{{\rm R}i}+\boldsymbol{p}_{\rm m}=\boldsymbol{p}_{{\rm L}i}\end{cases} \tag{10-12}$$

$\boldsymbol{R}_{{\rm L}i}$、$\boldsymbol{R}_{{\rm R}i}$ 和 $\boldsymbol{R}_{\rm m}$ 均为单位正交矩阵，因此 $\boldsymbol{R}_{{\rm L}i}$ 和 $\boldsymbol{R}_{{\rm R}i}$ 为相似矩阵，具有相同的特征值。根据通用旋转变换，任意姿态可以由一个绕空间单位矢量的旋转表示。于是 $\boldsymbol{R}_{{\rm L}i}$ 和 $\boldsymbol{R}_{{\rm R}i}$ 可以表示为

$$\begin{cases}\boldsymbol{R}_{{\rm L}i}=\boldsymbol{Rot}(\boldsymbol{k}_{{\rm L}i},\theta_{{\rm L}i})=\boldsymbol{Q}_{{\rm L}i}\begin{pmatrix}1 & 0 & 0\\ 0 & {\rm e}^{{\rm j}\theta_{{\rm L}i}} & 0\\ 0 & 0 & {\rm e}^{-{\rm j}\theta_{{\rm L}i}}\end{pmatrix}\boldsymbol{Q}_{{\rm L}i}^{-1}\\ \boldsymbol{R}_{{\rm R}i}=\boldsymbol{Rot}(\boldsymbol{k}_{{\rm R}i},\theta_{{\rm R}i})=\boldsymbol{Q}_{{\rm R}i}\begin{pmatrix}1 & 0 & 0\\ 0 & {\rm e}^{{\rm j}\theta_{{\rm R}i}} & 0\\ 0 & 0 & {\rm e}^{-{\rm j}\theta_{{\rm R}i}}\end{pmatrix}\boldsymbol{Q}_{{\rm R}i}^{-1}\end{cases} \tag{10-13}$$

式中，$\boldsymbol{k}_{{\rm L}i}$ 是 $\boldsymbol{R}_{{\rm L}i}$ 的通用旋转变换的转轴，也是 $\boldsymbol{Q}_{{\rm L}i}$ 中特征值为 1 的特征矢量；$\boldsymbol{k}_{{\rm R}i}$ 是 $\boldsymbol{R}_{{\rm R}i}$ 的通用旋转变换的转轴，也是 $\boldsymbol{Q}_{{\rm R}i}$ 中特征值为 1 的特征矢量；$\theta_{{\rm L}i}$ 是 $\boldsymbol{R}_{{\rm L}i}$ 的通用旋转变换的转

角，θ_{Ri} 是 $\boldsymbol{R}_{Ri}$ 的通用旋转变换的转角。

将式（10-13）代入式（10-12）的第一个方程，可以得到如下关系：

$$\begin{cases}\boldsymbol{\theta}_{Li}=\boldsymbol{\theta}_{Ri}\\ \boldsymbol{k}_{Li}=\boldsymbol{R}_{m}\boldsymbol{k}_{Ri}\end{cases} \tag{10-14}$$

式（10-14）中的第一个方程可以用于校验外参数标定的精度，第二个方程用于求取摄像机相对于机器人末端的外参数。如果控制机器人的末端作两次运动，通过 3 个位置的摄像机外参数标定，可以获得两组式（10-14）所示的方程。将两组式（10-14）方程中的第二个方程写为

$$\begin{cases}\boldsymbol{k}_{L1}=\boldsymbol{R}_{m}\boldsymbol{k}_{R1}\\ \boldsymbol{k}_{L2}=\boldsymbol{R}_{m}\boldsymbol{k}_{R2}\end{cases} \tag{10-15}$$

由于 $\boldsymbol{R}_m$ 同时将 $\boldsymbol{k}_{R1}$ 和 $\boldsymbol{k}_{R2}$ 转换为 $\boldsymbol{k}_{L1}$ 和 $\boldsymbol{k}_{L2}$，所以 $\boldsymbol{R}_m$ 也将 $\boldsymbol{k}_{R1}\times\boldsymbol{k}_{R2}$ 换为 $\boldsymbol{k}_{L1}\times\boldsymbol{k}_{L2}$。将其关系写为矩阵形式，有

$$(\boldsymbol{k}_{L1}\quad \boldsymbol{k}_{L2}\quad \boldsymbol{k}_{L1}\times\boldsymbol{k}_{L2})=\boldsymbol{R}_{m}(\boldsymbol{k}_{R1}\quad \boldsymbol{k}_{R2}\quad \boldsymbol{k}_{R1}\times\boldsymbol{k}_{R2}) \tag{10-16}$$

由式（10-16），可求解出 $\boldsymbol{R}_m$：

$$\boldsymbol{R}_{m}=(\boldsymbol{k}_{L1}\quad \boldsymbol{k}_{L2}\quad \boldsymbol{k}_{L1}\times\boldsymbol{k}_{L2})(\boldsymbol{k}_{R1}\quad \boldsymbol{k}_{R2}\quad \boldsymbol{k}_{R1}\times\boldsymbol{k}_{R2})^{-1} \tag{10-17}$$

将 $\boldsymbol{R}_m$ 代入式（10-12）的第二个方程，利用最小二乘法可以求解出 $\boldsymbol{p}_m$。由 $\boldsymbol{R}_m$ 和 $\boldsymbol{p}_m$ 可获得摄像机相对于机器人末端的外参数矩阵 $\boldsymbol{T}_m$。

10.3 机器人视觉识别

对于机器人视觉系统来说，不需要全面地理解它所处的环境而只需要提取为完成该任务所必需的信息。视觉信息的处理过程如图 10-6 所示，包括图像预处理、特征提取和特征识别。

图 10-6 视觉信息处理过程

图像预处理是视觉处理的第一步，其任务是对输入图像进行加工，消除噪声，改进图像的质量。特征提取从图像提取目标的特征信息，检测它的集合特性，为识别物体和确定它的位置和方向奠定基础，从而使后续的识别工作能够抓住目标最具有区分性的形状特征。特征识别主要基于目标的面积、位置、形状和方向等所需特征信息，与模板中的对应信息进行匹配，将匹配的结果输出给机器人控制器，控制机器人完成相应的动作。

10.3.1 图像预处理

图像预处理的主要目的是清除原始图像中各种噪声等无用的信息，改进图像的质量，增强感兴趣的有用信息的可检测性，从而使后面的特征提取和识别处理得以简化，并提高其可靠性。机器人视觉常用的预处理包括灰度变换、空间滤波等。

1. 灰度变换

灰度变换可以改善图像的质量，使图像能够显示更多的细节，提高图像的对比度，有选择地突出图像感兴趣的特征或者抑制图像中不需要的特征，改变图像的直方图分布，使像素的分布更为均匀。例如有时图像亮度的动态范围很小，表现为其直方图较窄，即灰度等级集

中在某一区间内，通过直方图拉伸处理，即通过灰度变换将原直方图两端的灰度值分别拉至最小值（0）和最大值（255），使图像占有的灰度等级充满（0~255）整个区域，从而使图像的层次增多，达到图像细节增强的目的。

还有一种对比度增强的方法是直方图均衡化，对图像进行非线性拉伸，重新分配图像的灰度值，使一定范围内图像的灰度值大致相等。原来直方图中间的峰值部分对比度得到增强，而两侧的谷底部分对比度降低，输出图像的直方图是一个较为平坦的直方图。

假如图像的灰度分布不均匀，其灰度分布集中在较窄的范围内，使图像的细节不够清晰，对比度较低。通常采用直方图均衡化及直方图规定化两种变换，使图像的灰度范围拉开或使灰度均匀分布，从而增大反差，使图像细节清晰，以达到增强的目的。

2. 空间滤波

空间滤波有平滑空间滤波和锐化空间滤波两种。平滑空间滤波用于模糊处理和降低噪声。模糊处理经常用于图像预处理中，在提取大的目标之前去除图像中的一些琐碎的细节以及连接直线与曲线的缝隙。通过线性滤波器和非线性滤波器的模糊处理可以降低噪声。平滑滤波器使用滤波器模板确定的邻域内像素的平均灰度值来代替图像中每个像素的值，这种处理的结果降低了图像灰度的尖锐变化。由于典型的随机噪声就是由于灰度级的尖锐变化造成，因此，常见的平滑处理应用就是降低噪声。

线性滤波器有均值滤波器和基于均值滤波器的其他滤波器，如高斯滤波器等，能够减小图像灰度的尖锐变化，降低噪声。由于图像边缘是由图像灰度尖锐变化引起的，所以也存在边缘模糊的问题。统计排序滤波器是一种非线性滤波器，其基于滤波器所在图像区域中像素的排序，由排序结果决定的值代替中心像素的值。有中值滤波器、最大值滤波器和最小值滤波器三种，分别用像素领域内的中间值、最大值和最小值代替中心像素。下面以中值滤波器为例进行介绍。

中值滤波器用模板区域内像素的中间值作为结果值。

$$R=\mathrm{mid}\{z_k\,|n=1,2,\cdots,n\}\tag{10-18}$$

强迫突出的亮点（或暗点）更像它周围的值，以消除孤立的亮点（或暗点），如图 10-17 所示。

中值滤波器在去除噪声的同时，可以比较好地保留边的锐度和图像的细节，优于均值滤波器。

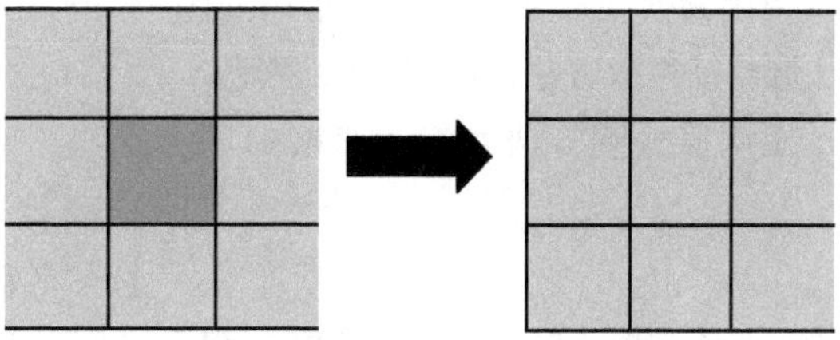

图 10-7　中值滤波原理示意图

平滑滤波器主要是使用邻域的均值（或者中值）来代替模板中心的像素，削弱和邻域间的差别，以达到平滑图像和抑制噪声的目的；相反，锐化滤波器则使用邻域的微分作为算子，增大邻域间像素的差值，使图像突变部分变得更加明显。锐化处理的主要目的是突出灰度的过渡部分。一是增强图像的边缘，使模糊的图像变得清晰；二是提取目标物体的边界，对图像进行分割，便于目标区域的识别。数字图像的锐化可分为线性锐化滤波和非线性锐化滤波。若输出像素是输入像素领域像素的线性组合则称为线性滤波，否则称为非线性滤波。

均值产生钝化的效果与积分相似，而微分能产生相反的效果，即锐化的效果。在图像处理中应用微分最常用的方法是计算梯度。函数 $f(x, y)$ 在 (x, y) 处的梯度为一个矢量：

$$\nabla \boldsymbol{f}=\begin{pmatrix} G_x \\ G_y \end{pmatrix}=\begin{pmatrix} \dfrac{\partial f}{\partial x} \\ \dfrac{\partial f}{\partial y} \end{pmatrix} \tag{10-19}$$

常用的锐化滤波器有一阶微分滤波器和二阶微分滤波器。一阶微分滤波器计算梯度算子，二阶微分滤波器采用拉普拉斯算子。具体算法此处不做介绍，请参考阅读数字图像处理中的相关内容。

10.3.2 特征提取

在具体应用中，人们往往仅对图像中的某些部分感兴趣，这些部分一般称为目标或前景。为了辨识和分析目标，需要将有关区域分离提取出来，在此基础上对目标进一步利用，如进行特征提取和测量。特征提取就是指根据目标的特征从图像中提取出感兴趣目标的技术和过程。这些特征可以是边缘、区域及形状等。

图像特征提取方法主要有三大类：基于阈值的特征提取方法、基于区域的特中提取方法和基于边缘的特征提取方法。图像特征提取算法是基于亮度值的不连续性和相似性。不连续性是基于亮度的不连续变化提取图像，如图像的边缘；相似性根据制定的准则将图像划分为相似的区域，如阈值分割等。还有一类是基于数学形态学运算的特征提取。

边缘检测采用梯度算子，Prewitt 和 Sobel 算子是计算梯度时最常用的算子。此处不做具体介绍，请参考数字图像处理相关书籍。

灰度阈值提取法是一种最常用的图像区域特征提取方法，如图 10-8 所示。

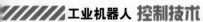

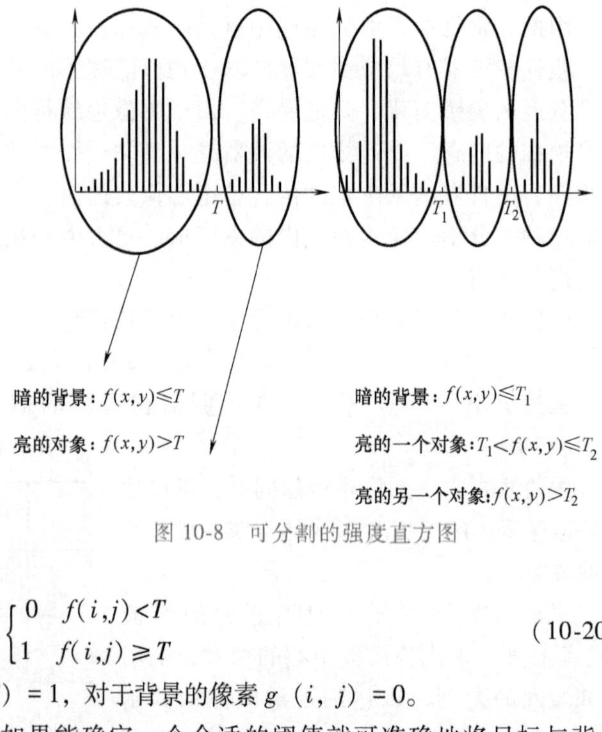

图 10-8 可分割的强度直方图

图阈值分割方法实施的变换如下：

$$g(i,j)=\begin{cases} 0 & f(i,j)<T \\ 1 & f(i,j)\geqslant T \end{cases} \tag{10-20}$$

式中，T 为阈值，对应目标的像素 $g(i, j)=1$，对于背景的像素 $g(i, j)=0$。

阈值分割算法的关键是确定阈值，如果能确定一个合适的阈值就可准确地将目标与背景分割开，阈值确定后，将阈值与像素点的灰度值逐个进行比较，分割的结果将直接给出图像区域。阈值分割时，可以通过图像软件中灰度直方图进行观察，并精确调节分割阈值。

数学形态学是图像处理中应用最广泛的技术之一，基本思想是用具有一定形态的结构元素去度量和提取图像中的对应形状以达到对图像分析和识别的目的。例如，提取目标的各种几何参数和特征，如面积、周长、连通度和方向性等，从而使后续的识别工作能够抓住目标最具有区分能力的形状特征，同时，形态学可以对图像实现图像细化及修剪毛刺，除去图像中不相干的结构，改善图像质量。

二值图像的形态变换是一种针对集合的处理过程，从集合的角度分析图像，下面介绍几种二值图像的基本形态学运算——腐蚀、膨胀及开闭运算。

1. 腐蚀

腐蚀运算可以使目标区域范围变小，造成图像的边界收缩，可以用来消除小且无意义的目标物。

二值形态学中的运算对象是集合，设 A 为图像集合，B 为结构元素，用 B 对 A 进行腐蚀操作，如图 10-9 所示，让原本位于图像原点的结构元素 B 在整个平面上移动，当 B 的原点平移到 z 点时，B 能完全包含于 A 中，则所有这样的 z 点构成的集合即 E 集合是 B 对 A 的腐蚀结果。

腐蚀结果 E 的定义：

$$A\Theta B=E=\{z \mid B(z)\subseteq A\} \tag{10-21}$$

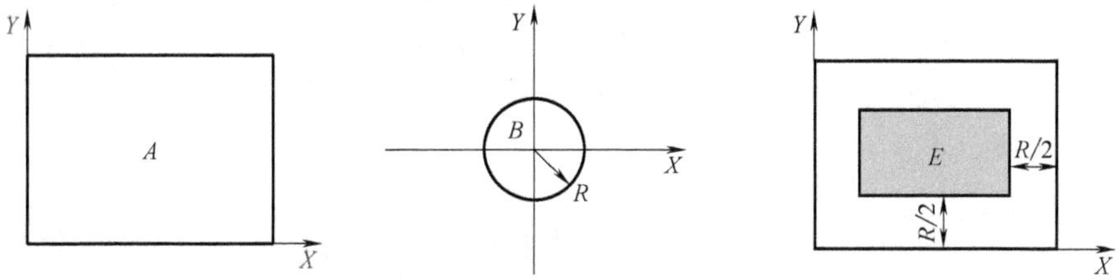

图 10-9 腐蚀运算示意图

对于任意一个阴影部分内的点 z，包含于 A，所以 A 被 B 腐蚀的结果就是阴影部分。阴影部分在 A 的范围之内且比 A 小，就像 A 被剥掉了一层，所以叫腐蚀。腐蚀在数学形态学运算中的作用是消除物体边界，具体的腐蚀结果取决于结构元素 B 以及其原点的选取。如果物体整体上大于结构元素，腐蚀使物体被剥掉一层，这一层是由结构元素决定的；如果物体小于结构元素，则腐蚀后的物体会在细连通处断裂，分离成两部分。

2. 膨胀

膨胀可看成腐蚀的对偶运算，膨胀会使目标区域范围变大，将与目标区域接触的背景点合并到该目标物中，使目标边界向外部扩张。可以用来填补目标区域中某些空洞以及消除包含在目标区域中的小颗粒噪声。

和腐蚀运算类似，设定 A 为要处理的图像集合，B 为结构元素，通过结构元素 B 对图像进行膨胀处理。让原本位于图像原点的结构元素 B 在整个平面上移动，当其自身原点平移至 z 点时，B 相对于其原点的映像和 A 有公共的交集，则所有这样的 z 点构成的集合（E 集合）为 B 对 A 的膨胀结果，如图 10-10 所示。

程序下载

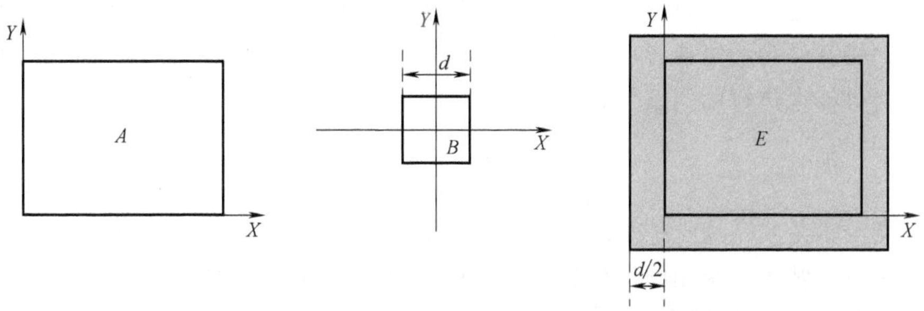

图 10-10 膨胀运算示意图

膨胀结果 E 的定义：

$$A \oplus B = E = \{ z \mid B(z) \cap A \neq \varnothing \} \tag{10-22}$$

膨胀和腐蚀相反，能使物体边界扩大，图 10-10 中阴影部分，就像 A 膨胀了一圈，膨胀结果与图像本身和结构元素的形状有关。膨胀同时可以填补物体中的空洞。

3. 开闭运算

开运算和闭运算都由腐蚀和膨胀复合形成，先腐蚀后膨胀的过程称为开运算，先膨胀后腐蚀的过程称为闭运算。闭运算能融合狭窄的间断，填充物体内细小空洞，可以用来连接邻近物体、填补轮廓上的缝隙从而平滑图像的轮廓。开运算能够平滑图像的轮廓，削弱狭窄的部分，去掉细的突出，可以用来消除背景中的小物体，在纤细点处分离物体。

边界提取定义为

$$\beta(A) = A - (A \Theta B) \tag{10-23}$$

式（10-23）表示：先用 B 对 A 腐蚀，然后用 A 减去腐蚀得到边界，B 是结构元素。如图 10-11 所示。

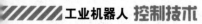

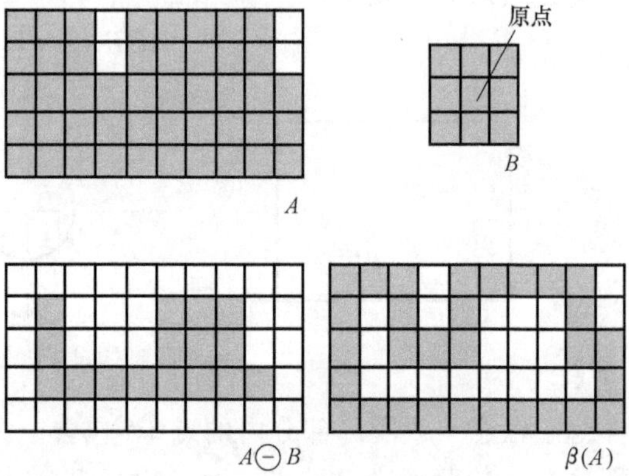

图 10-11　边界提取运算

10.3.3　特征识别

不同目标的识别方法不尽相同，常见的有基于形状、边缘、周长、面积、圆度、位置、方向、连通性等识别，又称为几何形态分析。

常用的特征识别基于 Blob 分析，Blob 是对图像中相同像素的连通域进行分析，可提供二值图像中的连通区域面积、位置、形状和方向等所需特征信息，与模板中的对应信息进行匹配，以确认该图像中包含的物体属性，输出给机器人控制器完成相应的动作。

利用 OpenCV、Halcon 等视觉算法库提供的特征识别函数，可以完成不同的特征识别任务。有些视觉处理函数能同时完成图像的分割和提取任务，视觉处理的算法编写过程得到大大简化，利用这些视觉算法库可完成各种常见的视觉识别任务。

10.4　视觉测量与控制

视觉测量是根据摄像机获得的视觉信息对目标的位置和姿态进行测量。视觉信息除通常的位置和姿态之外，还包括对象的形状、尺寸等。视觉控制是根据视觉测量获得目标的位置和姿态，将其作为给定或者反馈，对机器人的位置和姿态进行的控制。而视觉伺服是利用视觉信息对机器人进行的伺服控制。

10.4.1　视觉测量

视觉测量是实现视觉控制的基础。视觉测量主要研究从二维图像信息到二维或三维笛卡儿空间信息的映射。常用的有单目和双目视觉位置测量。

1. 单目视觉位置测量

单台摄像机构成的单目视觉，在不同的条件下，实现的位置测量有所不同。在与摄像机光轴中心线垂直的平面内，利用一幅图像可以实现平面内目标的二维位置测量。在摄像机的运动已知的条件下，利用运动前后的两幅图像中的可匹配图像点对，可以实现对任意空间点的三维位置的测量。对于垂直于摄像机光轴中心线的平面内的目标，如果目标尺寸已知，则可以利用一幅图像测量其三维坐标。在摄像机的透镜直径已知的前提下，通过对摄像机的聚焦离焦改变景物点的光斑大小，也可以实现对景物点的三维位置测量。这里介绍在垂直于摄像机光轴中心线的平面内目标的二维测量和已知尺寸目标的三维测量。

假设摄像机镜头的畸变较小，可以忽略不计。摄像机采用小孔模型，内参数采用式（10-5）所示的四参数模型，并经过预先标定。假设目标在垂直于摄像机光轴中心线的平面内，目标的面积已知。摄像机坐标系建立在光轴中心处，其 z 轴与光轴中心线方向平行，以摄像机到景物方向为正方向，其 x 轴方向取图像坐标沿水平增加的方向。在目标的质心处建立绝对坐标系，其坐标轴与摄像机坐标系的坐标轴平行。摄像机坐标系与绝对坐标系如图 10-12 所示。

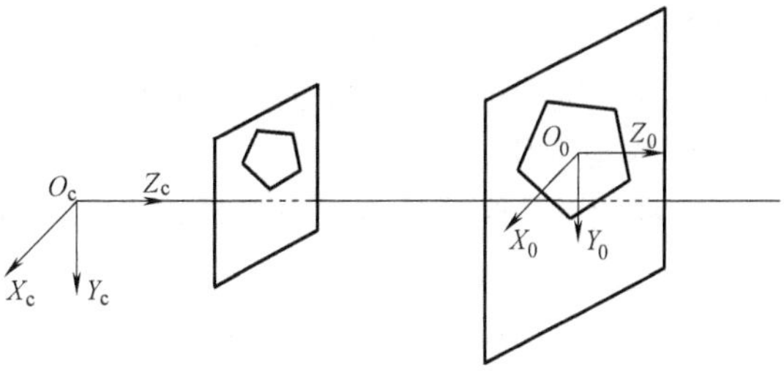

图 10-12　垂直于光轴中心线平面内目标的测量

由式（10-5）得

$$\begin{cases} x_{ci} = \dfrac{u_i - u_0}{k_x} z_{ci} = \dfrac{u_{di}}{k_x} z_{ci} \\ y_{ci} = \dfrac{v_i - v_0}{k_y} z_{ci} = \dfrac{u_{di}}{k_y} z_{ci} \end{cases} \tag{10-24}$$

由于绝对坐标系的坐标轴与摄像机坐标系的坐标轴平行，由式（10-6）得

$$\begin{cases} x_{ci} = x_{0i} + p_x \\ y_{ci} = y_{0i} + p_y \\ z_{ci} = p_z \end{cases} \tag{10-25}$$

将目标沿 X_0 轴分成 N 份，每一份近似为一个矩形，如图 10-13 所示。假设第 i 个矩形的 4 个顶点分别记为 P_1^i、P_2^i、P_1^{i+1}、P_2^{i+1}，则目标的面积为

$$S = \sum_{i=1}^{N} (P_{2y}^i - P_{1y}^i)(P_{1x}^{i+1} - P_{1x}^i) \tag{10-26}$$

式中，P_{1x}^i 和 P_{1y}^i，分别为 P_1^i 在绝对坐标系的 X_0 和 Y_0 轴的坐标；S 为目标的面积。

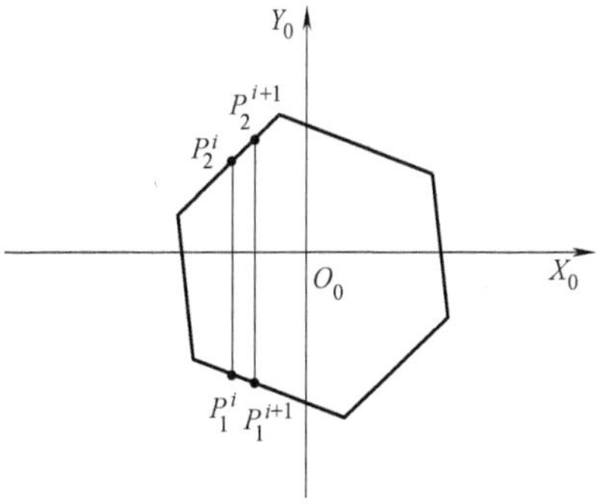

图 10-13　目标面积计算示意图

将式（10-24）、式（10-25）代入式（10-26），得

$$S = \left[\sum_{i=1}^{N} (v_{d2}^i - v_{d1}^i)(u_{d1}^{i+1} - u_{d1}^i) \right] \frac{p_z^2}{k_x k_y} = \frac{S_1}{k_x k_y} p_z^2 \tag{10-27}$$

S_1 为目标在图像上的面积。由式（10-27）可得 p_z 的计算公式：

$$p_z = \sqrt{k_x k_y S / S_1} \tag{10-28}$$

对于一个在绝对坐标系中已知的点 $P_j=(x_{0j}, y_{0j}, z_{0j})$，其图像坐标为 (u_j, v_j)，可以计算出 p_x 和 p_y：

$$\begin{cases} p_x=\dfrac{u_{dj}}{k_x}p_z-x_{0j} \\ p_y=\dfrac{u_{dj}}{k_y}p_z-y_{0j} \end{cases} \tag{10-29}$$

获得 p_x、p_y 和 p_z 后，可以根据图像坐标计算出目标上任意点在摄像机坐标系和绝对坐标系下的坐标。

在垂直于摄像机光轴中心线的平面内，对已知尺寸目标的三维测量，多用于球类目标的视觉测量以及基于图像的视觉伺服过程中对目标深度的估计等。

2. 立体视觉位置测量

立体视觉比较常见的方式有双目视觉、多目视觉和结构光视觉。这里主要介绍双目视觉和线结构光视觉测量。

(1) 双目视觉　双目视觉利用两台摄像机采集的图像上的匹配点对，计算出空间点的三维坐标。摄像机坐标系建立在光轴中心处，其 z 轴与光轴中心线方向平行，以摄像机到景物方向为正方向，其 x 轴方向取图像坐标沿水平增加的方向。假设两台摄像机 C_1 和 C_2 的内参数及相对外参数均已经预先进行标定。摄像机的内参数采用式（10-5）所示的四参数模型，分别用 $\boldsymbol{M}_{in1}$ 和 $\boldsymbol{M}_{in2}$ 表示。两台摄像机的相对外参数用 ${}^{c1}\boldsymbol{M}_{c2}$ 表示，即 C_2 坐标系在 C_1 坐标系中表示为 ${}^{c1}\boldsymbol{M}_{c2}$，如图 10-14 所示。

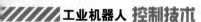

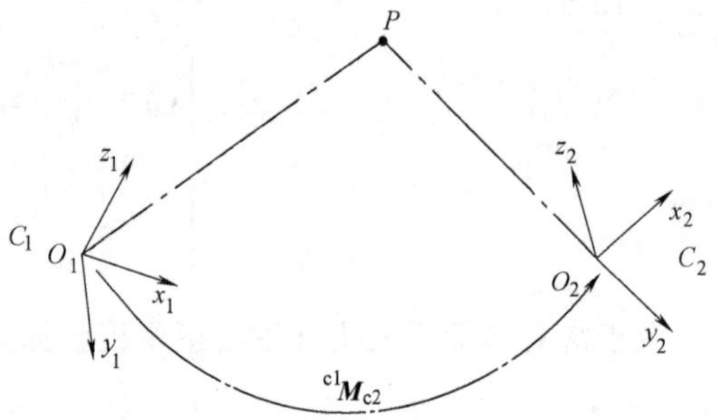

图 10-14　双目立体视觉示意图

由空间点 P 在摄像机 C_1 的图像坐标 (u_1, v_1)，可以计算出点 P 在摄像机 C_1 的焦距归一化成像平面的成像点 P_{1c1} 的坐标：

$$\begin{pmatrix} x_{1c1} \\ y_{1c1} \\ 1 \end{pmatrix}=\begin{pmatrix} k_{x1} & 0 & u_{10} \\ 0 & k_{y1} & v_{10} \\ 0 & 0 & 1 \end{pmatrix}^{-1}\begin{pmatrix} u_1 \\ v_1 \\ 1 \end{pmatrix} \tag{10-30}$$

空间点 P 在摄像机 C_1 的光轴中心点与点 P_{1c1} 构成的直线上，即符合

$$\begin{cases} x=x_{1c1}t_1 \\ y=y_{1c1}t_1 \\ z=t_1 \end{cases} \tag{10-31}$$

同样，由空间点 P 在摄像机 C_2 的图像坐标 (u_2, v_2)，可以计算出点 P 在摄像机 C_2 的焦距归一化成像平面的成像点 P_{1c2} 的坐标：

$$\begin{pmatrix} x_{2c1} \\ y_{2c1} \\ 1 \end{pmatrix}=\begin{pmatrix} k_{x2} & 0 & u_{20} \\ 0 & k_{y2} & v_{20} \\ 0 & 0 & 1 \end{pmatrix}^{-1}\begin{pmatrix} u_2 \\ v_2 \\ 1 \end{pmatrix} \tag{10-32}$$

将点 P_{1c2} 在摄像机 C_2 坐标系的坐标，转换为在摄像机 C_1 坐标系的坐标：

$$(x_{2c11} \quad y_{2c11} \quad z_{2c11} \quad 1)^{\mathrm{T}} = {}^{c1}\boldsymbol{M}_{c2}(x_{2c1} \quad y_{2c1} \quad 1 \quad 1)^{\mathrm{T}} \tag{10-33}$$

空间点 P 在摄像机 C_2 的光轴中心点与点 P_{1c2} 构成的直线上。而摄像机 C_2 的光轴中心点在摄像机 C_1 坐标系中的位置矢量，即为 ${}^{c1}\boldsymbol{M}_{c2}$ 的位置矢量。因此，该直线方程可表示为

$$\begin{cases} x = p_x + (x_{2c11} - p_x)t_2 \\ y = p_y + (y_{2c11} - p_y)t_2 \\ z = p_z + (z_{2c11} - p_z)t_2 \end{cases} \tag{10-34}$$

式中，p_x、p_y 和 p_z 构成 ${}^{c1}\boldsymbol{M}_{c2}$ 的位置偏移量。

上述两条直线的交点，即为空间点 P，如图 10-14 所示。对式（10-31）和式（10-34）联立，即可求解出空间点 P 在摄像机 C_1 坐标系中的三维坐标。由于摄像机的内外参数存在标定误差，上述两条直线有时没有交点。因此，在利用式（10-31）和式（10-34）求解点 P 在摄像机 C 坐标系中的三维坐标时，通常采用最小二乘法求解。

此外，如果已知摄像机坐标系在其他坐标系中的表示，例如，在绝对坐标系或者机器人末端坐标系的表示等，则可以由点 P 在摄像机 C_1 坐标系中的三维坐标，利用矩阵变换计算出点 P 在其他坐标系中的三维坐标。

图像特征点的精度以及摄像机内外参数的标定精度对三维坐标测量结果都具有显著的影响。利用两条直线相交求取三维坐标这种原理，决定了测量精度受图像坐标的误差影响较大，抗随机干扰能力较弱。

（2）结构光视觉测量　线结构光视觉利用摄像机采集的一幅图像，计算激光条纹上特征点的三维坐标。假设摄像机的内参数以及激光平面方程参数已知，并假设激光平面方程表示为

$$ax+by+cz+1=0 \tag{10-35}$$

其中，a，b，c 为激光平面方程参数。

由于特征点取自激光结构光，所以特征点必然在激光平面上，同时还在摄像机的光轴中心点与成像平面上的成像点之间的一条空间直线上。利用该直线的方程与激光平面方程，即可求解出特征点在摄像机坐标系下的三维坐标。将式（10-31）代入式（10-35），得

$$\begin{cases} x = \dfrac{-x_{1c1}}{ax_{1c1}+by_{1c1}+c} \\ y = \dfrac{-y_{1c1}}{ax_{1c1}+by_{1c1}+c} \\ z = \dfrac{-1}{ax_{1c1}+by_{1c1}+c} \end{cases} \tag{10-36}$$

由特征点在摄像机坐标系下的三维坐标以及摄像机相对于机器人机座坐标系或者末端坐标系的外参数，经坐标变换可以得到特征点在机座坐标系或者末端坐标系下的三维坐标。

结构光视觉求取的是直线与平面的交点，并且只需要处理一幅图像，图像上的特征点提取也比较容易。但结构光视觉只能对激光条纹上的点进行三维位置测量。

10.4.2 视觉控制

视觉控制有基于位置、图像和混合视觉控制三类。基于位置的视觉控制利用标定得到的

摄像机内外参数对目标位姿进行测量，进而可以通过轨迹规划求得机器人末端执行器下一周期的期望位姿，再根据机器人逆运动学求出的各关节量通过控制器对关节进行控制，基于位置的视觉控制可分为位置给定型和反馈型两类，即利用视觉测量的位置作为机器人的给定值和反馈值。基于图像的视觉控制则直接利用目标和末端执行器在图像上的期望投影与实际投影进行操作，利用反映机器人运动与图像对应信息变换之间关系的图像雅克比矩阵计算关节量，无须计算其在绝对坐标系中的坐标，因此无须事先标定摄像机，但图像雅克比矩阵的计算量较大。混合视觉控制将基于位置和基于图像的视觉控制结合在一起，采用图像控制一部分自由度，余下的自由度采用其他技术控制，不须要计算图像雅克比矩阵。具体的控制方法此处不做具体介绍。

10.4.3 机器人视觉伺服控制

机器人视觉伺服是机器视觉和机器人控制的有机结合，是一个非线性、强耦合的复杂系统，涉及图像处理、机器人运动学和动力学、控制理论等知识。视觉伺服将视觉传感器得到的图像作为反馈信息，参与控制决策，构成机器人位置闭环控制系统。

常见的视觉伺服控制主要有基于位置和基于图像的视觉伺服两类。下面分别进行介绍。

1. 基于位置的视觉伺服控制

基于位置的视觉伺服控制利用视觉测量的位置作为反馈，对机器人进行伺服控制。图10-15为Eye-in-Hand视觉进行位置反馈型机器人视觉伺服控制系统框图，用于使机器人末端与对象保持固定距离。控制系统由3个闭环构成，外环为笛卡儿空间的位置环，而各个关节采用位置闭环和速度闭环控制，其内环为速度环，外环为位置环。视觉位置反馈由机器人位姿获取、图像采集、特征提取、笛卡儿空间三维坐标求取、机器人末端与目标距离计算等部分构成。将设定距离与测量到的机器人末端到目标的距离相比较，形成距离偏差。根据距离偏差和机器人的当前位姿，利用位姿调整策略，确定下一时刻的机器人位姿，经过逆运动学求解，得到各个关节的关节位置给定值，各个关节根据其关节位置给定值利用关节位置控制器和伺服放大器对机器人的运动进行控制。

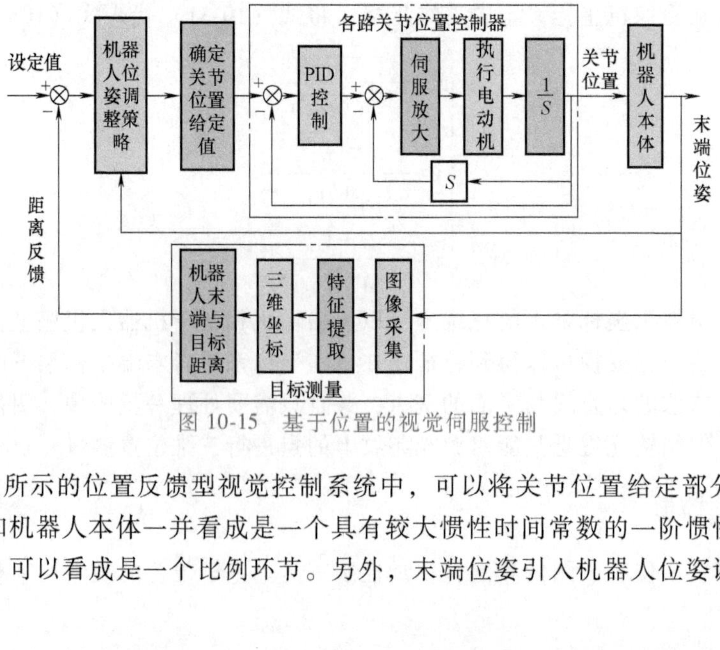

图 10-15 基于位置的视觉伺服控制

在图10-15所示的位置反馈型视觉控制系统中，可以将关节位置给定部分、机器人的关节位置控制器和机器人本体一并看成是一个具有较大惯性时间常数的一阶惯性环节。目标的视觉测量部分，可以看成是一个比例环节。另外，末端位姿引入机器人位姿调整策略，主要是为了将末端位姿限定在一定范围内以保护机器人，以及避免奇异位姿，对末端位姿的调整起到限幅作用等，在稳定分析中可以不予考虑。因此，可以将图 10-15 视觉控制系统转化为一个等效控制系统，其系统框图如图 10-16 所示，T_r 为惯性时间常数，k 为距离反馈系数。这是一个典型的一阶惯性环节的单闭环系统，机器人位姿调整策略采用 PID 控制算法，根据机器人环节的惯性时间常数适当调整 PID 参数，就能够保证系统的稳定性。

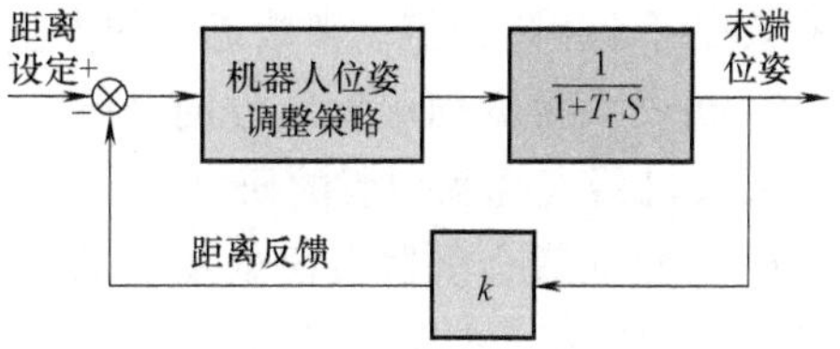

图 10-16 基于位置的视觉伺服控制简化框图

2. 基于图像的视觉伺服控制

根据图像特征的偏差直接对机器人的关节运动速度进行控制，称为基于图像的视觉伺服控制。下面针对 Eye-in-Hand 结构的视觉系统，说明基于图像的视觉伺服控制。如图 10-17 所示，基于图像的视觉伺服由两个闭环构成，外环为图像特征闭环，内环为关节速度环。视觉反馈为目标的当前图像特征，由图像采集和特征提取两部分构成。由给定的期望图像特征与当前图像特征比较得到特征偏差，根据该偏差设计机器人的运动调整策略，并以其输出作为图像雅可比矩阵的输入。从图像空间到关节空间的雅可比矩阵称为图像雅可比矩阵，由图像空间到笛卡儿空间微分运动的雅可比矩阵和机器人的笛卡儿空间到关节空间的雅可比矩阵的乘积构成。图像雅可比矩阵的输出为各个关节的期望速度。由各路关节速度控制器，根据各个关节的期望速度，利用伺服放大器对机器人的运动进行控制。通过机器人本体各个关节的运动，使得机器人的末端按照希望的位置和姿态运动。

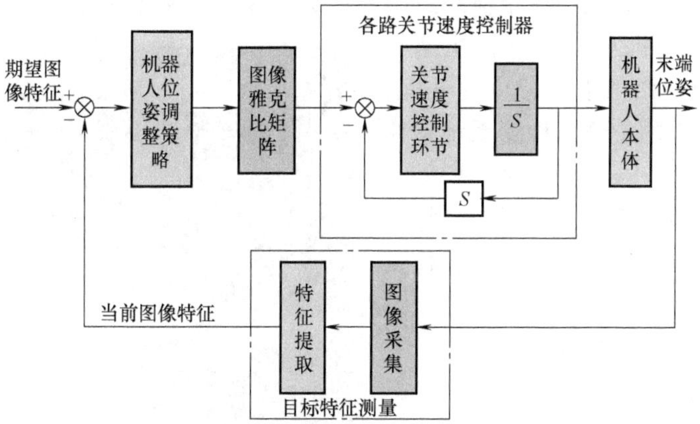

图 10-17 基于图像的视觉伺服控制

在基于图像的视觉伺服系统中，控制偏差信息来自于目标图像特征与期望图像特征之间的差异。对于这种控制方法，关键的问题是如何建立反映图像差异变化与机械手位姿速度变化之间关系的图像雅可比矩阵。求解图像雅可比矩阵主要有 3 种方法，分别为直接估计方法、深度估计方法、常数近似法。直接估计的方法不考虑图像雅可比矩阵的解析形式，在摄像机运动过程中直接得到数值解。典型的直接估计方法是采用神经元网络和模糊逻辑逼近的方法。深度估计的方法需要求出图像雅可比矩阵的解析式，在每一个控制周期估计深度值，代入解析式求值。这种方法实时在线调整雅可比矩阵的值，精度高，但计算量较大。常数近似方法是简化的方法，图像雅可比矩阵的值在整个视觉伺服过程中保持不变，通常取理想图像特征下的图像雅可比矩阵的值。常数近似的方法只能保证在目标位置的一个小邻域内收敛。

3. 机器人视觉伺服发展方向

未来机器人视觉伺服的研究方向主要有以下几方面：

（1）建立适合机器人视觉系统的有关理论和软件　目前，许多机器人视觉伺服系统的图像处理方法都不是针对机器人视觉系统的，如果有专用的机器人视觉伺服软件平台，在进行机器人视觉伺服控制时，可以减少工作量，甚至可以通过视觉信息处理硬件化来提高视觉伺服系统的性能。

（2）将各种人工智能方法应用于机器人视觉伺服系统　虽然神经网络在机器人视觉伺服系统中已得到应用，但许多智能方法在机器人视觉伺服系统中还没有得到充分地应用，目前的方法过于依赖数学建模和数学计算，这使得机器人视觉伺服系统在工作时计算量太大。是否可以用人工智能的方法降低数学计算量，提高系统快速性。

（3）将主动视觉技术应用于机器人视觉伺服系统　主动视觉是计算机视觉和机器视觉研究领域中的一个热点，主动视觉系统能主动地感知环境，按一定规则主动地提取需要的图像特征，使得在一般情况下难以解决的问题得以解决。

（4）将视觉传感器与其他外部传感器结合起来 为了使机器人能够更全面地感知环境，将多种传感器加入机器人视觉控制系统，对机器人视觉系统进行信息补充。多传感器的引入，需要解决机器人视觉系统的信息融合和信息冗余问题。

10.4.4 应用实例

滤芯生产质量检测系统是用于检测滤芯产品是否透光的视觉系统，通过移动安装在三坐标机械臂上的工业相机对滤芯进行快速拍照，并对拍摄得到的图像进行相应的处理，完成对滤芯是否漏光的检测，检测系统整体结构如图 10-18 所示。

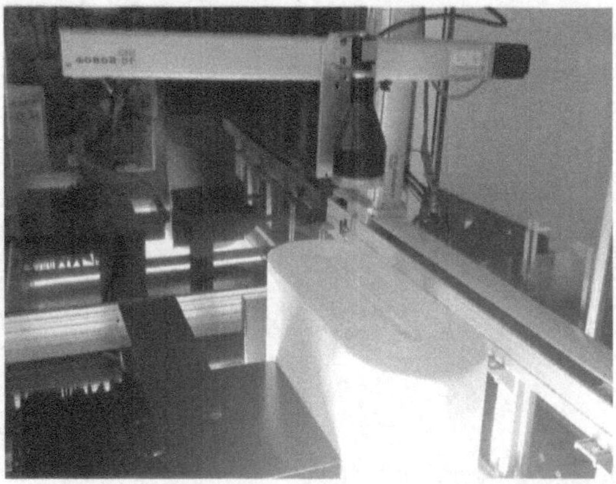

图 10-18　滤芯生产质量检测系统整体结构图

滤芯生产质量检测系统主要由三坐标机械臂、视觉系统、工控机及显示系统、检测工装挡板组成。

视觉系统由以下硬件组成：

1）工业相机 DMK 33UP1300。

2）分辨率为 1280 像素×1060 像素，靶面尺寸 1/3 英寸，大倍率大视场 0 视角镜头。

3）600μcd 面光源（含可更换耐磨层）。

视觉检测的流程如图 10-19 所示。

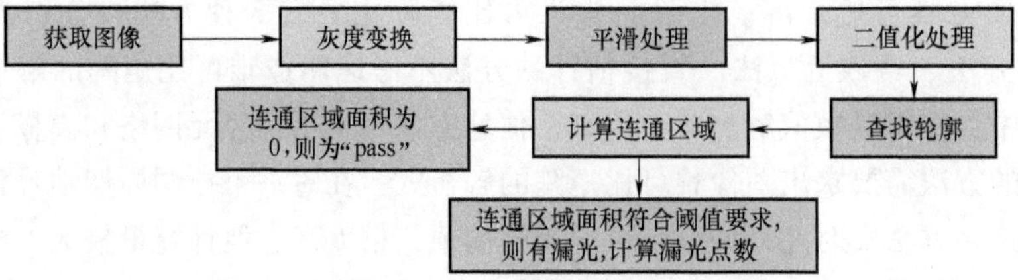

图 10-19　视觉检测流程图

如图 10-20a 为从相机获得的原始图像信息；图 10-20b 所示为经过灰度变换后的图像，目的是将图像转换为灰度图像；图 10-20c 为再经过均值滤波平滑处理得到的图像，目的是消除噪声，图 10-20a～图 10-20c 从直观上看处理效果区别不明显，是由于此处所用相机为黑白相机，光源的选择和布置合理，得到的图像质量较好，噪声较少。为了得到漏光点的信

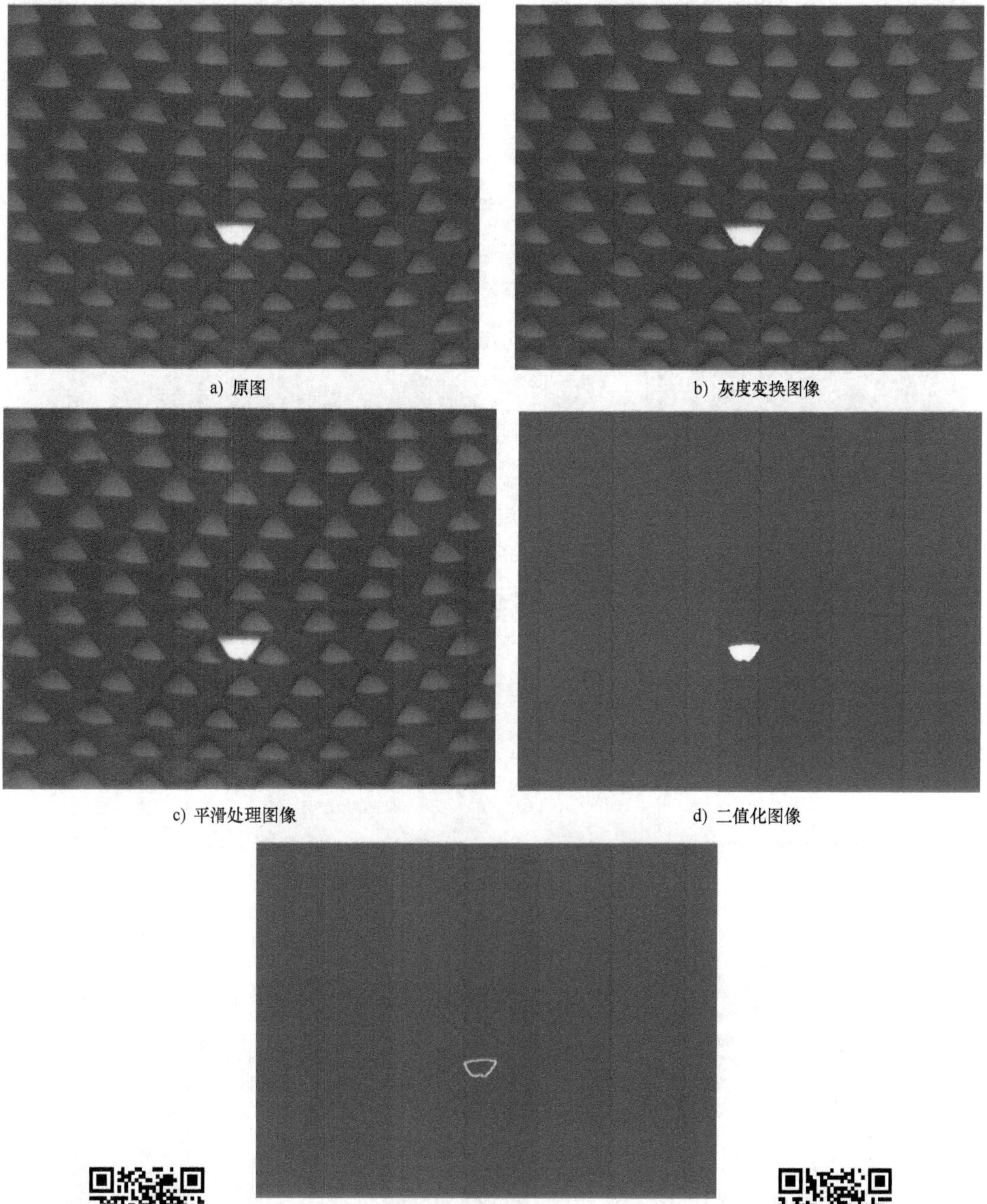

a) 原图　b) 灰度变换图像　c) 平滑处理图像　d) 二值化图像　e) 检测到的轮廓图

图 10-20　视觉图像处理过程

程序下载　程序下载

息，将漏光区域和非漏光区域分开来，接下来基于设定的阈值进行二值化处理，漏光区域显示为白色，非漏光区域显示为黑色，如图 10-20d 所示。图 10-20e 所示为检测到的漏光区域轮廓，为接下来的漏光区域检测做好准备。

漏光检测是通过计算白色连通区域的面积来判断，如果白色连通区域面积为 0，则此区域为不漏光，如果面积符合阈值要求，则判定为有漏光，同时进行漏光点计数。以上处理均基于 OpenCV 的图像处理函数实现。

视觉检测系统操作界面如图 10-21 所示。检测开始后，在主界面的检测图像区（见图 10-22），显示每次检测拍摄的工件局部照片。在主界面的检测结果显示区（见图 10-23），显示每次检测的结果，如没有漏光，则显示 Pass，如漏光，则显示有几个漏光点。

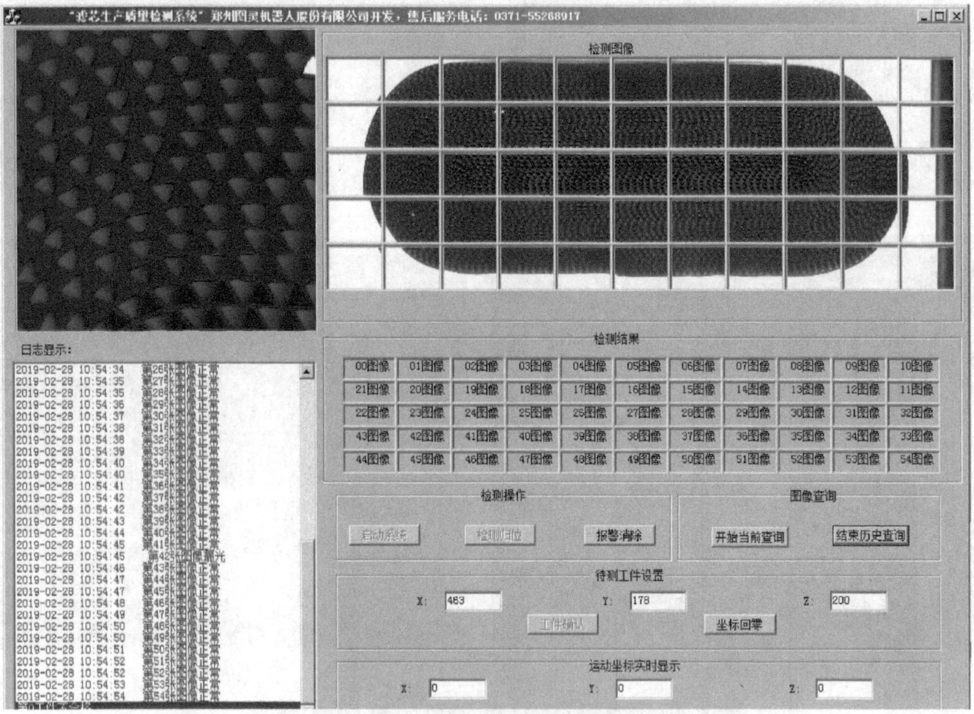

图 10-21 视觉检测系统操作界面图

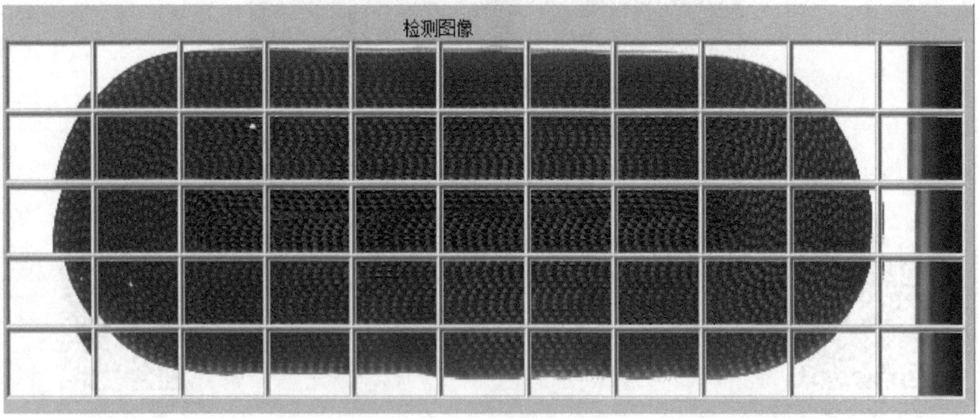

图 10-22 检测图像区

检测结果

Pass	Pass	Pass	Pass	Pass	Pass	Pass	Pass	Pass	Pass	Pass
Pass	Pass	1点漏光	Pass	Pass	Pass	Pass	Pass	Pass	Pass	Pass
Pass	Pass	Pass	Pass	Pass	Pass	Pass	Pass	Pass	Pass	Pass
Pass	1点漏光	Pass	Pass	Pass	Pass	Pass	Pass	Pass	Pass	Pass
Pass	Pass	Pass	Pass	Pass	Pass	Pass	Pass	Pass	Pass	Pass

图 10-23　检测结果显示区

科学家精神

“两弹一星”功勋科学家：

彭桓武

科学家精神

“两弹一星”功勋科学家：

王淦昌

第11章 Chapter 工业机器人工作站系统集成

工业机器人按作业任务的不同可以分为焊接、搬运、码垛、涂装等类型。工业机器人仅是一台控制运动和姿态的操作机，在工业现场中，往往单台工业机器人不能满足作业任务和机器人工程系统的功能要求，还需要根据作业内容、工件形式、质量和大小等工艺因素，选择或设计辅助设备和与工业机器人作业相配合的周边设备，同工业机器人一起组成一个工业机器人工作站，这样工业机器人才能成为实用的加工设备。

11.1 工业机器人工作站组成

工业机器人工作站是指使用一台或多台工业机器人，配以相应的辅助设备和周边设备，用于完成某一特定工序作业的独立生产系统，也可称为机器人工作单元。工业机器人工作站是以工业机器人作为加工主体的作业系统，工业机器人只是整个作业系统的一部分，作业系统还包括工装、变位器、辅助设备等周边设备。应该对它们进行系统集成，使之构成一个有机整体，才能完成任务，满足生产需求。一般情况下，一个工业机器人工作站应由以下几部分组成。

1. 工业机器人

工业机器人是机器人工作站的组成核心，应尽可能选用标准工业机器人。工业机器人控制系统一般随机器人型号已经确定，对于某些特殊要求，例如：除机器人控制之外，希望再提供几套外部控制单元、视觉系统、有关传感器等，可以单独提出，由机器人厂家提供配套装置。

2. 工业机器人末端执行器

工业机器人末端执行器是工业机器人的主要辅助设备，也是工业机器人工作站中重要的组成部分。同一台机器人，由于安装的末端执行器不同，能够完成不同的作业，用于不同的生产场合，多数情况下需专门设计，它与机器人的机型、总体布局、工作顺序都有直接关系。

3. 夹具和变位机

夹具和变位机是固定作业对象并改变其相对于工业机器人的位置和姿态的设备，它可在工业机器人规定的工作空间和灵活度条件下，帮助获得高质量的作业。

4. 工业机器人底座

工业机器人必须牢固地安装在底座上，底座必须有足够的刚性。对不同的作业对象，底座可以是标准正立支撑座，也可以是加高支撑座、侧支座或倒挂支座。不同底座可改变机器人的运动方位，便于完成不同位置的作业。有时为了加大机器人的工作空间，底座可设计成移动式。

5. 配套及安全装置

配套及安全装置是机器人及其辅助设备的外围设备及配件。它们各自相对独立，又比较分散，但每一部分都是不可缺少的。配套及安全装置包括配套设备、电气控制柜、操作箱、安全保护装置和走线、走管保护装置等。各类型的机器人工作站，其配套及电气装置会有所不同。一般来说，电气控制柜和操作箱是共同需要的。

6. 动力源

在工业机器人的周边设备中多采用气、液作为动力，因此，常需配置气压站、液压站以及相应的管线、阀门等装置。对于电源有一些特殊需要的设备或仪表，也应配置专用的电源系统。

7. 工作对象的储运设备

对于作业对象常需要在工作中暂存、供料、移动或翻转，所以机器人工作站也常配置暂置台、供料器、移动小车或翻转台架等设备。

8. 检查、监视和控制系统

检查和监视系统对于某些工作站来说是非常必要的，特别是用于自动化生产线的工作站。比如工作对象是否到位，有无质量事故，各种设备是否正常运转，都需要配置检查和监视系统。

一般说来，工业机器人工作站多是一个自动化程度相当高的工作单元，它多备有自己的控制系统。目前使用最多的是 PLC 系统，该系统既能管理工作站有序的正常工作，又能和上级管理计算机相连，向它提供各种信息。以上所总结的工业机器人组成部分，并不是任何一个工业机器人工作站都必须具有的，有些机器人工作站就可能减少一些部分，或者对于一些特殊的工作站也可再配备其他的必要设备，所以工作站的最终构成要因作业及投资程度而定。

11.2 工业机器人工作站的特点

1. 技术先进

工业机器人集精密化、柔性化、智能化等优越性于一体，通过对过程实施检测、控制、优化、调度、管理和决策，实现增加产量、提高质量、降低成本、减少资源消耗和环境污染的目的，是工业自动化水平高的体现。

2. 技术升级

工业机器人与自动化成套装备具有精细制造、精细加工以及柔性生产等技术特点，是继动力机械、计算机之后出现的全面延伸人的体力和智力的新一代生产工具，也是实现生产数字化、自动化、网络化以及智能化的重要手段。

3. 应用领域广泛

工业机器人与自动化成套装备是生产过程中的关键设备，可用于制造、安装、检测、物流等生产环节，并广泛应用于汽车整车及汽车零部件、工程机械、轨道交通、低压电器、电力、IC 装备、军工、烟草、金融、医药、冶金及印刷出版等行业，应用领域非常广泛。

4. 技术综合性强

工业机器人与自动化成套技术集中并融合了多项学科，涉及多个技术领域，包括工业机器人控制技术、机器人动力学及仿真、机器人构建有限元分析、激光加工技术、模块化程序设计、智能测量、建模加工一体化、工厂自动化以及精细物流等先进制造技术，技术综合性强。

11.3 工业机器人工作站的设计原则

由于工业机器人工作站的设计是一项较为灵活多变、关联因素甚多的技术工作，这里将共同因素抽取出来，得出一般的设计原则。

1）设计前必须充分分析作业对象，拟定最合理的作业工艺。

2）必须满足作业的功能要求和环境条件。

3）必须满足生产节拍要求。

4）整体及各组成部分必须全部满足安全规范及标准。

5）各设备及控制系统应具有故障显示及报警装置。

6）便于维护修理。

7）操作系统应简单明了，便于操作和人工干预。

8）操作系统便于联网控制。

9）工作站便于组线。

10）经济实惠，快速投产。

由于篇幅限制，本书只对更具代表性的前四项原则进行阐述。

1. 作业顺序和工艺要求

对作业对象（工件）及其技术要求进行认真细致的分析是整个设计的关键环节，它直接影响工业机器人工作站的总体布局、机器人型号的选定、末端执行器和变位机的结构以及其周边机器设备的型号等方面，一般来说，对工件的分析包含以下几个方面。

1）工件的形状决定了末端执行器和夹具体的结构及其工件的定位基准。

2）工件的尺寸及精度对工业机器人工作站的使用性能有很大的影响。设计人员应对与本工作站相关的关键尺寸和精度提出明确的要求。

3）当工件安装在夹具体上时，需特别考虑工件的重量和夹紧时的受力状况。当工业机器人搬运或抓取工件时，工件重量成为选择工业机器人型号的最直接技术参数。

4）工作的材料和强度对工作站中夹具的结构设计、选择动力形式、末端执行器的结构以及其他辅助设备的选择都有直接的影响。

5）工作环境也是机器人工作站设计中需要引起注意的一个方面。

6）作业要求是用户对设计人员提出的技术期望，它是可行性研究和系统设计的主要依据。

2. 工作站的功能要求和环境要求

工业机器人工作站的生产作业是由工业机器人连同它的末端执行器、夹具和变位机以及其他周边设备等具体完成的，其中起主导作用的是工业机器人，所以这一设计原则首先在选择工业机器人时必须满足。选择工业机器人，可从三个方面加以考虑。

1）确定工业机器人的持重能力。工业机器人手腕所能抓取的质量是工业机器人的一个重要性能指标。

2）确定工业机器人的工作空间。工业机器人手腕基点的动作范围就是机器人的名义工作空间，它是机器人的另一个重要性能指标。需要指出的是，末端执行器装在手腕上后，作业的实际工作点会发生改变。

3）确定工业机器人的自由度。工业机器人在持重和工作空间上满足对工业机器人工作站或生产线的功能需求后，还要分析它是否可以在作业范围满足作业的姿态要求。自由度越多，工业机器人的机械结构与控制就越复杂。所以，通常情况下，如果少自由度能完成的作业，就不要盲目选用更多自由度的工业机器人去完成。

总之，为了满足功能要求，选择工业机器人必须从持重、工作空间、自由度等方面来分析，只有这几方面同时满足时，所选用的工业机器人才是可用的。

工业机器人的选用也常受机器人市场供应因素的影响，所以，还需考虑成本及可靠性等问题。

3. 工作站对生产节拍的要求

生产节拍是指完成一个工件规定的处理作业内容所要求的时间，也就是用户规定的年产量对机器人工作站工作效率的要求。生产周期是机器人工作站完成一个工件规定的处理作业内容所需要的时间。

在总体设计阶段，首先要根据计划年产量计算出生产节拍，然后对具体工件进行分析，计算各个处理动作的时间，确定出完成一个工件处理作业的生产周期。将生产周期与生产节拍进行比较，当生产周期小于生产节拍时，说明这个工作站可以完成预定的生产任务；当生产周期大于生产节拍时，说明一个工作站不具备完成预定生产任务的能力，这时就需要重新对这个工作站进行总体规划。

4. 安全规范及标准

由于机器人工作站的主体设备——机器人，是一种特殊的机电一体化装置，与其他设备的运行特性不同，机器人在工作时是以高速运动的形式掠过比其机座大很多的空间，其手臂各杆的运动形式和起动难以预料，有时会随作业类型和环境条件而改变。同时，在其关节驱动器通电的情况下，维修及编程人员有时需要进入工作空间；又由于机器人的工作空间内常与其周边设备工作区重合，从而极易产生碰撞、夹挤或由于手爪松脱而使工件飞出等危险，特别是在工作站内多台机器人协同工作的情况下产生危险的可能性更高。所以，在工作站的设计中，必须充分分析可能的危险情况，估计可能的事故风险，制定相应的安全规范和标准。

11.4　工业机器人工作站的设计过程

在工业生产中，应用工业机器人系统是一项相当细致复杂的工程，它涉及机、电、液、气、通信等诸多技术领域，不仅要求人们从技术上，而且从经济效益、社会效益、企业发展多方面进行可行性研究，只有立题正确、投资准、选型好、设备经久耐用，才能做到最大限度地发挥机器人的优越性，提高生产效率。在工业生产中应用工业机器人系统，一般可分 4 个步骤进行。

1. 可行性分析

通常需要对工程项目进行可行性分析。在引入工业机器人系统之前，必需仔细了解应用机器人的目的以及主要的技术要求。至少应该在三个方面进行可行性分析。

（1）技术的可能性与先进性　这是可行性分析首先要解决的问题。为此必须首先进行可行性调查，主要包括用户现场调研和相似作业的实例调查等。

取得充分的调查资料之后，就要规划初步的技术方案，为此要进行如下工作：作业量及难度分析；编制作业流程卡片；绘制时序表，确定作业范围，并初选机器人型号；确定相应的外围设备；确定工程难点，并进行试验取证；确定人工干预程度等。最后提出几个规划方案并绘制相应的机器人工作站或生产线的平面配置图，编制说明文件。然后对各方案进行先进性评估，包括机器人系统、外围设备及控制、通信系统等的先进性。

（2）投资的可能性和合理性　根据前面提出的技术方案，对机器人系统、外围设备、控制系统以及安全保护设施等进行逐项估价，并考虑工程进行中可以预见和不可预见的附加开支，按工程计算方法得到初步的工程造价。

（3）工程实施过程中的可能性和可变更性　满足前两项之后的引入方案，还要对它进行施工过程中的可能性和可变更性分析。这是因为在很多设备、元件等的制造、选购、运输、安装过程中，还可能出现一些不可预见的问题，必须制定发生问题时的替代方案。

在进行上述分析之后，就可对机器人引入工程的初步方案进行可行性排序，得出可行性结论，并确定一个最佳方案，再进行机器人工作站、生产线的工程设计。

2. 机器人工作站和生产线的详细设计

根据可行性分析中所选定的初步技术方案，进行详细的设计、开发、关键技术和设备的局部试验或试制、绘制施工图和编制说明书。

（1）规划及系统设计　规划及系统设计包括设计单位内部的任务划分，机器人考查及询价，编制规划单，运行系统设计，外围设备（辅助设备、配套设备及安全装置等）能力的详细计划，关键问题对策等内容。

（2）布局设计　布局设计包括机器人选用，人-机系统配置，作业对象的物流路线，电、液、气系统走线，操作箱、电器柜的位置以及维护修理和安全设施配置等内容。

（3）扩大机器人应用范围辅助设备的选用和设计　此项任务包括工业机器人用以完成作业的末端执行器，固定和改变作业对象位姿的夹具和变位机，改变机器人动作方向和范围的机座的选用和设计，一般来说，这一部分的设计工作量最大。

（4）配套和安全装置的选用和设计　此项工作主要包括为完成作业要求的配套设备（如弧焊的焊丝切断和焊枪清理设备等）的选用和设计；安全装置（如围栏、安全门等）的选用和设计以及现有设备的改造和追加等内容。

（5）控制系统设计　此项设计包括选定系统的标准控制类型与追加性能，确定系统工作顺序与方法，连锁与安全设计；液压气动、电气、电子设备及备用设备的试验；电气控制线路设计；机器人线路及整个系统线路的设计等内容。

（6）支持系统　设计支持系统应包括故障排除与修复方法，停机时的对策与准备，备用机器的筹备以及意外情况下救急措施等内容。

（7）工程施工设计　此项设计包括编写工作系统的说明书、机器人详细性能和规格的说明书、接收检查文本、标准件说明书，绘制工程制造图纸，编写图纸清单等内容。

（8）编制采购资料　此项任务包括编写机器人估价委托书、机器人性能及自检结果，编制标准件采购清单、培训操作人员计划、维护说明及各项预算方案等内容。

3. 制造与试运行

制造与试运行是根据详细设计阶段确定的施工图纸、说明书进行布置、工艺分析、制作、采购，然后进行安装、测试、调整，使之达到预期的技术要求，同时对管理人员、操作人员进行培训。

（1）制作准备　制作准备包括制作估价，拟定事后服务及保证事项，签订制造合同，选定培训人员及实施培训等内容。

（2）制作与采购　此项任务包括设计加工零件的制造工艺、零件加工、采购标准件、检查机器人性能、采购件的验收检查以及故障处理等内容。

（3）安装与试运转　此项任务包括安装总体设备，试运转检查，试运转调整，连续运转，实施预期的机器人系统的工作循环、生产试车、维护维修培训等内容。

（4）连续运转　连续运转包括按规划中的要求进行系统的连续运转和记录、发现和解决异常问题、实地改造、接受用户检查、写出验收总结报告等内容。

4. 交付使用

交付使用后，为达到和保持预期的性能和目标，需要对系统进行维护和改进，并进行综合评价。

（1）运转率检查　此项任务包括正常运转概率测定、周期循环时间和产量的测定、停机现象分析、故障原因分析等内容。

（2）改进　此项任务包括正常生产必须改造事项的选定及实施和今后改进事项的研讨及规划等内容。

（3）评估　此项任务包括技术评估，经济评估，对现实效果和将来效果的研讨，再研究课题的确定以及写出总结报告等内容。

11.5　工业机器人搬运工作站系统集成

搬运机器人是可以进行自动化搬运作业的工业机器人。搬运作业是指用一种设备握持工件，从一个加工位置移到另一个加工位置的过程。如果采用工业机器人来完成这个任务，整个搬运系统则构成了工业机器人搬运工作站。搬运机器人安装上不同类型的末端执行器，可以完成不同形态和状态的工件搬运工作。现有的搬运机器人被广泛应用于机床上下料、冲压机自动化生产线、自动装配流水线、码垛搬运集装箱等场合。

1. 机器人搬运工作站组成

搬运工作站的任务是由机器人完成工件的搬运，就是将输送线输送过来的工件搬运到平面仓库中，并进行码垛。搬运机器人工作站是一种集成化的系统，由工业机器人系统、PLC控制柜、机器人底座、输送线系统、平面仓库、操作按钮盒等组成。整体布置如图 11-1 所示。

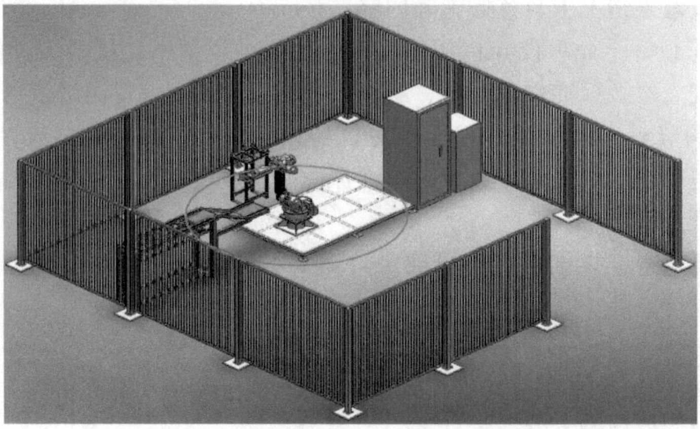

图 11-1 机器人搬运工作站整体布置图

（1）搬运机器人及控制柜　搬运工作站选用安川 MH6 机器人，如图 11-2 所示。MH6 机器人系统包括 MH6 机器人本体、DX100 控制柜以及示教编程器。DX100 控制柜通过供电电缆和编码器电缆与机器人连接。

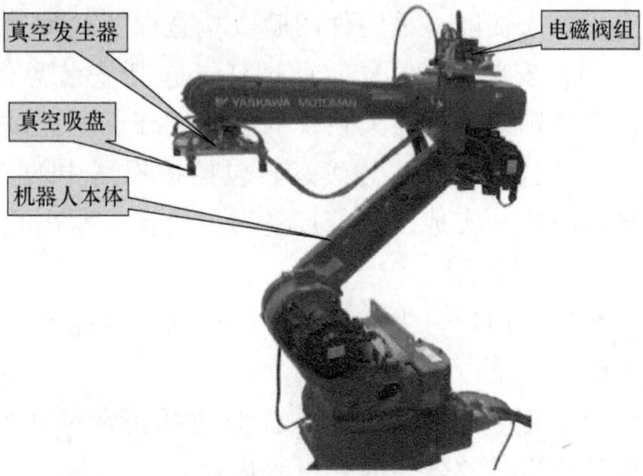

图 11-2 MH6 机器人

DX100 控制柜集成了机器人的控制系统，主要由计算机硬件、软件和一些专用电路构成，其软件包括控制器系统软件、机器人专用语言、机器人运动学及动力学软件、机器人控制软件、机器人自诊断及保护软件等。控制器负责处理机器人工作过程中的全部信息和控制其全部动作。

机器人示教编程器是人机交互的主要界面。操作者通过示教编程器对机器人进行各种操作、示教、编制程序，并可直接移动机器人。机器人的各种信息、状态通过示教编程器显示给操作者。此外，还可通过示教编程器对机器人进行各种设置。

由于搬运的工件是平面板材，所以采用真空吸盘来夹持工件。故在安川 MH6 机器人本体上安装了电磁阀组、真空发生器、真空吸盘等装置。

（2）PLC 控制柜　PLC 控制柜用来安装断路器、PLC、变频器、中间继电器、变压器等元器件，其中 PLC 是机器人搬运工作站的控制核心。搬运机器人的起动与停止、输送线的运行等，均由 PLC 实现。PLC 控制柜内部结构如图 11-3 所示。

（3）输送线系统　输送线系统的主要功能是把上料位置处的工件传送到输送线的末端落料台上，以便于机器人搬运。输送线系统如图 11-4 所示。上料位置处装有光电传感器，

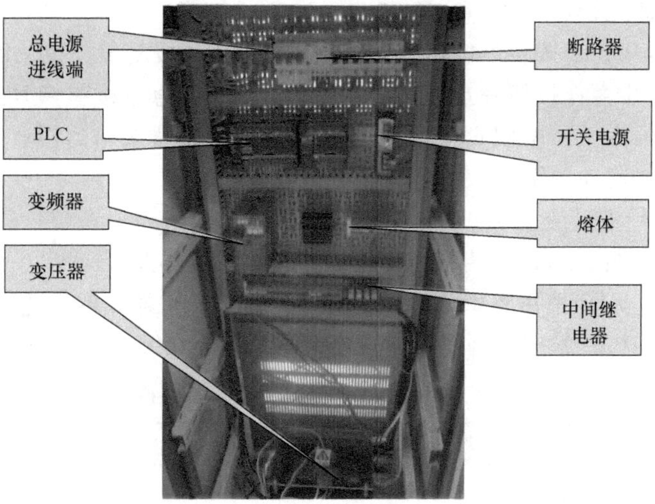

图 11-3 PLC 控制柜内部结构图

用于检测是否有工件，若有工件，将起动输送线，输送工件。输送线的末端落料台也装有光电传感器，用于检测落料台上是否有工件，若有工件，将起动机器人来搬运。输送线由三相交流电动机拖动，变频器调速控制。

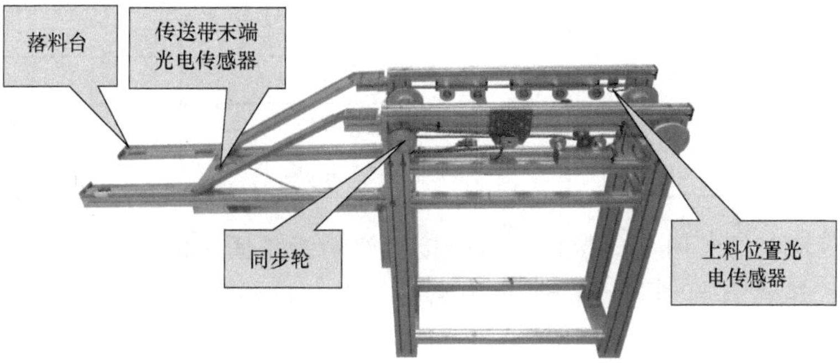

图 11-4 输送线系统

（4）平面仓库 平面仓库用于存储工件。平面仓库有一个反射式光纤传感器用于检测仓库是否已满，若仓库已满将不允许机器人向仓库中搬运工件。

2. 机器人搬运工作站工作任务

1）设备上电前，系统处于初始状态，即输送线上料位置处及落料台上无工件、平面仓库里无工件；机器人选择远程模式、机器人在作业原点、无机器人报警错误、无机器人电池报警。

2）按起动按钮，系统运行，机器人起动。

① 当输送线上料检测传感器检测到工件时起动变频器，将工件传送到落料台上，工件到达落料台时变频器停止运行，并通知机器人搬运。

② 机器人收到命令后，将工件搬运到平面仓库，搬运完成后机器人回到作业原点，等待下次的搬运请求。

③ 当平面仓库码垛了 7 个工件，机器人停止搬运，输送线停止输送。清空仓库后，按

复位按钮，系统继续运行。

3）在搬运过程中，若按暂停按钮，机器人暂停运行，按复位按钮，机器人继续运行。

4）在运行过程中急停按钮一旦动作，系统立即停止；急停按钮恢复后，按复位按钮进行复位，选择示教器为“示教模式”，通过操作示教器使机器人回到作业原点。只有使系统恢复到初始状态，按起动按钮，系统才可重新起动。

3. 搬运工作站硬件系统

搬运工作站硬件系统以 PLC 为核心，控制变频器、机器人的运行。

（1）接口配置　PLC 选用欧姆龙 CP1L-M40DR-D 型，机器人本体选用安川 MH6 型，机器人控制器选用 DX100。根据控制要求，机器人与 PLC 的 I/O 接口分配见表 11-1。

表 11-1　机器人与 PLC 的 I/O 接口分配表

插头		信号地址	定义的内容	与 PLC 的链接地址
CN308	IN	B1	机器人起动	100.00
		A2	清除机器人报警和错误	101.01
	OUT	B8	机器人运行中	1.00
		A8	机器人伺服已接通	1.01
		A9	机器人报警和错误	1.02
		B10	机器人电池报警	1.03
		A10	机器人已选择远程模式	1.04
		B13	机器人在作业原点	1.05
CN306	IN	B1 IN#(9)	机器人搬运开始	100.02
	OUT	B8 OUT#(9)	机器人搬运完成	1.06

CN308 是机器人的专用 I/O 接口，每个接口的功能是固定的，如 CN308 的 B1 输入接口，其功能为“机器人起动”，当 B1 口为高电平时，机器人起动运行，开始执行机器人程序。

CN306 是机器人的通用 I/O 接口，每个接口的功能由用户定义，如将 CN306 的 B1 输入接口（IN9）定义为“机器人搬运开始”，当 B1 口为高电平时，机器人开始搬运工件。（具体参见机器人程序）

CN307 也是机器人的通用 I/O 接口，每个接口的功能由用户定义，如将 CN307 的 B8、A8 输出接口（OUT17）定义为吸盘 1、2 吸紧功能，当机器人程序使 OUT17 输出为 1 时，电磁阀线圈 YV1 得电，吸盘 1、2 吸紧。CN307 的接口功能定义见表 11-2。

表 11-2　CN307 接口功能定义表

插头	信号地址	定义的内容	负载
CN307	A8(OUT17+)/B8(OUT17-)	吸盘 1、2 吸紧	YV1
	A9(OUT18+)/B9(OUT18-)	吸盘 1、2 释放	YV2
	A10(OUT19+)/B10(OUT19-)	吸盘 3、4 吸紧	YV3
	A11(OUT20+)/B11(OUT20-)	吸盘 3、4 释放	YV4

MXT 是机器人的专用输入接口，每个接口的功能是固定的。如 EXSVON 为机器人外部

伺服使能，当 29、30 间接通时，机器人伺服电源接通。搬运工作站所使用的 MXT 接口见表 11-3。

表 11-3 MXT 接口定义表

插头	信号地址	定义的内容	继电器
MXT	EXESP1+(19)/EXESP1-(20)	机器人双回路急停	KA2
	EXESP2+(21)/EXESP1-(22)		
	EXSVON1+(29)/EXSVON-(30)	机器人外部伺服使能	KA1
	EXHOLD+(31)/EXHOLD-(32)	机器人外部暂停	KA3

PLC 的 I/O 地址分配见表 11-4。

表 11-4 PLC 的 I/O 地址分配表

输入信号			输出信号		
序号	PLC 输入地址	信号名称	序号	PLC 输出地址	信号名称
1	0.00	起动按钮	1	100.00	机器人起动
2	0.01	暂停按钮	2	100.01	清除机器人报警与错误
3	0.02	复位按钮	3	100.02	机器人搬运开始
4	0.03	急停按钮	4	100.03	变频器起停控制
5	0.06	输送线上料检测	5	100.04	变频器故障复位
6	0.07	落料台工件检测	6	101.00	机器人伺服使能
7	0.08	仓库工件满检测	7	101.01	机器人急停
8	1.00	机器人运行中	8	101.02	机器人暂停
9	1.01	机器人伺服已接通			
10	1.02	机器人报警/错误			
11	1.03	机器人电池报警			
12	1.04	机器人选择远程模式			
13	1.05	机器人在作业原点			
14	1.06	机器人搬运完成			

（2）硬件电路

1）PLC 开关量输入信号电路如图 11-5 所示。由于传感器为 NPN 电极开路型，且机器人的输出接口为漏型输出，故 PLC 的输入采用漏型接法，即 COM 端接+24V。输入信号包括控制按钮和检测用传感器。

2）机器人输出与 PLC 输入接口电路如图 11-6 所示。CN303 的 1、2 端接外部 DC 24V 电源，PLC 输入信号包括“机器人运行中”、“机器人搬运完成”等机器人的反馈信号。

3）机器人输入与 PLC 输出接口电路如图 11-7 所示。由于机器人的输入接口为漏型输入，PLC 的输出采用漏型接法。PLC 输出信号包括“机器人起动”、“机器人搬运开始”等控制机器人运行、停止的信号。

4）机器人专用输入接口 MXT 电路如图 11-8 所示。继电器 KA2 双回路控制机器人急停，KA1 控制机器人伺服使能，KA3 控制机器人暂停。

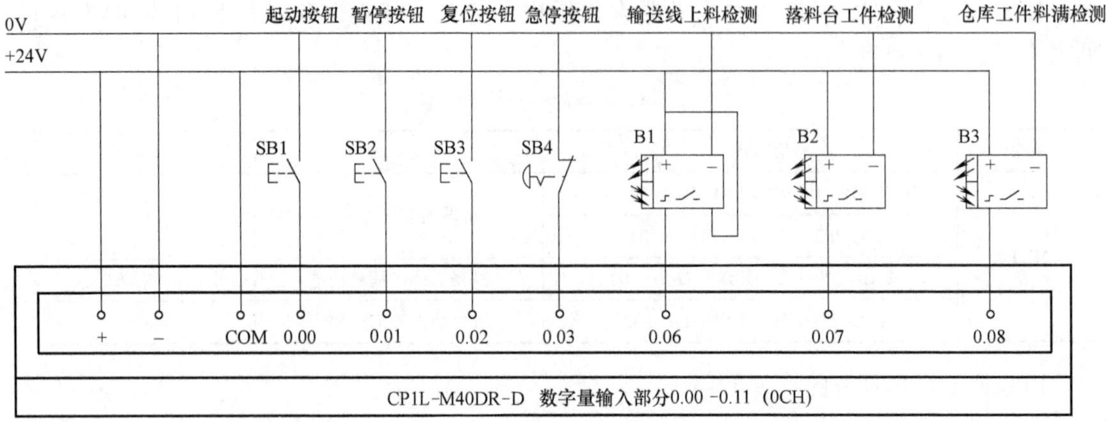

图 11-5 PLC 开关量输入信号电路

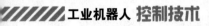

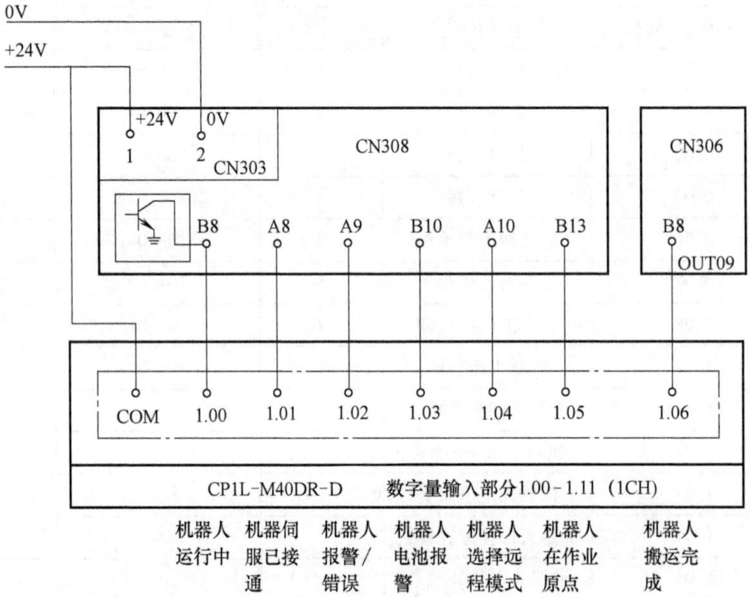

图 11-6 机器人输出与 PLC 输入接口电路

5）机器人输出控制电磁阀电路如图 11-9 所示。通过 CN307 接口控制电磁阀 YV1-YV4，用于抓取或释放工件。

4. 搬运机器人工作站软件系统

（1）搬运工作站 PLC 程序　搬运工作站 PLC 参考程序如图 11-10 所示。

只有在所有的初始条件都满足时，W0.00 才得电，按下起动按钮 0.00，101.00 得电，机器人伺服电源接通；如果使能成功，机器人使能已接通反馈信号 1.01 得电，101.00 断电，使能信号解除；同时 100.00 得电，机器人程序开启，机器人开始运行程序，同时其反馈信号 1.00 得电，100.00 断电，程序开启信号解除。

如果在运行过程中，按暂停按钮 0.01，则 101.02 得电，机器人暂停，其反馈信号 1.00 断电。此时机器人的伺服电源仍然接通，机器人只是停止执行程序。按复位按钮 0.02，则 101.02 断电，机器人暂停信号解除，同时 100.00 得电，机器人程序再次开启，继续执行

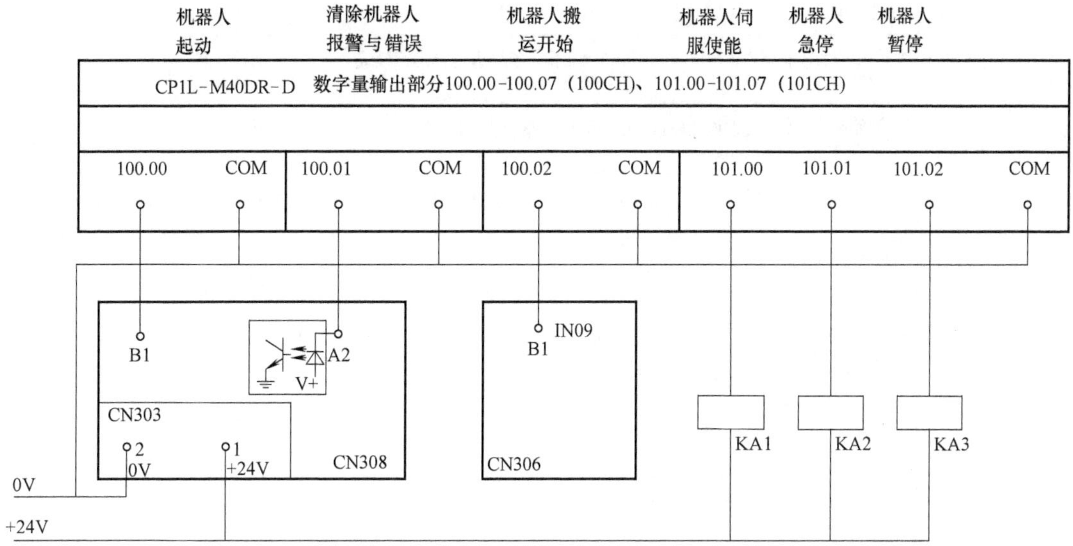

图 11-7 机器人输入与PLC输出接口电路

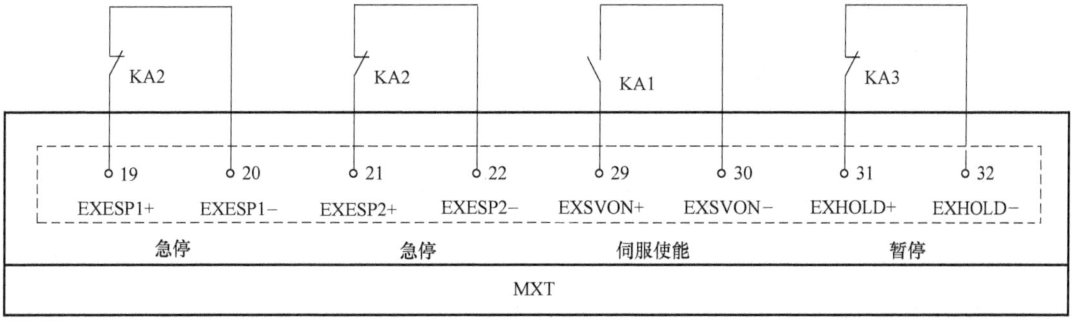

图 11-8 MXT接口电路

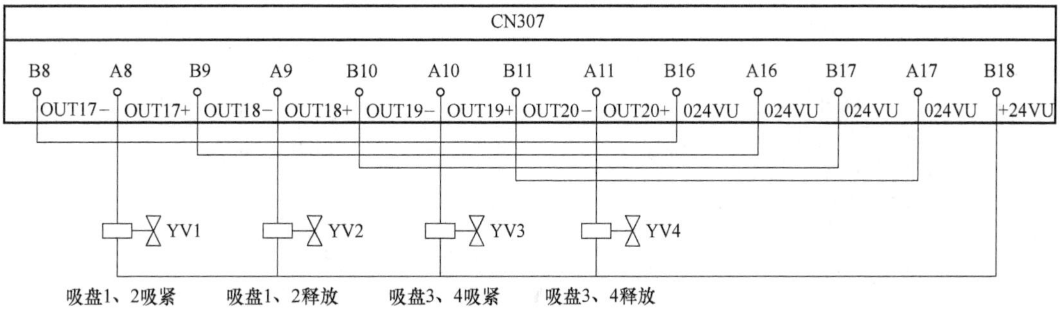

图 11-9 机器人输出控制电磁阀电路图

程序。

机器人程序开启后，如果落料台上有工件且仓库未满，则100.02得电，机器人将把落料台上的工件搬运到仓库里。

如果在运行过程中，按急停按钮0.03，则101.01得电，机器人急停，其反馈信号1.00、1.01断电。此时机器人的伺服电源断开，停止执行程序。急停后，只有使系统恢复到初始状态，按起动按钮，系统才可重新起动。

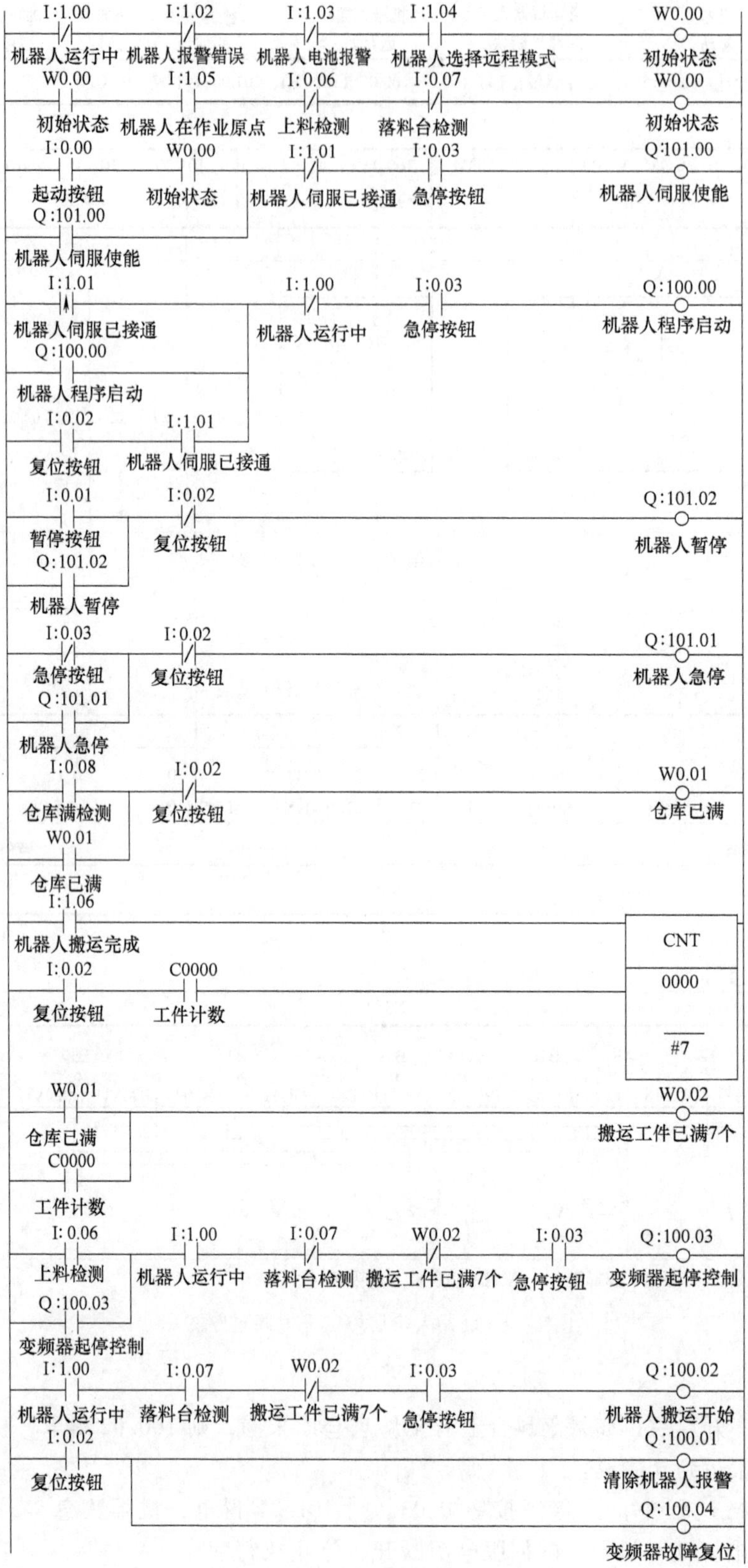

图 11-10 搬运工作站 PLC 参考程序

（2）搬运工作站机器人程序　搬运工作站机器人参考程序见表 11-5。

当 PLC 的 100.00 输出为“1”时，机器人 CN308 的 B1 输入口接收到该信号，机器人起动，开始执行程序。

执行到第 8 条指令“WAIT IN#（9）＝ ON”时，机器人等待落料台传感器检测工件。当落料台上有工件时，PLC 的 100.02 输出“1”，向机器人发出“机器人搬运开始”命令，机器人 CN306 的 9 号输出口接收到该信号，继续执行后面的程序。

由于工件在仓库里是层层码垛的，所以机器人每搬运一个工件，末端执行器要逐渐抬高，抬高的距离大于一个工件的厚度。标号 * L0～ * L6（序号 27、30、33、36、39、42、45）的程序段分别设定为码垛 7 个工件时，末端执行器不同的位置。

机器人如果急停，急停按钮复位后，选择示教器为“示教模式”，通过操作示教器使机器人回到作业原点，并将程序指针指向第一条指令。

表 11-5　搬运工作站机器人参考程序

序号	程序	注释
1	NOP	
2	* L10	程序标号
3	CLEAR B000 1	置“搬运工件数”记忆存储器 B000 为 0;初始化
4	DOUT OT#(9)= OFF	清除“机器人搬运完成”信号;初始化
5	PULSE OT#(18)T=2.00	YV2 得电 2s,吸盘 1、2 松开;初始化
6	PULSE OT#(20)T=2.00	YV4 得电 2s,吸盘 3、4 松开;初始化
7	* L9	程序标号
8	WAIT IN#(9)= ON	等待 PLC 发出“机器人搬运开始”指令
9	MOVJ VJ=10.00 PL=0	机器人作业原点,关键示教点
10	MOVJ VJ=15.00 PL=3	中间移动点
11	MOVJ VJ=50.00 PL=3	中间移动点
12	MOVL V=83.3 PL=0	吸盘接近工件,关键示教点
13	PULSE OT#(17)T=2.00	YV1 得电 2s,吸盘 1、2 吸紧
14	PULSE OT#(19)T=2.00	YV3 得电 2s,吸盘 3、4 吸紧
15	MOVL V=166.7 PL=3	中间移动点
16	MOVJ VJ=10.00 PL=3	中间移动点
17	MOVJ VJ=15.00 PL=3	中间移动点
18	MOVJ VJ=10.00 PL=1	中间移动点
19	MOVL V=250.0 PL=1	到达仓库正上方(距离仓库底面在 7 块工件的厚度以上)
20	JUMP * L0 IF B000=0	如果搬运第一块工件,跳转至 * L0
21	JUMP * L1 IF B000=1	如果搬运第二块工件,跳转至 * L1
22	JUMP * L2 IF B000=2	如果搬运第三块工件,跳转至 * L2
23	JUMP * L3 IF B000=3	如果搬运第四块工件,跳转至 * L3
24	JUMP * L4 IF B000=4	如果搬运第五块工件,跳转至 * L4
25	JUMP * L5 IF B000=5	如果搬运第六块工件,跳转至 * L5

（续）

序号	程序	注释
26	JUMP *L6 IF B000=6	如果搬运第七块工件,跳转至*L6
27	*L0	放置第1个工件时程序标号
28	MOVL V=83.3	放置第1个工件时,工件下降的位置。作为关键示教点
29	JUMP *L8	跳转至*L8
30	*L1	放置第2个工件时程序标号
31	MOVL V=83.3	放置第2个工件时,工件下降的位置
32	JUMP *L8	跳转至*L8
33	*L2	放置第3个工件时程序标号
34	MOVL V=83.3	放置第3个工件时,工件下降的位置
35	JUMP *L8	跳转至*L8
36	*L3	放置第4个工件时程序标号
37	MOVL V=83.3	放置第4个工件时,工件下降的位置
38	JUMP *L8	跳转至*L8
39	*L4	放置第5个工件时程序标号
40	MOVL V=83.3	放置第5个工件时,工件下降的位置
41	JUMP *L8	跳转至*L8
42	*L5	放置第6个工件时程序标号
43	MOVL V=83.3	放置第6个工件时,工件下降的位置
44	JUMP *L8	跳转至*L8
45	*L6	放置第7个工件时程序标号
46	MOVL V=83.3	放置第7个工件时,工件下降的位置
47	*L8	程序标号*L8
48	TIMER T=1.00	吸盘到位后,延时1s
49	PULSE OT#(18)T=2.00	YV2得电2s,吸盘1、2松开
50	PULSE OT#(20)T=2.00	YV4得电2s,吸盘3、4松开
51	INC B000	"搬运工件数"加1
52	MOVL V=83.3 PL=1	中间移动点
53	MOVJ VJ=20.00 PL=1	中间移动点
54	MOVJ VJ=20.00	回作业原点
55	PULSE OT#(9)T=1.00	向PLC发出1s"机器人搬运完成"信号
56	JUMP *L9 IF B000<7	判断仓库是否已经满(7个工件满)
57	JUMP *L10	跳转至*L10
58	END	

科学家精神

"两弹一星"功勋科学家：王大珩

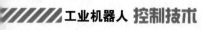

参考文献

[1] 钱学森，宋健. 工程控制论：上册［M］. 北京：科学出版社，1980.

[2] 蔡尚峰. 自动控制理论［M］. 北京：机械工业出版社，1982.

[3] 绪方胜彦. 系统动力学［M］，孙祥根，译. 北京：机械工业出版社，1983.

[4] 阳含和. 机械控制工程：上册［M］. 北京：机械工业出版社，1986.

[5] 周雪琴，等. 控制工程导论［M］. 西安：西北工业大学出版社，1987.

[6] 李友善. 自动控制原理200题［M］. 哈尔滨：哈尔滨工业大学出版社，1988.

[7] 周其节，等. 自动控制原理［M］. 广州：华南理工大学出版社，1989.

[8] 朱骥北. 机械工程控制基础［M］. 北京：机械工业出版社，1989.

[9] 王积伟，潘亚东. 控制工程基础［M］. 南京：南京大学出版社，1991.

[10] 张汉全，肖建，汪晓宁. 自动控制理论［M］. 成都：西南交通大学出版社，2000.

[11] 王彤，等. 自动控制原理试题精选与答题技巧［M］. 哈尔滨：哈尔滨工业大学出版社，2000.

[12] 胡寿松. 自动控制原理［M］. 4版. 北京：科学出版社，2001.

[13] 王万良. 自动控制原理［M］. 4版. 北京：科学出版社，2001.

[14] 徐小力，王书茂，万耀青. 机电设备监测与诊断现代技术［M］. 北京：中国宇航出版社，2003.

[15] 杨叔子，杨克冲，等. 机械工程控制基础［M］. 5版. 武汉：华中科技大学出版社，2006.

[16] 董景新，赵长德：控制工程基础［M］. 3版. 北京：清华大学出版社，2006.

[17] 曾励，等. 控制工程基础［M］. 北京：电子工业出版社，2007.

[18] 孔祥东，王益群. 控制工程基础［M］. 3版. 北京：机械工业出版社，2008.

[19] 韩力群. 智能控制理论及应用［M］. 3版. 北京：机械工业出版社，2008.

[20] 陈康宁，等. 机械工程控制基础［M］. 3版. 西安：西安交通大学出版社，2008.

[21] 杨前明，吴炳胜，金晓宏. 机械工程控制基础［M］. 武汉：华中科技大学出版社，2010.

[22] 刘豹. 现代控制理论［M］. 北京：机械工业出版社，2010.

[23] 徐小力，王红军. 大型旋转机械运行状态趋势预测［M］. 北京：科学出版社，2011.

[24] 孙增圻，邓志东，张再兴. 智能控制理论与技术［M］. 北京：清华大学出版社，2011.

[25] 日本机器人学会. 机器人技术手册［M］. 北京：科学出版社，2007.

[26] 蔡自兴. 机器人学［M］. 2版. 北京：清华大学出版社，2009.

[27] JOHN J CRAIG. 机器人学导论［M］. 4版. 北京：机械工业出版社，2018.

[28] 熊有伦，丁汉，刘恩沧. 机器人学［M］. 北京：机械工业出版社，1993.

[29] 蒋志宏. 机器人学基础［M］. 北京：北京理工大学出版社，2018.

[30] 刘金琨. 机器人控制系统的设计与Matlab仿真［M］. 北京：清华大学出版社，2016.

[31] PETER CORKE. 机器人学、机器视觉与控制—Matlab算法基础［M］. 北京：电子工业出版社，2016.

[32] 高森年. 机电一体化［M］. 北京：科学出版社，2001.

[33] 马香峰. 机器人机构学［M］. 北京：机械工业出版社，1991.

[34] 李俊峰，张雄. 理论力学［M］. 2版. 北京：清华大学出版社，2010.

[35] 黄风. 工业机器人力觉视觉控制高级应用［M］. 北京：化学工业出版社，2018.

[36] JEAN J LABROSSE. 嵌入式实时操作系统μC/OS-Ⅱ［M］. 2版. 北京：北京航空航天大学出版社，2003.

[37] RICHARD C DORF. 现代控制系统［M］. 12版. 北京：电子工业出版社，2015.

[38] 申铁龙、机器人鲁棒控制基础［M］. 北京：清华大学出版社，1999.

[39] 孙迪生，王炎. 机器人控制技术［M］. 北京：机械工业出版社，1997.

[40] 蔡泽凡. 工业机器人系统集成 [M]. 北京：电子工业出版社，2018.
[41] 韩建海. 工业机器人 [M]. 武汉：华中科技大学出版社，2019.
[42] KATSUHIKO OGATA. 控制理论 Matlab 教程 [M]. 北京：电子工业出版社，2019.
[43] 刘军，郑喜贵. 工业机器人技术及应用 [M]. 北京：电子工业出版社，2017.
[44] 赵翠俭. 机器人控制系统设计与仿真 [M]. 北京：高等教育出版社，2019.
[45] 邵欣，马晓明，徐红英. 机器视觉与传感器技术 [M]. 北京：北京航空航天大学出版社，2017.
[46] 郭彤颖，张辉. 机器人传感器及其信息融合技术 [M]. 北京：化学工业出版社，2017.
[47] 蒋正炎，许妍妩，莫剑中. 工业机器人视觉技术及行业应用 [M]. 北京：高等教育出版社，2018.
[48] 胡学龙. 数字图像处理 [M]. 3 版. 北京：电子工业出版社，2014.
[49] 彭塞金，张红卫，林燕文. 工业机器人工作站系统集成设计 [M]. 北京：人民邮电出版社，2018.
[50] 汪励，陈小艳. 工业机器人工作站系统集成 [M]. 北京：机械工业出版社，2018.
[51] 韩鸿鸾. 工业机器人工作站系统集成与应用 [M]. 北京：化学工业出版社，2018.
[52] 余达太，马香峰. 工业机器人应用工程 [M]. 北京：冶金工业出版社，2001.